动物源性食品中兽药残留检测

实用手册

许文娟　宫小明　刘文鹏◎主编

河海大学出版社
HOHAI UNIVERSITY PRESS
·南京·

图书在版编目（CIP）数据

动物源性食品中兽药残留检测实用手册／许文娟，宫小明，刘文鹏主编．-- 南京：河海大学出版社，2021.7

ISBN 978-7-5630-7017-6

Ⅰ．①动…Ⅱ．①许…②宫…③刘…Ⅲ．①动物性食品－兽用药－残留量测定－手册Ⅳ．①S859.84-62

中国版本图书馆 CIP 数据核字（2021）第 119406 号

书　　名	动物源性食品中兽药残留检测实用手册 DONGWUYUANXING SHIPIN ZHONG SHOUYAO CANLIU JIANCE SHIYONG SHOUCE
书　　号	ISBN 978-7-5630-7017-6
本书策划	赵丽娟
责任编辑	张心怡
特约编辑	丁晨曦
责任校对	卢蓓蓓
特约校对	李　霞　李云晓
封面设计	王小静
出版发行	河海大学出版社
地　　址	南京市西康路 1 号（邮编：210098）
电　　话	（025）83737852（总编室）（025）83722833（营销部）
经　　销	江苏省新华发行集团有限公司
印　　刷	广东虎彩云印刷有限公司
开　　本	710 毫米 ×1000 毫米 1/16
印　　张	16
字　　数	293 千字
版　　次	2021 年 7 月第 1 版
印　　次	2021 年 7 月第 1 次印刷
定　　价	71.00 元

《动物源性食品中兽药残留检测实用手册》

编委会

主　编　许文娟　官小明　刘文鹏

副主编　王炳军　王洪涛　华萌萌　赵　晗　潘元风　郭礼强
丁葵英　刘永强　张金玲　田国宁　孙　军　孔彩霞
田国华　郝　莹　李　凯　郭　廷　刘东霞　吴　伟
高志国　张亚琦　赵丽娟　张　艳　杜伊冉　梁嘉诚

前言

随着经济的发展，人们的物质生活水平得到了极大的提高，对食品不仅在高蛋白、低脂肪、营养丰富、美味可口等方面提出了需求，而且在卫生、经济、安全等方面提出了更高的标准和要求。近几年来相继出现的“瘦肉精”“苏丹红”“三聚氰胺”“速生鸡”等食品安全事件，严重威胁了人们的身体健康和生命安全，给社会造成了极大的负面影响。

在我国，以肉类产品为代表的动物源性食品安全现状不容乐观，尤其是兽药的超量、违规、违禁使用，已成为动物源性食品安全检测和监管的重点以及亟需解决的问题。《中国食品安全发展报告（2019）》指出，农兽药残留不符合标准是现阶段最主要的五类食品安全风险之一。2020上半年的食品安全监督抽检结果显示，农兽药残留超标不合格样品占总量的36.42%，其中肉制品不合格率为1.32%，主要原因为兽药残留。尽管相关部门已经建立了相对完备科学的监控措施及预防措施，但动物源性食品中的兽药残留问题仍然存在。越来越多的消费者迫切地要求知道，什么是兽药残留，食用的动物源性食品中含有什么药物残留，残留限量是多少，危害性有多大，市售动物源性食品中兽药超标率有多高、到底安不安全，产生的原因是什么，以及如何防治。食品检测工作者也需要一套系统的指导，便于他们快速开展相关的检测工作。

近几年，兽药残留的检测技术发展迅速，液相色谱法是使用较多的传统方法，液相色谱串联质谱仪进入后，其高灵敏度、高选择性使越来越多的研究者将其不断推广到各种类的兽药残留检测领域，成为现阶段全世界兽药残留检测工作者使用最多的检测方法。本书以液相色谱法和液相色谱-串联质谱法为重点，给出了几乎所有种类兽药的残留量测定的标准操作规程，并列举了应用实例，为从事检测行业的读者提供操作指导。

本书共分为五章，第一章概述动物源性食品的质量安全现状，指出当前食品质量安全存在的问题，给出监管建议。第二章讲述兽药使用现状及限量要求，对兽药进行详细分类介绍，指出了各类兽药残留的危害，收集了1998—2020年兽药残留监测数据，并着重对各个国家的兽药残留限量标准进行了比对分析。第三章介绍了兽药残留检测常用的前处理及仪器检测技术。第四章列出了常见的兽药检测完整方法，并在第五章讲解了常见动物源性食品中不同兽药残留检测的应用实例。各个国家的残留限量要求也是进出口企业需要关注的内容，国外限量更新快，且都是英文，需要到网站查询，很多外语水平有限的企业人员反映查询困难。因此，为了给进出口企业及监管部门提供便利，本书翻译了欧盟、美国最新的食品中兽药残留限量标准，作为附录提供给读者。

本书的编写，目的是让食品检测及进出口贸易相关工作者更加系统地了解兽药的相关知识，为检测人员提供更实用的操作指导，便于他们快速开展相应的检测工作。

本书的编著者均多年从事实验室检测工作或食品监管行业，积累了较为丰富的应用经验和研究心得。由于本书涉及内容广，编著者的知识与能力有限，故书中难免有不妥之处，望读者批评指正。

目 录

第一章　动物源性食品质量安全现状

我国是以肉类为代表的动物源性食品生产和消费大国，肉类食品行业已逐步成为关系到国计民生的重要产业，肉类产业的发展对促进农牧业生产、发展农村经济、增加农民收入、繁荣城乡市场、保障消费者身体健康和扩大外贸出口增长发挥着日益重要的作用。中国肉类消费全球占比第一，2018 年我国人口为 13.93 亿人，全球占比 18.3%，消费肉类 7 469.8 万吨，全球占比为 28.4%。2014—2018 年，国内肉类消费平均值为 8 939 万吨。2019 年，国内肉类总产量为 7 649 万吨，同比下降 11.31%，国内肉类消费量为 8 133 万吨，同比下降 8.93%。从各肉类占比来看，猪肉占比下降至 55.6%；其他肉类产量占比均有所提高，其中禽类、牛肉、羊肉分别提高至 29.3%、8.7%、6.4%。

近年来，国内外各地相继发生了一些重大的动物源性食品安全事件，如口蹄疫、禽流感、“瘦肉精”、猪蓝耳病、重金属超标及兽药残留等问题，对肉类产品的消费和国际贸易产生了严重的负面影响。这些食品的安全问题发生于从养殖到餐桌的食物链冷链的每一个环节。因此，如何提高动物源性食品的质量安全，改善当前质量安全问题对于从政府、养殖者、加工者、经营者到消费者极其重要。

第 1 节
中国动物源性食品产业的概况

我国的肉类产业发展总体形势向好。肉类是我们生活中必需的消费品，也是衡量一个国家人民生活水平非常重要的依据。我国肉类生产的区域布局变化显著，呈现农区畜牧业发展迅速、东部经济发达地区肉类产业比重下降、北方肉类产量比重上升、南北参半的新格局。区域布局向生产区和主销区集聚，我国主要的畜禽养殖、生产主要在冀鲁豫地区、西南区和长江中游区。牛肉由西向东集中，禽肉生产区主要以冀鲁豫区为主，与东南沿海区、长江中游区和东北区共同形成了我国禽肉生产的主要区域。我国肉类加工产业结构集中度逐渐提升，大型龙头企业的带动作用日益显现，呈现出梯队态势。

由于受饮食习惯等因素影响，我国肉类消费以猪肉为主。整体看来，我国猪肉产量变动幅度不大，但仍表现出下滑的趋势。2017 年猪肉产量为 5 451.8 万吨，2018 年下降至 5 403.74 万吨。2019 年，受“猪周期”下行、非洲猪瘟疫情冲击和一些地方不当禁养限养等因素影响，全国生猪产能下降较多，猪价涨幅较大。据国家统计局数据，2019 年生猪存栏 31 041 万头，比上年下降 27.5%，全年生猪出栏 54 419 万头，比上年下降 21.6%，猪肉产量 4 255 万吨，比上年下降 21.3%。

近年来，家禽产品价格持续上涨，家禽养殖效益向好，我国家禽饲养规模持续扩大。2019 年全国家禽出栏 146.41 亿只，比 2018 年增加 15.51 亿只，增长 11.9%；全国家禽存栏 65.22 亿只，同比增加 4.85 亿只，增长 8.0%。2019 年我国禽蛋产量 3 309 万吨，同比增加 181 万吨，增长 5.8%。禽肉和禽蛋是我国城乡居民蛋白质消费的主要来源。禽肉已取代牛肉成为世界上第二大消费肉类，由于禽肉价格低于其他肉类，消费者普遍认为禽肉是一种安全肉类，禽肉消费快速增长。2019 年，我国禽肉产量 2 239 万吨，同比增加 245 万吨，增长 12.3%。随着百姓肉品消费结构的升级，禽肉消费量还将进一步增加。

从肉类食品产业链上看，虽然养殖快速发展，但集约化程度仍然很低，原料肉源头控制力弱；屠宰环节，生猪定点屠宰制度的落实，使乡镇定点屠宰率达到 95%，同时规模化屠宰增长加快，机械化水平进一步提高；肉制品加工环节，形成以西式肉制品和传统肉制品为主导的行业格局，产业规模逐年攀升，但集约化程度仍然较低，质量安全控制体系相对薄弱；副产品综合利用环节，副产品综合利用技术水平较低；物流运输环节使畜禽产品流通高度分散，肉制品冷链储运普及率较低，贮藏保鲜技术也亟待实现突破。

肉类食品产业发展面临的问题有以下几点：肉类生产集中度和工业化程度较低，企业规模普遍偏小；屠宰加工关键技术与装备水平不高，肉类质量安全控制技术相对落后；工业布局尚不合理，畜牧业生产与肉类加工合理配置制度尚未建立起来；面临着加强环保污染管控和减少资源消耗的双重压力和约束；畜禽重大疫病时有发生，兽药残留问题严重，肉品出口阻力增大；肉类供需信息、战略性市场预警机制建设落后，导致肉价波动较大等。

第2节
当前食品质量安全现状及问题

我国食用农产品质量安全主要威胁是非法使用违禁药物和农兽药残留超标。近几年，我国加工食品质量合格率明显提升，加工食品安全水平逐步提高。2019年全国抽检肉制品167 409个，不合格2 490个，不合格率为1.487%。2020年上半年全国抽检肉制品45 539个，不合格599个，不合格率为1.32%。

肉类食品潜在的安全隐患有种植业与养殖业的源头污染，农作物滥用农药化肥等导致饲料污染，以及饲养过程中非法使用违禁药物、滥用兽药导致兽药残留过高等；屠宰加工中出现“注水肉”现象，检验检疫技术落后，交叉污染，质量安全控制体系不健全；肉制品加工中超量使用添加剂，违法添加非食用物质掺假原料，病原微生物控制不当；流通销售的冷鲜肉和低温肉制品冷链体系不完善，流动摊点难以监管和控制等安全隐患。

1. 养殖环节存在的问题

养殖生产过程中，为了防止大规模疫情暴发，保证肉类的产量和质量，不可避免地需要在养殖生产过程中对畜禽使用药物辅助养殖生产。在我国，由于农药和兽药生产、销售与使用的过程中存在管理漏洞，不法商家甚至制造出售假冒伪劣的农药兽药给养殖户；同时，在养殖生产过程中由于缺乏科学的药物使用认识以及先进的药物监测手段，养殖生产业也存在滥用药物的现象，这些原因共同导致了我国肉类产品的农药和兽药残留问题；此外，养殖生产过程不规范，生产厂商质量意识淡薄以及我国肉类产品质量检验标准落后等一系列原因共同作用大大降低了我国肉类产品的卫生安全质量，使得我国的肉类产品卫生安全质量与发达国家相比还有差距，影响了我国肉类产品的对外贸易出口。

工业“三废”排放导致养殖源头环境污染严重。由于工业化和城镇化的推进，水体、土壤等环境污染引起的食品污染逐渐增加，养殖环境受到镉、汞、砷、铅、六六六和滴滴涕等污染物的威胁。目前我国畜产品养殖仍以散养为主，而农村污染源没有得到缓解，影响畜产品的质量安全。集中饲养饲料中含有的重金属残留问题也较为普遍，导致最终产品中重金属残留问题比较突出，其中以镉、砷、铅污染问题较为突出，其中镉的检出率最高。

我国畜牧养殖业中普遍存在着滥用兽药和饲料添加剂，违法使用违禁或淘汰药物（如盐酸克伦特罗、β-受体激动剂、安眠酮和雌激素等），或不遵守休药期规定及屠宰前用药等现象，造成药物在肉中的残留。随着工业经济的发展，环境治理和环境污染日趋失衡，食品链中的污染问题也越来越严重，其中重金属是最主要的污染物质之一。中国疾病预防控制中心开展的食品污染物监测发现，我国畜禽肉中存在不同程度的重金属污染问题，以铅和镉污染问题较为突出。我国各地均有消费畜禽内脏的饮食习惯，畜禽内脏更易蓄积有害物质，存在较大的食品安全隐患。

近些年，一些新型饲料和饲料添加剂的应用给畜产品带来潜在的食品安全隐患。硫酸铜是动物饲料中常用的矿物质添加剂，但食用硫酸铜含量过高的饲料会引起畜禽硫酸铜中毒，并导致重金属在体内蓄积和残留。另外还存在饲养过程中违法喂食非食用物质如三聚氰胺等问题。

另外，禽流感、朊病毒等病毒也会引起食源性疾病和人畜共患病。2013 年 3 月，我国报道了全球首例人感染 H7N9 禽流感病例，到 2014 年 4 月 22 日我国共确诊 421 例，病死率最高时达 50% 以上，而以往 H7N9 病毒只在禽间发现。

2. 屠宰和加工环节存在的问题

一是注水肉问题。注水肉是我国屠宰行业长期存在的现象。通过向畜体注射阿索本针剂（封闭针），然后将水管插入畜体胃部直接灌水，来提高畜体重量。由于注水肉颜色暗淡、肉质松弛，消费者较易辨识，其升级版注胶肉逐渐成为不法分子谋利的新手法。注胶肉利用胶体的保水性和凝固性将水分锁住，使畜禽肉吸水量增加 20% 以上。注水、注胶肉的食品安全风险往往主要在使用污水灌注，同时伴随使用阿索本针剂（封闭针）、沙丁胺醇等禁用药物。

二是掺假作伪问题。为追求非法利益，行业内存在相当数量的掺假作伪或加工差、劣、病死等畜禽的企业。使用皮毛动物如貉子、狐狸等假冒其他肉制品，如“酱牛肉”“酱驴肉”，这些皮毛动物重金属含量往往超标，未经检验检疫就流入市场；通过注射牛肉香精、加入色素等方法，将母猪肉冒充其他畜肉；用价格较低的鸡肉、鸭肉通过添加牛油、羊油冒充牛羊肉等；收购病害畜禽，进行制售活动；回收过期肉作为工业生产原料；使用含有致癌物的皮革蛋白粉作为加工原料；使用重金属超标、农药残留的香辛料、辅料等。

三是超量或超范围使用食品添加剂问题。为片面追求产品某方面特性，或加工过程中操作不规范，造成超量超范围使用添加剂，如在肉制品中违法添加合成色素，超量使用亚硝酸盐等防腐剂，以及为掩盖产品真实品质在颜色不正常、变质的肉制品中添加香精和着色剂等。同时存在使用成分不明的复配型添加剂的现象，以躲避监管。2009—2015年国家食品监督抽查结果显示，肉与肉制品中超量、超范围使用添加剂的情况较为普遍，具体包括日落黄、胭脂红、诱惑红、苋菜红等着色剂超量或超范围使用，以及亚硝酸盐、山梨酸、脱氢乙酸等防腐剂超标。

四是加工过程产生的化学性危害问题。传统肉制品和西式发酵肉制品在腌制、腌腊、烟熏、风干、发酵和贮藏等环节产生化学性危害，形成和累积亚硝胺、杂环胺、生物胺、多环芳烃等有害物质。熏腊肉制品中含有大量的亚硝胺类物质，其含量与某些消化系统肿瘤如食管癌的发病率相关；烧烤和油炸类肉制品中存在大量杂环胺类物质，杂环胺也具有致癌、致突变性，目前已发现30多种杂环胺类物质；生物胺是一类具有生物活性含氮的低分子质量有机化合物的总称，存在于发酵肉制品中。另外，烟熏、烧烤和煎炸肉制品中还易产生苯并芘等多环芳烃类物质。目前，对这些有害物生成的机理和规律尚不明确，对其采取的质量安全控制措施尚不健全，部分指标未纳入食品安全指标中，构成潜在的食品安全风险。

五是控制措施不当或交叉污染导致的致病菌污染问题。当前，我国肉类产业朝着现代化、规模化的方向不断发展，生产、流通、消费规模不断增大，原材料多元化，产销距离远、时差长，为病原微生物的繁殖提供了条件。屠宰和加工中由于质量安全控制措施不到位，交叉污染现象较为普遍，加工装备设施、加工媒介、加工过程、健康畜禽和病畜交叉接触等造成致病菌污染，其中致病性大肠杆菌、金黄色葡萄球菌、沙门氏菌、单胞增生李斯特菌、肉毒梭菌等病原微生物是造成食物中毒的主要原因。宰杀刀具、案板、人员手套等食品接触面的卫生应加强控制，防止造成交叉污染。

第3节
当前食品安全问题成因分析和相关建议

1. 食品安全问题成因

一个国家的食品安全形势与其经济发展水平密切相关。经过30多年的发展，我国与食品相关的上下游行业正逐步形成独立的食品产业体系，成为集农业、加工制造业、现代物流服务业于一体的增长最快、最具活力的国民经济支柱产业，因此当前我国食品安全处于发达国家各历史阶段安全问题特征的叠加期。

当前我国面对的食品安全问题，一个是畜牧养殖业的外源性和内源性污染，外源性污染主要是世界范围疫情的影响和环境污染方面，而内源性污染主要就是种植业、养殖业的人为污染，体现在滥用农药导致农产品农药超标、滥用兽药和饲料添加剂、使用违禁药物等。此外，落后产业科技所造成的食品安全隐患和科技的负面效应也不容忽视，落后的技术成为制约我国食品安全水平提高的关键技术因素。同时对于科技的负面效应也需要严格对待，比如对新资源、新品种要进行严格的风险评估后才能将科技成果应用到人类和社会发展中去。

我国食品产业发展仍然处于初级阶段，小散乱低现象较为普遍，我国微型企业和小作坊仍然占全行业的 80% 以上，这给我们的监督造成了很大的问题。一是中小微型企业管理者不注重安全生产管理。我国中小微型食品企业的发展所受到的限制相对较少，容易出现企业管理者自身素质不高、安全管理意识淡薄等问题，这是企业管理者不注重安全生产管理的根本因素。安全生产管理在短期内不能直接产生经济效益，反而会导致个别企业出现严重的直接损失。此外，诸多中小微型企业仍然沿用小作坊生产模式，不考虑其安全性。二是食品质量安全管理体系不完善。近年来，我国出台了有关食品安全的多项法律法规，然而在诸多企业尤其是中小微型企业，没有统一有效的规章制度以及法律法规去进行标准化的管理。导致一些生产规模较小、生产工艺和设备相对落后的企业，直接忽视了食品质量安全管理体系，在通过 QS 和 HACCP 体系的认证后，不按申报条件进行生产，甚至通过偷工减料、以假充真等方式来节约成本。三是安全生产管理水平低下。食品企业安全生产管理水平不高，中小微型食品企业起点低，发展基础薄弱，生产设备相对落后，生产环境相对混乱，其管理力度也不到位，从而严重影响产品的质量。四是安全生产管理人员综合素质不高。中小微型食品企业的规模相对较小，其对相关工作人员的要求相对较低，无法保障人员的配备，从而在食品生产过程中，出现因缺乏专业的技术人员而使得加工技术执行不到位的现象。企业在职人员不仅技术水平达不到国家要求，其个人素质较专业技术要求而言也相对较低。

2. 食品安全管理的相关建议

抓好源头治理工作。重点抓好化学投入品的管控，解决好农药、兽药、饲料、化肥等投入品的源头控制。对照农药、兽药等的使用标准，抓好可用投入品清单管理制度，积极探索从源头解决农兽药残留和有毒有害物质污染问题。鼓励建设标准化示范基地，建设一批按照良好农业操作规范（GAP），满足现代化管理要求的食品农产品基地。

抓好产业加工升级工作。政府部门要优化资源配置以及人才、技术、政策环境，帮助各类经营主体做大做强。加强品牌培育工作，指导企业创立自主品牌；强化出口生产加工的科技支撑，建立技术研究或产品研发中心，提高技术水平和自主创新能力。指导建立运行有效的质量安全可追溯系统，加强产品可追溯管理。加强关键技术研究和标准制定，在食品农产品生产、加工、销售各个环节，推行标准化生产，引领产业升级。推进产业转型升级，在巩固传统优势农产品基础上，做好消费市场需求分析，以此推动供给侧结构性改革，优化产品结构，改进加工技术，发展高端产品，增强市场竞争力。

抓好监管服务工作。落实《中华人民共和国食品安全法》《中华人民共和国农产品质量安全法》规定的制度建设，建立健全质量安全管理体系，对原料、生产、加工、储运、销售等各个环节实施有效控制，加强过程监管，完善 GAP、HACCP 等管理体系。推进食品农产品治理体系和治理能力现代化建设，建立实施风险管理、全过程监管的工作新方式，确保各项工作符合现代食品农产品贸易发展需要。开展食品农产品监测预警，通过风险分析，制定切实有效的控制措施。积极开展快速检测方法的研究，缩短检测周期，提高检测效率，降低检测成本，打造检得全、检得准、检得快的食品农产品检测技术支撑体系。

抓好社会共治工作。落实政府责任，各部门协调联动，建立并完善食品农产品质量安全管理机制。落实企业主体责任，梳理明确企业应该承担的主体责任清单，监督企业质量保证的法律责任、诚信经营的社会责任、全过程质量控制的管理责任得以落实。提高行业自律意识，发挥优秀行业协会的示范作用，通过协会来加强行业内自律，促进企业调整产品结构，规范市场秩序，解决无序竞争、低价竞争、低端市场竞争等问题。加快建立信用监管制度，建设诚信信息数据库和信息公共服务平台，做到一次失信、处处受限，营造诚实守信、合法经营、合理竞争的食品农产品市场环境。

第二章　兽药使用现状及残留限量

随着社会的日益进步，中国已然成为全球最大的肉制品生产国和消费国，据报道，2018 年我国肉类产品总产量 8 517 万吨，在众多食物中，肉及肉制品的消费已占据众消费品中的榜首。肉类中富含丰富的营养物质，例如蛋白质、脂肪、糖类、钙、磷、铁、硫胺素、核黄酸和烟酸等。肉类制品的食用在中国已经存在上千年，属于中国文化遗产中重要的组成部分之一。

改革开放以来特别是近十年来，人们的物质生活水平得到了极大的提高，随着经济的发展，人们对食品不仅在高蛋白、低脂肪、营养丰富、美味可口等方面提出了需求，而且对卫生、经济、安全等方面提出了更高的标准和要求。近几年来相继出现的“瘦肉精”“苏丹红”“三聚氰胺”“速生鸡”等食品安全事件，严重威胁了人们的身体健康和生命安全，给社会造成了极大的负面影响。

在我国，以肉类产品为代表的动物源性食品安全现状不容乐观，尤其是兽药的超量、违规、违禁使用，已成为动物性食品安全检测和监管的重点以及亟需解决的问题。越来越多的消费者迫切地要求知道，什么是兽药残留，食用的动物性食品中含有什么药物残留，残留量是多少，危害性有多大，市售动物性食品中兽药超标率有多高、到底安不安全，产生的原因是什么，以及如何防治。

第 1 节
兽药介绍及分类

我国《兽药管理条例》中对兽药（Veterinary drug）的定义，是指用于预防、治疗、诊断动物疾病或者有目的地调节动物生理机能的物质（含药物饲料添加剂），主要包括:血清制品、疫苗、诊断制品、微生态制品、中药材、中成药、化学药品、抗生素、生化药品、放射性药品及外用杀虫剂、消毒剂等。常用的兽药有:安乃近、盐霉素、莫能霉素、头孢噻呋、阿莫西林等。

兽药残留（Veterinary drug residue）是指动物用药预防或治疗疾病后，蓄积或存在细胞、组织、器官或可食性产品（蛋、奶）内的药物原形、代谢产物或与兽药相关的杂质残留。

兽药种类繁多，仅我国 GB 31650—2019《食品安全国家标准　食品中兽药最大残留限量》中有要求最大残留量的兽药就有 267 种。对兽药进行分类，通常按照其功能或者化学结构进行。

国家标准 GB 31650—2019《食品安全国家标准　食品中兽药最大残留限量》中将兽药按照功能分类，可分为杀虫药、抗线虫药、抗球虫药、抗吸虫药、抗梨形虫药、抗锥虫药、驱虫药、合成抗菌药、抗菌增效剂、镇静剂、糖皮质激素类药、解热镇痛抗炎药、性激素类药、抗肾上腺素类药物、β-内酰胺酶抑制剂、抗生素共计 16 大类。其中，抗生素包含：寡糖类、多肽类、氨基糖苷类、大环内酯类、酰胺醇类、林可胺类、四环素类、β-内酰胺类、头孢菌素类；抗虫药有：抗吸虫药、抗线虫药、抗球虫药、抗锥虫药、抗梨形虫药；激素类有：性激素类药、糖皮质激素类药；镇静剂有：解热镇痛抗炎药；合成抗菌药有：磺胺类、喹诺酮类。

食品法典委员会（CAC）相关国际标准中，按照功能将兽药分为 β-肾上腺素受体阻断剂、抗寄生虫药、抗菌剂、抗微生物剂、抗原生动物剂、抗真菌剂、抗原生生物剂、驱虫剂、杀虫剂、杀锥虫剂、肾上腺素受体激动剂、生产助剂、生长促进剂、糖皮质甾类、镇静剂共 15 大类。

而从事食品安全检测行业的工作者，通常更习惯按化学结构对兽药进行归类，一般又可分为大环内酯类、氯霉素类、喹诺酮类、磺胺类、四环素类和氨基糖苷类等。以下对常见的兽药按照功能和结构相结合进行介绍。

1. 抗生素

1.1 四环素类

四环素类兽药（Tetracyclines）是一类由链霉菌产生的广谱抗生素，在化学结构上属于多环并四苯羧基酰胺母核的衍生物，仅在 5、6、7 号位取代基有所不同。最初由 Benjamin Duggar 于 1948 年从金色链丝菌的培养液中分离出其中一种物质——金霉素，并于 1950 年成功应用于人类疾病治疗，至今已有 70 多年历史。之后又相继发现了土霉素、四环素、强力霉素等抗菌药物。此类药物对革兰氏阳性、阴性细菌，立克次体，衣原体等均有较强的抑制作用。其作用机制主要是结合核糖体亚基的末端，使细菌蛋白质的合成受到干扰。由于其具有抗菌谱广和价格低廉的优点，因此被广泛应用于牲畜、水产养殖过程中。用于预防和治疗多种感染性疾病，也可用于饲料添加剂，促进牲畜生长并提高饲料转化率等。

四环素类药物结构简式如图 2-1 所示，四个线性六元环的存在使它成为一种高极性的弱酸弱碱性化合物；苯环、酮基和烯醇组成的共轭体系，使它展现出较强的紫外吸收能力。具有抗菌谱广、水溶性好等特点。但强极性、不稳定性的存在也使得其药效不尽人意，抗菌种类有限。近年来，随着在合成方面的日益突破，新型四环素类药物不断涌出，替加环素就是其中一种。

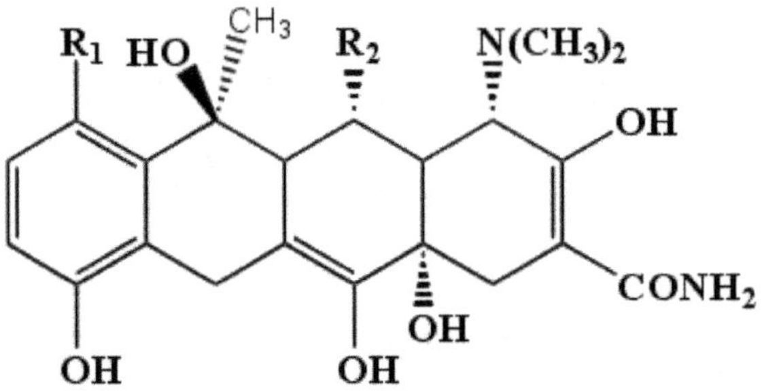

图 2-1　四环素类药物结构简式

1.2 大环内酯类

大环内酯类兽药（Macrolide）是指具有巨大内酯环结构的一类抗生素，其内酯环通常为 14 ～ 16 碳，例如红霉素由十四碳环组成，交沙霉素、螺旋霉素和泰乐菌素由十六碳环组成。大环内酯类抗生素主要利用放线杆菌或小单孢菌生产，对革兰氏阳性菌和一些革兰氏阴性菌有较强的抑制能力。其作用机理是与细菌核糖体结合，阻止细菌的蛋白合成。自1952 年红霉素问世以来，不同类型的衍生物不断涌现，如吉他霉素、泰乐菌素和螺旋霉素等。近年来，作为动物饲料添加剂的大环内酯类抗生素已成为世界范围内需求量和销售速度增长最快的抗生素之一。

1.3 β - 内酰胺类

β - 内酰胺类兽药（β -lactams）是一种具有 β - 内酰胺核（四元环）结构的抗生素,由于其氨基连接于靠近羧基的 β - 碳而得名。自 1941 年青霉素首次应用以来，包括青霉素衍生物、头孢菌素、单酰胺环类、碳青霉烯类等被相继应用。其通过抑制胞壁黏肽合成酶的生成，使细菌细胞壁破裂、溶解死亡，从而达到抑菌的目的。此类药物具有抗菌谱广，抗菌效果显著的特点，因此广泛地用于治疗牲畜细菌感染所引起的疾病。

1.4 酰胺醇类

酰胺醇类药物（Amphenicols）是一类典型的广谱抗生素，可作用于细菌核糖体亚基，从而干扰细菌蛋白质的合成，进而有效地抑制各种革兰氏阳性和革兰氏阴性菌。此类药物主要用于治疗大肠杆菌、沙门氏菌等引起的呼吸道或肠道感染。主要包括氯霉素（CAP）、甲砜霉素（TAP）、氟苯尼考（FFC）等。其中，氯霉素是第一种能够规模化生产的合成类抗生素，在1947年从委内瑞拉链霉菌代谢物中分离，其结构中含有丙二醇、对硝基苯基和二氯乙酰胺。它对革兰氏阳性菌和阴性菌均有抑制效果，是治疗厌氧菌感染的特效药。但由于该药物同样可与人体的核糖体相结合，导致人体相关蛋白质的合成受阻，产生再生障碍性贫血等不良反应，因此，在食用动物饲养过程中，已被严令禁止使用。

作为氯霉素类似物，对其结构修饰后相继出现了甲砜霉素、氟苯尼考（又称氟甲砜霉素，第三代氯霉素类药物）等化合物（图2-2），不仅具有显著的抗菌效果且由于硝基的缺失，有效避免了使用氯霉素所引发的再生障碍性贫血等不良反应，还因结构的独特性在未来癌症治疗方面具有无限的潜能。目前，已广泛应用于临床诊断和兽医治疗。

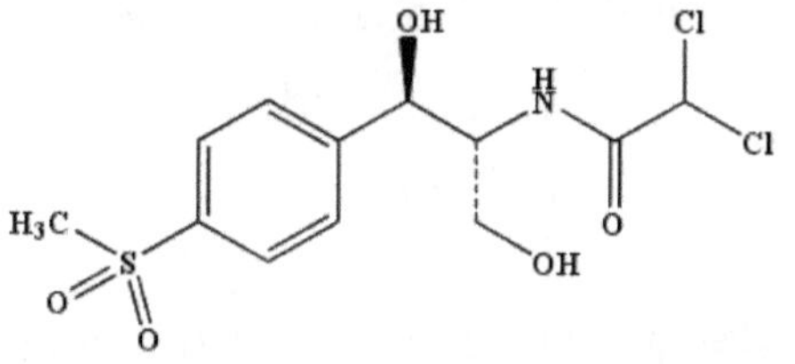

OH Cl H N Cl H_3C S O O O OH

（1）甲砜霉素

OH Cl H N Cl H_3C S O O O F

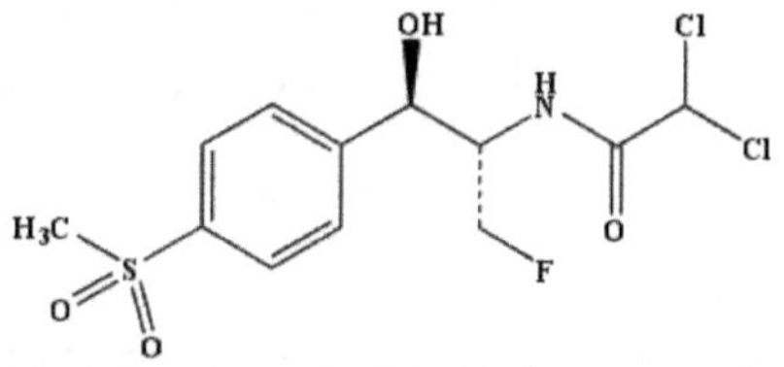

（2）氟苯尼考

图2-2 甲砜霉素和氟苯尼考结构简式

1.5 氨基糖苷类

氨基糖苷类兽药（Aminoglycosides）结构上一般含两个或两个以上的氨基，并通过糖苷键进行连接。其主要包括链霉素、卡那霉素、庆大霉素等。此类抗生素多由链霉菌或小单孢菌代谢产生，也有部分半合成类化合物。链霉素于1940年首先在链霉菌分泌物中发现，此后在小单孢菌代谢物中发现了庆大霉素，此外也有部分半合成衍生物相继发明。氨基糖苷类抗生素对于细菌的作用主要是抑制细菌蛋白质的合成。其对革兰氏阳性和革兰氏阴性菌均有抑制作用，可用于治疗牲畜的败血病、肺炎、霍乱和结核病等。

2. 合成抗菌药

2.1 磺胺类

磺胺类药物（Sulfonamides）首次合成于1908年，起初只是被广泛用于染料生产行业，直到 1935 年由 G. Domagk 发现了该类药物的抗菌性。它是一类具有对氨基苯磺酰胺结构抗生素药物的总称，能通过抑制革兰氏阳性菌或阴性菌的叶酸代谢来实现抑制细菌生长或繁殖的效果。氨基苯磺酰胺是磺胺类药物抑菌的核心结构，其结构与细菌生长所需的对氨基苯甲酸类似，二者竞争结合二氢叶酸合成酶，从而使细菌核蛋白质的合成受阻，最终使细菌的生长繁殖受到抑制。

磺胺类药物一般为白色或者淡黄色粉末状固体，遇光颜色加深，微溶于水。结构简式如图 2-3 所示，芳香环和磺酰胺结构的存在使 1 号位呈现出弱酸性（pK_{a1}=2 ～ 2.5）。2 号位由于含有芳伯氨基，使其又呈现出一定的弱碱性（pK_{a2}=5 ～ 8），但酸性作用大于碱性作用。因此，磺胺类药物在 $pK<2$ 的溶液中带正电荷，在 pK=3 ～ 5 的溶液中显示中性，在 $pK>5$ 的溶液中带负电荷。由于各种化学取代基的不同，从而形成了大量的衍生物，包括磺胺嘧啶、磺胺甲基嘧啶、磺胺甲噁唑等。截止到目前已经有 40 多种药物被广泛用于临床和兽医治疗方面。磺胺类药物因性质较为稳定，且价格低廉，因此被广泛用于畜牧养殖中细菌感染性疾病的治疗过程中。然而，倘若药物使用量过大，或不遵守动物休药期任意销售产品，残留在食品中的药物就会进入人体，对人们健康构成威胁。

2.2 喹诺酮类

喹诺酮类药物（Quinolones）又称吡啶酮酸类，是具有 1,4- 二氢 -4- 氧代喹啉 -3- 羧酸结构人工合成的一类新型抗菌药。自 1962 年萘啶酸首次使用以来，第二代、第三代、第四代喹诺酮类药物相继发明，包括吡哌酸、诺氟沙星、环丙沙星和恩诺沙星等。喹诺酮类药物的作用机制是通过抑制 DNA 合成过程中的两种酶——促旋酶和拓扑异构酶Ⅳ来达到抑制革兰氏阳性菌或阴性菌引起的感染的作用。

此类药物具有高效、广谱、价格低廉等优点，是目前使用较为广泛的一类药物。结构简式如图 2-3 所示，由于结构中含有酸性基团羧基和碱性基团哌嗪基，所以在

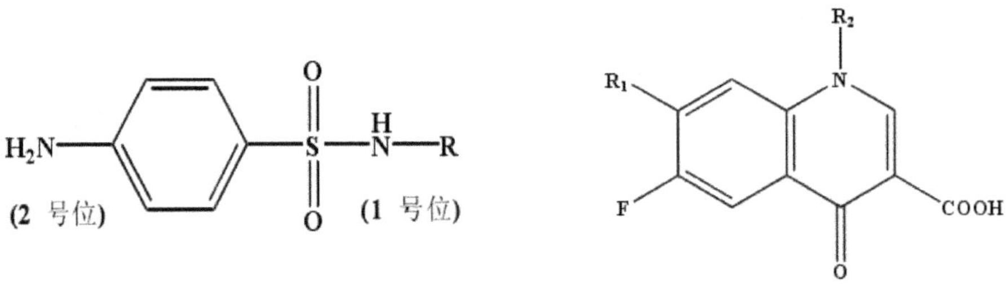

（1）磺胺类　　　　（2）喹诺酮类

图 2-3 磺胺类和喹诺酮类药物结构简式

化学性质上表现出酸碱两性。其中，氟喹诺酮类（第三代喹诺酮类药物）由于C-6处氟原子的取代，甲基哌嗪环、吡咯烷基的引入使得该类药物药效增强，抗菌谱更广。此外，它还具有低毒性、有利的药物动力学，因此目前被广泛用于临床研究、水产品和畜产品养殖业。尽管该药物的出现具有里程碑的意义，但其不合理的使用不仅会引发一些不良反应（恶心、呕吐、头晕等），甚至会增强细菌的耐药性。

3. 抗寄生虫药

抗寄生虫药是指能杀灭畜禽体内外寄生虫的一类药物。寄生虫病不仅影响动物的生长，而且导致动物源产品（如肉、蛋、奶等）产量下降，严重时导致大批动物死亡。因此，在畜牧生产中抗寄生虫类药被广泛使用，主要包括抗蠕虫药、抗原虫药和杀虫药三大类。其中，苯并咪唑类兽药是一类含有苯并咪唑母核的高效、广谱抗寄生虫药。根据苯并咪唑母核C-2和C-5位置含有不同的取代基，从而衍生出不同的药物品种，其中包括阿苯达唑、甲苯咪唑、噻苯咪唑等典型药物。

4. 镇静剂

镇静剂（Tranquilizer）是一类具有镇静安眠作用的药物的总称，此类药物能有效抑制中枢神经系统，降低牲畜兴奋性。农业部第193号公告规定已将其列入食品动物禁用兽药清单，并严禁在动物饲料和饮用水中使用。但仍有部分畜牧养殖户出于缩短畜禽出栏时间，以及降低运输中的死亡率的考虑，而非法使用此类药物。目前，兽用镇静剂主要分为吩噻嗪类、苯二氮卓类、喹唑酮类和咪唑并吡啶类等，代表性药物包括氯丙嗪、异丙嗪、地西泮等。

5. 激素和 β-受体激动剂

激素类兽药（Hormone）是一类具有调节牲畜体内代谢水平，促进其生长和发育的药物的总称。此类药物在畜牧养殖中主要起到缩短饲养周期，提高产量的作用。此类药物主要包括性激素、肾上腺皮质激素等，其中性激素又可分为雄性激素、雌性激素和孕激素。代表药物包括泼尼松、地塞米松、睾酮、孕酮等。

此外，β-受体激动剂（β-adrenergic receptor agonists）是一类具有苯乙醇胺母核结构的化合物，起初此类化合物被用于治疗支气管哮喘和阻塞性肺炎，其代表化合物分别为盐酸克伦特罗、莱克多巴胺和沙丁胺醇。盐酸克伦特罗俗名“瘦肉精”，是目前应用最为广泛的 β-受体激动剂，化学名称为4-氨基-α-（叔丁胺甲基）-3，5- 二氯苯甲醇盐酸盐，1964 年首次在美国合成，其性质稳定，易蓄积，代谢慢，加热到 172℃时才能分解，其能选择性地作用于肾上腺素能受体，激活腺苷酸活化酶，使环磷腺苷增加，使体内的脂肪代谢增强，蛋白质合成增加，显著提高瘦肉率。近几年，β - 受体激动剂被非法用于饲料中，用以促进家畜生长和提高瘦肉率，2011 年震惊全国的双汇“瘦肉精”事件，就是由于饲料中非法使用盐酸克伦特罗所引起。

第 2 节
兽药残留的危害

随着居民膳食结构的调整和现代食品工业的发展，禽、畜养殖集约化已经成为一种趋势，合理、科学地使用兽药，可以预防、治疗和诊断禽、畜疾病，调节其生理机能、促进其生长和繁殖、改善动物性食品和乳制品的品质，满足人们对动物性食品的消费需求。但是，如果滥用或者违禁使用兽药，则会导致动物性食品中兽药残留，对人体产生危害。

我国是畜牧业生产大国，由于部分养殖户文化素质不高，饲养基础薄弱，绝大多数只追求经济利益，完全依赖兽药防治疾病或作为促生长剂，盲目地使用兽用抗生素如四环素类、磺胺类，或兽药添加剂如环丙氨嗪，造成畜产品中兽药残留加重。残留的兽药经过食物链传递到人体内并在其中不断富集，从而引发人体慢性中毒。一般来说，兽药残留对人体健康并不表现为急性毒性作用，大多以长期、低水平的接触方式产生隐蔽性、累积性较强的慢性、蓄积毒性。

1. 产生毒性作用

在饲养过程中，为了满足消费者对瘦肉的需求，一些养猪场会在饲料中添加“瘦肉精”，促使猪只生长出更多的瘦肉，殊不知“瘦肉精”中含有一些脂溶性很强且毒性很大的化学成分，人体摄入后对肝脏、肾脏等组织和器官会产生一定的毒性反应，严重危害人体健康。试验研究证明，如果人体长期摄入含有兽药残留的畜产品，这些兽药不仅会杀灭人体肠道中的致病性微生物，也会抑制有益菌群的生长，从而影响肠道菌群平衡，降低人体体质和健康状况。

如果在饲料或饮水中使用氯霉素，形成药物残留会毒害人体造血系统，能杀死颗粒性白细胞，且能抑制红细胞的成熟，最终造成人体再生性障碍贫血。有的养殖户为了促使畜禽生长，在饲料中添加激素或兴奋药物，一旦形成药物残留被人体摄入，会使人体激素紊乱，严重危害人体健康。

2. 过敏性反应

如果畜产品中存在四环素和青霉素等抗生素药物，个别过敏性体质的人员会出现过敏性反应，引起皮炎、麻疹或体温升高等症状，严重的能引起休克、死亡。这是因为青霉素类抗生素能刺激机体产生抗体，过敏性体质的人体在再次接受相同抗生素治疗时，该抗生素会与抗体结合形成抗原抗体复合物，致使人体发生过敏性反应。

3. 产生耐药性

由于食物中残留兽药超标，这些药进入人体以后，破坏胃肠道菌群的生长环境，引起肠道菌群失衡。对于动物本体而言，养殖户为了获得更高的经济效益，随意使用兽药，长此以往增加了动物体内菌群、病毒的耐药性，使动物体内蓄积了更高含量的兽药，进而被人类食用，造成更加严重的后果。链霉素是一种氨基糖苷类抗生素，被用于治疗结核病并取得了卓越功效，接着氯霉素、土霉素、红霉素等抗生素也接连被发现，然而由于药物滥用，使得人类、动物对该药的耐药性增强，最显著的影响是，1/3 艾滋病患者的首要死因是结核病，由此导致了发病率的增长。

4. 严重影响外贸出口

随着人类重视食品安全的程度越来越高，兽药残留也成为国际食品贸易中最容易引起冲突的问题。国际上，动物源性食品中兽药残留已成为国际社会十分关注的公共卫生问题之一，在人类对风险认识不断加深、消费者自我保护意识逐渐提高、食品安全对社会发展的负面影响日益扩大，以及世界贸易组织协议日趋完善、严格等的大背景、大环境下，兽药危害越来越多地受到各国政府高度重视和国内外人们普遍关注。如果我们不重视畜产品兽药残留的危害性，会严重限制我国畜产品的外贸出口和外汇创收。

下面列举几个典型兽药的危害。

4.1 四环素类兽药残留危害

四环素类兽药能够预防和治疗多种感染性疾病，由于其具有抗菌谱广、价格低廉、体内分布广泛等优点，被广泛应用于畜禽养殖中。正常人体口腔、鼻腔、肠道等处有多种细菌寄生，且保持平衡的共生状态，若长期食用含四环素类兽药的动物源性食品，敏感菌会被抑制，导致菌群失调，使人体免疫力降低，尤其是土霉素，可导致严重的恶心、呕吐、腹泻等症状；四环素类兽药能与新形成的骨骼、牙齿中所沉淀的钙结合，造成四环素牙等不良症状，影响婴幼儿的正常发育；此外，该类兽药还可产生对胃、肠、肝、肾的损害。

4.2 磺胺类兽药残留危害

磺胺类兽药常添加在饲料或者饮水中，人们长期食用含有磺胺类兽药残留的动物源性食品后，会造成药物在人体内富集，引起过敏反应、人体病原菌对磺胺类的耐药性、乳儿粒细胞减少及溶血性贫血症、胆红素病发病率的增加等，长效磺胺药物还可引起变形血红蛋白症。有文献指出，当磺胺类兽药在人体内蓄积到一定程度时，会产生严重的毒副作用，其可破坏人的正常免疫机能和造血系统；抑制肠道正常寄生细菌的生长，造成某些维生素的缺乏；磺胺类兽药会抑制骨髓的造血功能，引起溶血性贫血、再生障碍性贫血等严重反应；影响中枢神经系统，引起头痛、头晕、全身乏力等；还可引起恶心、呕吐等胃肠道症状；会引起药物过敏，严重者甚至可引起剥脱性皮炎；磺胺类兽药在体内形成的乙酰化磺胺在酸性尿中溶解度很低，可在肾盂、肾小管、输尿管等处析出结晶，引起血尿、蛋白尿、结晶尿、尿少甚至尿毒症，损害肾脏。此外，磺胺类兽药危害性还表现在致畸作用、致癌作用、致突变作用以及激素样作用。

4.3 喹诺酮类兽药残留危害

喹诺酮类兽药最常见的不良反应之一是消化系统不良反应，主要表现为恶心、呕吐、食欲不振、腹泻、消化不良等，有的还可导致黄疸，血清转氨酶升高，对肝脏有一定毒性。喹诺酮类兽药可引起变态反应，从而引起皮肤过敏、皮肤瘙痒、红肿等症状，长期接触可导致红斑、瘙痒、皮疹、荨麻疹、血管水肿、表皮松解症，严重者可出现剥脱性皮炎，也有出现过敏性休克的报道。喹诺酮类兽药还可引起中枢神经系统毒性，主要表现为头晕、头痛、耳鸣、烦躁、失眠、焦虑等。

4.4 盐酸克伦特罗残留危害

盐酸克伦特罗对人体危害非常大，国内外的相关科学研究表明，盐酸克伦特罗进入动物体内后，因其半衰期长，化学性质稳定，烹调时难以破坏，所以人摄入后会在体内存留时间较长引起心率加速，心律失常的病人易出现心室早搏、ST段与T波幅压低。盐酸克伦特罗中毒的症状表现比较特别，常见的有头晕、恶心、头痛、心慌、肌肉震颤、四肢无力以及脸部潮红。盐酸克伦特罗长时间亚治疗剂量摄入，激素残留量逐渐蓄积，引起慢性毒性作用，可使人体支气管扩张作用明显减弱，作用持续时间缩短，使哮喘发生率和发病程度增高。同时可引起内分泌紊乱，导致血液中乳酸、丙酮酸浓度升高，血钾降低，糖尿病人可能并发酸中毒。长期食用则可能导致染色体基变，诱发恶性肿瘤。盐酸克伦特罗对有心律失常、高血压、青光眼、糖尿病、甲状腺机能亢进等疾病的患者危害较大，特别是对高血压、心脏病等患者危害最大，严重可导致死亡。

第3节
兽药残留限量

多数兽药具有致癌、致畸、致突变的“三致作用”，严重危害着消费者健康。虽然在过去的几十年里，兽药的出现给我国的养殖业和畜牧业发展带来了腾飞，加快了我国的经济发展，可谓功不可没。然而，对科学知识的无知加之一些养殖者利欲熏心，为降低成本，牟取高额利润，使用一些劣质饲料喂养动物，滥用各种抗生素、激素和食品添加剂，引发食品安全问题，造成全民恐慌。这不得不让我们重新审视兽药的“两面性”，把握好“量”的限定。

1. 国外兽药残留标准概述

1.1 食品法典委员会兽药残留限量

1962 年，食品法典委员会（Codex Alimentarius Commission，CAC）成立，执行粮农组织 / 世界卫生组织（FAO/WHO）联合食品标准，其目的是保护消费者健康并确保国际食品贸易的公平。世界贸易组织（WTO）明确表明 CAC 国际标准为解决国际贸易争端的重要参考，可作为仲裁依据。CAC 畜禽兽药残留限量标准：CX/MRL 2–2018《食品中兽药残留的最大残留限量和风险管理建议》，查询网址：http：//www.codexalimentarius.org/standards/veterinary-drugs-mrls/en/。

目前 CAC 标准涉及的兽药共有 79 种，根据 CAC 数据库中兽药功能类别的分类列表，涉及 β - 肾上腺素受体阻断剂、抗寄生虫药、抗菌剂、抗微生物剂、抗原生动物剂、抗真菌剂及抗原生生物剂、驱虫剂、杀虫剂、杀锥虫剂、肾上腺素受体激动剂、生产助剂、生长促进剂、糖皮质甾类、镇静剂 15 大类。其中 17β - 雌二醇、黄体酮、睾酮不需要制定残留限量，猪生长激素的残留限量未具体说明，62 种兽药规定了最大残留限量，13 种兽药实行残留风险管理，建议不对食品动物使用。

1.2 美国兽药残留限量

美国有较完善的兽药法规，其兽药残留限量标准由美国食品药品管理局（FDA）

负责制定，并在美国联邦法规（CFR）第21卷食品和药品法规第556部分“动物源性食品中新型兽药残留容许量”中公布。美国政府每年都要对CFR中各卷内容进行修订，第21卷的修订版一般在每年的4月1日发布。在CFR第21卷食品和药品法规中规定的108种兽用物质共分为三部分:第一类为不需要设定限量的物质，如各种激素类药物；第二类为不得检出的物质，如各类杀虫剂；第三类为制定了最高残留限量新型动物药品97种，如抗生素、抗组胺类药物等。

1.3 欧盟兽药残留限量

2009年5月6日，欧盟发布EC 470/2009号条例，该条例制定了建立动物源性食品中药理活性物质残留限量的共同体程序，替代EEC 2377/90号条例成为欧盟管理兽药残留的核心法规。但EEC 2377/90号条例中与残留限量要求直接相关的4个附录目前仍然适用，即附录Ⅰ已制定最大残留限量的药理活性物质及其限量，共119种药物；附录Ⅱ免除制定最大残留限量的物质，共528种；附录Ⅲ已制定临时最大残留限量标准的药理活性物质及其限量（尚未完成全部安全性评估，但无证据表明该限量会对消费者产生危害）;附录Ⅳ不制定残留限量标准的物质（禁用）10种。根据该条例，各成员国不得禁止或阻止符合附录Ⅰ、Ⅱ、Ⅲ要求的食品在本国流通。2009年12月22日，欧盟又发布了（EU）No 37/2010号条例，将EEC 2377/90号条例的附件内容整合为两个列表，包括将EEC 2377/90原附录Ⅰ、Ⅱ、Ⅲ整合为“允许使用的药物列表”，同时按照药物的治疗效果分类，如抗感染类、抗寄生虫类等，而将原附录Ⅳ整合为“禁用药物列表”。由于欧盟地区畜牧业非常发达，其自主开发出很多特有的药物品种，其所能使用的兽药种类比其他地区多，另外欧盟委员会根据毒理学试验和科学评估的结果不定期修订兽药最大残留限值，相应的法规修订一年会发布多达4次以上。

1.4 韩国兽药残留限量

韩国食品中兽药残留限量标准由韩国药品监督管理局（KFDA）负责制定和发布，均收录在韩国食品法典中。韩国法典涵盖了124种兽药品种，其中有7种规定在动物源性食品中不得检出，其他117种兽药在不同食品中均规定了最高残留限量。对于兽药残留限量标准，韩国制定了一套适用规则：

（1）在动物源性畜禽产品、水产品及其制品中禁用兽药12种，包括克伦特罗、孔雀石绿等。

（2）对于没有指定具体限量标准的动物源副产品如内脏、骨头等可食用组织，可采用同种动物肉（肌肉）或海产品（鱼）的限量标准。

（3）对于没有制定具体残留限量标准的加工食品，可根据原料的许可限量判断加工食品的残留是否合格，如干燥或其他处理过程导致水含量发生变化，则确定限量时要考虑水含量。

（4）对于某种特定动物产品，如果韩国标准及 CAC 标准均未制定兽药限量标准，则可适用类似动物相同部位的最低 MRLs。例如，如果未制定某种兽药在牛、马或鸡产品中的限量标准，则可采用同种兽药在反刍动物、哺乳动物及家禽相关部分的最低 MRLs。对于蜂王浆和蜂胶，可采用蜂蜜的标准。

（5）对于韩国及 CAC 未制定标准的兽药、抗生素、合成抗生素，其在畜禽和水产品及蜂蜜（包括蜂王浆和蜂胶）中的限量为 0.03mg/kg。

1.5 日本兽药残留限量

日本于 2006 年 5 月 29 日开始实行肯定列表制度，由日本厚生劳动省负责制定和发布，列表内容可在厚生劳动省在线数据库进行查询。日本肯定列表对动物源性食品中所有可能存在的物质残留进行了限定，不仅包括兽药，还涵盖了农药、饲料添加剂等物质。日本肯定列表对兽药残留限量数值会根据实际情况不定期地发布修订信息，至今已发布了 200 余条。

2. 我国兽药残留限量标准概述

我国兽药残留监控工作起步于 20 世纪 70 年代末和 80 年代初，1991 年国务院发布了《国务院办公厅关于加强农药、兽药管理的通知》，农业部发布了《农业部办公厅关于组织开展兽药残留检测工作的通知》，将兽药残留监控工作纳入兽药管理的范畴，并从 1999 年开始制订和实施动物食品中兽药残留监控计划。

随着科技的进步和发展，我国也在对兽药残留限量标准进行着不断完善。2017 年，我国《“十三五”国家食品安全规划》（国发〔2017〕12 号）指出，我国仍处于食品安全风险隐患凸显和食品安全事件集中爆发期，食品安全形势依然严峻，食品安全标准与发达国家和国际食品法典标准尚有差距，食品安全标准基础研究滞后，科学性和实用性有待提高，部分农药兽药残留等相关标准缺失、检验方法不配套。国家卫生计生委办公厅在《国家卫生计生委办公厅关于通报食品安全国家标准目录和食品相关标准清理整合结论的函》（国卫办食品函〔2017〕697 号）中明确 1082 项农药兽药残留相关标准转交农业部进行进一步清理整合。2019 年《中共中央国务院关于深化改革加强食品安全工作的意见》提出加快制定修订农药残留、兽药残留等食品安全通用标准，到 2020 年农药兽药残留限量指标达到 1 万项，基本与国际食品法典标准接轨。

我国2002年发布的农业部公告第235号《动物性食品中兽药最高残留限量》，从“动物性食品允许使用，但不需要制定残留限量的药物”“已批准的动物性食品中最高残留限量规定”“允许作治疗用，但不得在动物性食品中检出的药物”“禁止使用的药物，在动物性食品中不得检出”4个部分对涉及的化合物进行了规定，制定了223种兽药的最高残留限量。此外，2002年发布的农业部公告第193号规定了食品动物禁用的兽药及其他化合物清单，其中包括36种兽药。2005年发布的农业部公告第560号新增5种兽药作为农业部193号公告的补充。此外，2019年底发布的农业农村部公告第250号对禁用兽药进行了修订和整合，取代了原农业部公告第250号中“禁止使用的药物，在动物性食品中不得检出”部分及原农业部公告第193号、235号、560号等文件中的相关内容，规定了食品动物中禁止使用的药品及其他化合物清单。

由中华人民共和国农业农村部、国家卫生健康委员会、国家市场监督管理总局三部门联合发布了GB 31650—2019《食品安全国家标准 食品中兽药最大残留限量》标准文本，已于2020年4月1日正式实施，取代了之前实施了18年的农业部公告第235号《动物性食品中兽药最高残留限量》中“已批准动物性食品中最大残留限量规定的兽药”“允许用于食品动物，但不需要制定残留限量的兽药”“允许作治疗用，但不得在动物性食品中检出的兽药”三部分内容，新增兽药76种，新增残留限量643项，不再收载禁止药物及化合物清单。此次发布的食品中兽药最大残留限量标准规定了267种（类）兽药在畜禽产品、水产品、蜂产品中的2 191项残留限量及使用要求，基本覆盖了我国常用兽药品种和主要食品动物及组织，标志着我国兽药残留标准体系建设进入新阶段。

3. 我国兽药标准与CAC标准对比

CAC国际标准被世界贸易组织（WTO）明确表明，作为解决国际贸易争端的重要参考，可作为仲裁依据，在国际贸易往来中具有重要地位。将我国相关标准与其进行对比，可以为进一步提高中国动物食品的安全水平和国际竞争力提供参考。

我国食品中兽药最大残留限量标准GB 31650—2019中涉及的兽药共有267种，涉及杀虫药、抗线虫药、抗球虫药、抗吸虫药、抗梨形虫药、抗锥虫药、驱虫药、合成抗菌药、抗菌增效剂、镇静剂、糖皮质激素类药、解热镇痛抗炎药、性激素类药、抗肾上腺素类药物、β-内酰胺酶抑制剂、抗生素16类，其中抗生素包括β-内酰胺类抗生素、氨基糖苷类抗生素、寡糖类抗生素、多肽类抗生素、头孢菌素类抗生素、四环素类抗生素、酰胺醇类抗生素、大环内酯类抗生素、林可胺类抗生素等。此外，农村农业部250号公告发布了食品动物中禁止使用的药品及其他化合物清单涉及34种（类）化合物。

对我国与CAC兽药标准（CX/MRL 2–2018《食品中兽药残留的最大残留限量和风险管理建议》）进行比对，结果见表2-1。在兽药总数上，我国与CAC差异较大。

表2-1　中国与CAC标准中涉及的兽药比对

比对方式	化合物名称	数量
我国与CAC标准中均涉及的兽药	阿苯达唑、阿莫西林、阿维菌素、氨苄青霉素、阿维拉霉素、氮哌酮、青霉素/普鲁卡因青霉素、卡拉洛尔、头孢噻呋、金霉素/土霉素/四环素、氯氰碘柳胺、黏菌素、氟氯氰菊酯、三氟氯氰菊酯、氯氰菊酯和顺式氯氰菊酯、达氟沙星、溴氰菊酯、地塞米松、地克珠利、地昔尼尔、双氢链霉素/链霉素、二脒那嗪、多拉菌素、依普菌素、红霉素、苯硫胍/芬苯达唑/奥芬达唑、啶蜱脲、氟苯达唑、氟甲喹、庆大霉素、双咪苯脲、氮氨菲啶、伊维菌素、拉沙洛西钠、左旋咪唑、林可霉素、莫能菌素、莫西丁克、甲基盐霉素、新霉素、尼卡巴嗪、辛硫磷、吡利霉素、沙拉沙星、壮观霉素、螺旋霉素、磺胺二甲嘧啶、噻菌灵、替米考星、敌百虫（三氯磷酸酯）、三氯苯达唑、泰乐菌素、喹乙醇、卡巴氧、氯霉素、氯丙嗪、地美硝唑、呋喃唑酮、孔雀石绿、甲硝唑、呋喃西林、洛硝达唑、17β-雌二醇、黄体酮、睾酮、克伦特罗、莱克多巴胺、玉米赤霉醇、群勃龙（去甲雄三烯醇酮）	69
我国独有的兽药	双甲脒、氨丙啉、安普霉素、氨苯胂酸/洛克沙胂、杆菌肽、倍他米松、头孢氨苄、头孢喹肟、克拉维酸、氯羟吡啶、邻氯青霉素、环丙氨嗪、癸氧喹酯、越霉素、二嗪农、敌敌畏、二氟沙星、二硝托胺、强力霉素、恩诺沙星、乙氧酰胺苯甲酯、倍硫磷、氰戊菊酯、氟苯尼考、醋酸氟孕酮、氟氯苯氰菊酯、氟胺氰菊酯、常山酮、卡那霉素、吉他霉素、马度米星铵、马拉硫磷、甲苯咪唑、安乃近、硝碘酚腈、苯唑青霉素、奥苯达唑、噁喹酸、哌嗪、巴胺磷、碘醚柳胺、氯苯胍、盐霉素、赛杜霉素、磺胺类、甲砜霉素、泰妙菌素、托曲珠利、甲氧苄啶、泰万菌素、维吉尼亚霉素、醋酸、安络血、氢氧化铝、氯化铵、安普霉素、青蒿琥酯、阿司匹林、阿托品、甲基吡啶磷、苯扎溴铵、小檗碱、甜菜碱、碱式碳酸铋、碱式硝酸铋、硼砂、硼酸及其盐、咖啡因、硼葡萄糖酸钙、碳酸钙、氯化钙、葡萄糖酸钙、磷酸氢钙、次氯酸钙、泛酸钙、过氧化钙、磷酸钙、硫酸钙、樟脑、氯己定、含氯石灰、亚氯酸钠、氯甲酚、胆碱、枸橼酸、氯前列醇、硫酸铜、可的松、甲酚、癸甲溴铵、癸氧喹酯、地克珠利、二巯基丙醇、二甲硅油、度米芬、干酵母、肾上腺素、马来酸麦角新碱、酚磺乙胺、乙醇、硫酸亚铁、	234

续表

比对方式	化合物名称	数量
我国独有的兽药	氟氯苯氰菊酯、氟轻松、叶酸、促卵泡激素、甲醛、甲酸、明胶、葡萄糖、戊二醛、甘油、垂体促性腺激素释放激素、月苄三甲氯铵、绒促性素、盐酸、氢氯噻嗪、氢化可的松、过氧化氢、鱼石脂、苯噁唑、碘和碘无机化合物、右旋糖酐铁、白陶土、氯胺酮、乳酶生、乳酸、利多卡因、促黄体素、氯化镁、氧化镁、硫酸镁、甘露醇、药用炭、甲萘醌、蛋氨酸碘、亚甲蓝、萘普生、新斯的明、中性电解氧化水、烟酰胺、烟酸、去甲肾上腺素、辛氨乙甘酸、缩宫素、对乙酰氨基酚、石蜡、胃蛋白酶、过氧乙酸、苯酚、聚乙二醇（分子量范围从200到1000）、吐温-80、垂体后叶、硫酸铝钾、氯化钾、高锰酸钾、过硫酸氢钾、硫酸钾、聚维酮碘、碘解磷定、吡喹酮、普鲁卡因、双羟萘酸噻嘧啶、溶葡萄球菌酶、水杨酸、东莨菪碱、血促性素、碳酸氢钠、溴化钠、氯化钠、二氯异氰脲酸钠、二巯丙磺钠、氢氧化钠、乳酸钠、亚硝酸钠、过硼酸钠、过碳酸钠、高碘酸钠、焦亚硫酸钠、水杨酸钠、亚硒酸钠、硬脂酸钠、硫酸钠、硫代硫酸钠、软皂、脱水山梨醇三油酸酯、山梨醇、士的宁、愈创木酚磺酸钾、硫、丁卡因、硫喷妥钠、维生素A、维生素B_1、维生素B_{12}、维生素B_2、维生素B_6、维生素C、维生素D、维生素E、维生素K_1、赛拉嗪、赛拉唑、氧化锌、硫酸锌、地西泮（安定）、潮霉素、苯丙酸诺龙、赛拉嗪、酒石酸锑钾、β-兴奋剂类（其中克伦特罗、莱克多巴胺为CAC标准中涉及的兽药）、氯化亚汞（甘汞）、醋酸汞、硝酸亚汞、吡啶基醋酸汞、毒杀芬（氯化烯）、呋喃丹（克百威）、杀虫脒（克死螨）、氨苯砜、呋喃妥因、呋喃它酮、呋喃苯烯酸钠、林丹、醋酸美仑孕酮、甲基睾丸酮、安眠酮、硝呋烯腙、五氯酚酸钠、替硝唑、硝基酚钠、己二烯雌酚、己烯雌酚、己烷雌酚、锥虫砷胺、万古霉素	234
CAC独有的兽药	得曲恩特、因灭汀、虱螨脲、甲烯雌醇乙酸酯、莫奈太尔、猪生长激素、氟苯脲、甲紫、异丙硝唑、二苯乙烯	10

在可比指标中，我国与CAC限量相同的指标有316个，占全部可比指标的94.3%，涉及60种兽药化合物，如卡拉洛尔在GB 31650—2019及CX/MRL 2-2018中的限量在猪肌肉、脂肪/皮肤、肝、肾中一致，分别为5μg/kg、5μg/kg、25μg/kg、25μg/kg。我国比CAC更为严格的兽药残留限量指标有12个，占全部可比指标的3.6%，如我国标准GB 31650—2019中规定伊维菌素在牛脂肪、肝脏、肾脏中的残留限量分别为100μg/kg、100μg/kg、30μg/kg，而在CAC标准中规定伊维菌素在牛脂肪、肝脏、肾脏中的残留限量分别为400μg/kg、800μg/kg、100μg/kg；17β-雌二醇、睾酮在CAC标准中为不需要制定残留限量的药物，而在GB 31650—2019列为"允许作治疗用，但不得在动物性食品中检出的兽药"；克伦特罗、莱克多巴胺作为β-受体激动剂及玉米赤霉醇、群勃龙在我国农业农村部公告第250号中属于"食品动物中禁止使用的药品及其他化合物"，这几种化合物在CAC标准中均规定了不同种属动物食品中的允许

残留限量。

此外，在可比指标中我国有 7 个指标比 CAC 标准宽松，占可比指标总数的 2.1%。如喹乙醇在 CAC 标准 CX/MRL 2–2018 中被建议不在动物食品上使用，在我国 GB 31650—2019 中规定的限量在猪肌肉、肝脏中分别为 4μg/kg、50μg/kg；在 GB 31650—2019 中规定新霉素在所有食品动物肝脏中的残留限量为 5 500μg/kg，在 CX/MRL 2–2018 中规定新霉素在牛、鸡、鸭、山羊、猪、绵羊、火鸡肝脏中的限量为 500μg/kg。

总体来讲，我国限量标准体系比 CAC 的兽药种类更多，在与 CAC 可比指标中，我国有 97.9% 的指标等于或严于 CAC 标准。

4. 各国主要肉类产品中兽药限量要求对比

以牛肉和羊肉为例，对我国与主要贸易国家的肉类产品中的兽药残留限量进行比对分析。

我国在 GB 31650—2019 中规定了牛肉中 75 种兽药的最大残留限量，共计包括 13 类兽药，分别为：抗生素（29 种）、抗线虫药（11 种）、杀虫药（10 种）、抗球虫药（6 种）、抗菌药（6 种）、抗吸虫药（4 种）、糖皮质激素类药（2 种）、抗锥虫药（2 种）、驱虫药（1 种）、抗梨形虫药（1 种）、抗炎药（1 种）、抗菌增效剂（1 种）、β - 内酰胺酶抑制剂（1 种）。

GB 31650—2019 规定了羊肉中 55 种兽药的最大残留限量，共计包括 8 类兽药，分别为抗线虫药（10 种）、抗生素（18 种）、抗球虫药（4 种）、抗吸虫药（5 种）、杀虫药（10 种）、抗菌药（6 种）、性激素类药（1 种）、抗炎药（1 种）。

日本肯定列表明确提出了牛肉中 35 种兽药的最大残留限量标准，羊肉中 21 种；美国提出了牛肉中 25 种、羊肉中 10 种兽药残留限量；CAC 标准中指明了牛肉中 50 种、羊肉中 31 种兽药的最大残留限量要求。

表 2-2 我国与其他国家牛肉和羊肉中兽药残留限量指标对比

肉类产品	同于中国			严于中国			宽于中国		
	日本	美国	CAC	日本	美国	CAC	日本	美国	CAC
牛肉	43	8	40	12	7	0	9	10	0
羊肉	7	2	22	0	1	1	0	7	2

另外，具体到不同兽药的限量指标，不同国家对同一种肉类产品的要求也相差较大。例如，在牛肉的最大残留限量标准中，我国有伊维菌素等12种兽药的标准宽于日本，倍他米松等9种兽药严于日本;壮观霉素等7种兽药的标准宽于美国，莫能菌素等10种兽药严于美国；中国与CAC有40种兽药的标准相同，暂无兽药的标准严于我国。值得注意的是，CAC提出莱克多巴胺（“瘦肉精”的一种）在牛肉中的最大残留限量为10μg/kg，而我国明确禁止“瘦肉精”的使用；我国对倍他米松、二嗪农、氟苯尼考、氰戊菊酯、氟菊酯、敌百虫这6种兽药的要求最为严格，而美国是对壮观霉素、阿莫西林、氨苄青霉素、邻氯青霉素、新霉素、红霉素和链霉素7种兽药要求最为严格的国家；头孢喹肟、头孢氨苄、克拉维酸、磺胺二甲氧嘧啶、恩诺沙星、卡那霉素和甲砜霉素是我国与日本共有的兽药，且日本对这7种兽药提出的最大残留限量标准均严于我国。

在羊肉兽药最大残留限量标准中，我国比日本和CAC所涉及的兽药种类更加全面，其中日本提出了7种兽药（只对绵羊提出）的最大残留限量，其标准均与我国相同；我国有左旋咪唑等7种兽药严于美国，仅有阿苯达唑要求宽于美国，且美国对阿苯达唑的要求最严格，其标准为50μg/kg，中国和CAC的标准均为100μg/kg；中国对氯氰菊酯和α-氯氰菊酯的要求比美国和CAC更严格；我国磺胺二甲嘧啶的要求宽于CAC，中日两国对磺胺二甲嘧啶的要求相对宽松，其标准均为100μg/kg，美国和CAC对磺胺二甲嘧啶的要求均为10μg/kg；中国对氯氰菊酯和α-氯氰菊酯这两种兽药的要求比CAC更严格；中国是对芬苯达唑的要求最严格的国家，其标准为100μg/kg，美国的标准为400μg/kg，而日本和CAC并未对其提出明确要求。

5. 不同国家肉类产品中常见兽药残留限量对比

选取了常用的30种兽药，对比了其在牛肉、猪肉、羊肉、鸡肉中，中国、美国、欧盟、CAC相关标准对其的限量要求，便于使用者查询方便。

对比的标准为更新至2020年12月的最新标准及网址内容，具体内容见附录。

中国：

GB 31650—2019《食品安全国家标准　食品中兽药最大残留限量》

美国：

https：//www.ecfr.gov/cgi-bin/searchECFR?ob=r&idno=21&q1=&r=&SID=ec9a4954e01851da89160f5b25e5a8b3&mc=true

欧盟：

https：//eur-lex.europa.eu/legal-content/EN/TXT/PDF/?uri=CELEX：32010R0037&from=EN

CAC：

CX/MRL 2–2018《食品中兽药残留的最大残留限量和风险管理建议》

http：//www.codexalimentarius.org/standards/veterinary-drugs-mrls/en/

表 2-3　各国牛肉中常见兽药残留限量

序号	中文名	英文名	牛肉（μg/kg）			
			中国	美国	欧盟	CAC
1	氯霉素	Chloramphenicol	ND	ND	ND	ND
2	硝基呋喃代谢物	Nitrofuranmetabolites	ND	ND	ND	ND
3	地塞米松	Dexamethasone	1	ND	0.75	1
4	替米考星	Tilmicosin	100	100	50	100
5	氟甲砜霉素	Florfenicol	200	300	50	未规定
6	卡巴氧	Carbadox	ND	未规定	ND	未规定
7	盐酸克伦特罗	Clenbuterol	ND	ND	ND	ND
8	喹乙醇	Olaquindox	ND	ND	ND	ND
9	壮观霉素	Spectinomycin	500	250	300	500
10	土霉素	Oxytetracycline	200	200	100	200
11	四环素	Tetracycline	200	200	100	200
12	金霉素	Chlortetracycline	200	200	100	200
13	己烯雌酚	Diethylstilbestrol（DES）	ND	ND	ND	ND
14	磺胺类	Sulfonamides	100	ND（除磺胺二甲氧嘧啶、磺胺间甲氧嘧啶、磺胺乙氧哒嗪、磺胺喹噁啉、磺胺氯哒嗪、磺胺二甲嘧啶100）	100	未规定（磺胺二甲嘧啶100）
15	林可霉素	Lincomycin	100	未规定	100	未规定
16	红霉素	Erythromycin	200	100	200	未规定
17	金刚烷胺	Amantadine	ND	ND	ND	ND

续表

序号	中文名	英文名	牛肉（μg/kg）			
			中国	美国	欧盟	CAC
18	阿莫西林	Amoxicillin	50	10	50	50
19	氯丙嗪	Chlorpromazin	ND	ND	ND	ND
20	尼卡巴嗪	Nicarbazin	未规定	未规定	ND	未规定
21	泰乐菌素	Tylosin	100	200	100	100
22	强力霉素	Doxycycline	100	未规定	未规定	未规定
23	杆菌肽	Bacitracin	500	500	ND	未规定
24	泰妙菌素	Tiamulin	未规定	未规定	未规定	未规定
25	氟甲喹	Flumequine	500	未规定	200	500
26	甲砜霉素	Thiamphenicol	50	未规定	50	未规定

表 2-4　各国猪肉中常见兽药残留限量

序号	中文名	英文名	猪肉（μg/kg）			
			中国	美国	欧盟	CAC
1	氯霉素	Chloramphenicol	ND	ND	ND	ND
2	硝基呋喃代谢物	Nitrofuranmetabolites	ND	ND	ND	ND
3	地塞米松	Dexamethasone	1	ND	0.75	1
4	替米考星	Tilmicosin	100	100	50	100
5	氟甲砜霉素	Florfenicol	300	200	50	未规定
6	卡巴氧	Carbadox	ND	30	ND	未规定
7	盐酸克伦特罗	Clenbuterol	ND	ND	ND	ND
8	喹乙醇	Olaquindox	ND	ND	ND	ND
9	壮观霉素	Spectinomycin	500	未规定	300	500
10	土霉素	Oxytetracycline	200	200	100	200
11	四环素	Tetracycline	200	200	100	200
12	金霉素	Chlortetracycline	200	200	100	200
13	己烯雌酚	Diethylstilbestrol（DES）	ND	ND	ND	ND
14	磺胺类	Sulfonamides	100	ND（磺胺氯哒嗪、磺胺二甲嘧啶）	100	未规定（除磺胺二甲嘧啶100）
15	林可霉素	Lincomycin	200	100	100	200
16	红霉素	Erythromycin	200	未规定	200	未规定

续表

序号	中文名	英文名	猪肉（μg/kg）			
			中国	美国	欧盟	CAC
17	金刚烷胺	Amantadine	ND	ND	ND	ND
18	阿莫西林	Amoxicillin	50	未规定	50	50
19	氯丙嗪	Chlorpromazin	ND	ND	ND	ND
20	尼卡巴嗪	Nicarbazin	未规定	未规定	ND	未规定
21	泰乐菌素	Tylosin	100	200	100	100
22	强力霉素	Doxycycline	100	未规定	100	未规定
23	杆菌肽	Bacitracin	500	500	ND	未规定
24	泰妙菌素	Tiamulin	100	600	100	未规定
25	氟甲喹	Flumequine	500	未规定	200	500
26	甲砜霉素	Thiamphenicol	50	未规定	50	未规定

表 2-5　各国羊肉中常见兽药残留限量

序号	中文名	英文名	羊肉（μg/kg）			
			中国	美国	欧盟	CAC
1	氯霉素	Chloramphenicol	ND	ND	ND	ND
2	硝基呋喃代谢物	Nitrofuranmetabolites	ND	ND	ND	ND
3	地塞米松	Dexamethasone	未规定	ND	0.75	未规定
4	替米考星	Tilmicosin	100	100	50	100
5	氟甲砜霉素	Florfenicol	200	未规定	50	未规定
6	卡巴氧	Carbadox	ND	未规定	ND	未规定
7	盐酸克伦特罗	Clenbuterol	ND	ND	ND	ND
8	喹乙醇	Olaquindox	ND	ND	ND	ND
9	壮观霉素	Spectinomycin	500	未规定	300	500
10	土霉素	Oxytetracycline	200	200	100	200
11	四环素	Tetracycline	200	200	100	200
12	金霉素	Chlortetracycline	200	200	100	200
13	己烯雌酚	Diethylstilbestrol（DES）	ND	ND	ND	ND
14	磺胺类	Sulfonamides	100	ND	100	未规定（除磺胺二甲嘧啶100）
15	林可霉素	Lincomycin	100	未规定	100	未规定

续表

序号	中文名	英文名	羊肉（μg/kg）			
			中国	美国	欧盟	CAC
16	红霉素	Erythromycin	200	未规定	200	未规定
17	金刚烷胺	Amantadine	ND	ND	ND	ND
18	阿莫西林	Amoxicillin	50	未规定	50	50
19	氯丙嗪	Chlorpromazin	ND	ND	ND	ND
20	尼卡巴嗪	Nicarbazin	未规定	未规定	ND	未规定
21	泰乐菌素	Tylosin	未规定	未规定	100	未规定
22	强力霉素	Doxycycline	未规定	未规定	未规定	未规定
23	杆菌肽	Bacitracin	未规定	未规定	ND	未规定
24	泰妙菌素	Tiamulin	未规定	未规定	未规定	未规定
25	氟甲喹	Flumequine	500	未规定	200	500
26	甲砜霉素	Thiamphenicol	50	未规定	50	未规定

表 2-6　各国鸡肉中常见兽药残留限量

序号	中文名	英文名	鸡肉（μg/kg）			
			中国	美国	欧盟	CAC
1	氯霉素	Chloramphenicol	ND	ND	ND	ND
2	硝基呋代谢物	Nitrofuranmetabolites	ND	ND	ND	ND
3	地塞米松	Dexamethasone	ND	ND	ND	未规定
4	替米考星	Tilmicosin	150	ND	75	150
5	氟甲砜霉素	Florfenicol	100	未规定	50	未规定
6	卡巴氧	Carbadox	ND	未规定	ND	未规定
7	盐酸克伦特罗	Clenbuterol	ND	ND	ND	ND
8	喹乙醇	Olaquindox	ND	ND	ND	ND
9	壮观霉素	Spectinomycin	500	100	300	500
10	土霉素	Oxytetracycline	200	200	100	200
11	四环素	Tetracycline	200	200	100	200
12	金霉素	Chlortetracycline	200	200	100	200
13	己烯雌酚	Diethylstilbestrol（DES）	ND	ND	ND	ND

续表

序号	中文名	英文名	鸡肉（μg/kg）			
			中国	美国	欧盟	CAC
14	磺胺类	Sulfonamides	100	ND（除磺胺二甲氧嘧啶、磺胺二甲嘧啶和磺胺喹噁啉100）	100	未规定（除磺胺二甲嘧啶100）
15	林可霉素	Lincomycin	200	未规定	100	200
16	红霉素	Erythromycin	100	125	200	100
17	金刚烷胺	Amantadine	ND	ND	ND	ND
18	阿莫西林	Amoxicillin	50	未规定	50	未规定
19	氯丙嗪	Chlorpromazin	ND	ND	ND	ND
20	尼卡巴嗪	Nicarbazin	200	52 000	ND	200
21	泰乐菌素	Tylosin	100	200	100	100
22	强力霉素	Doxycycline	100	未规定	ND	未规定
23	杆菌肽	Bacitracin	500	500	ND	未规定
24	泰妙菌素	Tiamulin	100	未规定	100	未规定
25	氟甲喹	Flumequine	500	未规定	400	500
26	甲砜霉素	Thiamphenicol	50	未规定	50	未规定

第4节
我国动物源性食品兽药残留现状

《中国食品安全发展报告（2019）》指出，农兽药残留不符合标准是现阶段最主要的五类食品安全风险之一。2020年上半年的食品安全监督抽检结果显示，农兽药残留超标不合格样品占总量的36.42%，其中肉制品不合格率为1.32%，主要为兽药残留。尽管相关部门已经建立了相对完备科学的监控措施及预防措施，但肉及肉制品中的兽药残留问题仍然存在。

1. 1998—2020年兽药残留监测实例

以我国明令禁止添加的盐酸克伦特罗为例，1998年5月香港特别行政区17名居民因食用内地供应的猪内脏中毒，广东省高明区一星期内出现了7例因喝猪肺汤而中毒的患者；1999年10月浙江省嘉兴市57人“瘦肉精”中毒；2000年4月广东省博罗县30人出现了中毒症状；2000年10月香港特别行政区有50人中毒；2006年9月上海市陆续发生了多起因食用猪内脏、猪肉导致的疑似“瘦肉精”食

物中毒的事件;2008年11月浙江省嘉兴市有70名企业员工被确认为“瘦肉精”中毒;2009年2月广东省广州市出现“瘦肉精”恶性中毒事件，共计88人中毒；2010年广东省有13人因食用含有“瘦肉精”的蛇肉而中毒;2011年3月河南省“双汇”火腿肠被曝光产品中含有“瘦肉精”,河南省孟州市、泌阳县等地养猪场用“瘦肉精”饲养所谓的“健美猪”；等等。据不完全统计，自1998年以来，全国已相继发生了几十起“瘦肉精”中毒事件，中毒人数多达1 700余人。给国家和集体的财产造成了巨大损失，给人民生命健康带来了极大威胁，严重引发了社会恐慌和对食品安全的极度不信任。

2007年研究人员对哈尔滨超市、农贸市场出售的动物性食品中兽药残留量进行了检测，调查发现，土霉素检出率为5.13%、四环素检出率为2.56%，残留量均超出国家相应标准。牛肉兽药检出率和超标率均为15.38%，鸡肉兽药检出率和超标率均为7.69%，猪肉兽药检出率和超标率均为7.69%。同年有文章报道对深圳市场、餐厅、酒楼、超市等出售的禽、畜肉兽药残留水平进行了调查，结果发现，禽畜肉中检出4种兽药残留，检出率为15.17%，有7.22%的禽畜肉中兽药残留超过国家标准，禽畜肉内脏中兽药残留较高。

2012年3月至5月，山东大学的研究报告中，选择济南市区的五个行政区作为采样区域，每个行政区内，随机选取两个人口较集中的居民区，每个居民区周边随机选择居民常去购物的超市和农贸市场作为采样点。在超市和农贸市场里随机采购品牌和非品牌肉制品（品牌商标的界定参考中国肉业网“2011中国最受消费者喜爱的十大肉制品、十大猪肉、十大鸡肉、十大牛肉、十大羊肉品牌”)，每种动物性食品随机购买两份，对累计272份动物源性产品进行10种兽药的检测和残留分析，分别是土霉素、四环素、金霉素、磺胺嘧啶、磺胺二甲基嘧啶、磺胺甲噁唑、氧氟沙星、环丙沙星、恩诺沙星、盐酸克伦特罗。

结果显示：市售动物性食品中10种兽药的超标率较高，超标率最高的兽药是磺胺嘧啶，超标率为43.38%；超标率最低的兽药是恩诺沙星，超标率为4.04%；盐酸克伦特罗是禁止检出的兽药，其检出率为10.29%。8种动物性食品中，羊肉中兽药残留的超标率相对较小，超标残留值相对较低；其余7种动物性食品中兽药残留的超标率较高，残留量较大；其中，肝、肾、鸡胗器官超标现象严重。具体表现如下。

（1）四环素类兽药残留情况

272份动物性食品中，金霉素残留超标率最高，为31.25%；四环素残留超标率为26.10%；土霉素残留超标率为24.26%，8种动物性食品中都不同程度地检出了3种四环素类兽药，其中肝、肾超标率较高。鸡胗中四环素超标残留值范围为327.44 ~ 30 626.39μg/kg；鸡胗中金霉素超标残留值范围为1 668.62 ~ 476 600.78 μg/kg；鸡肝中土霉素超标残留值范围为329.95 ~ 60 139.67μg/kg；猪肉中金霉素超标残留值范围为512.50 ~ 23 291.80μg/kg；牛肉中金霉素超标残留值范围为1 155.07 ~ 1 747 258.73μg/kg。超标残留值范围较宽，残留超标值较高，超标严重。其余动物性食品中3种四环素类兽药残留超标值范围也较宽，但大部分样品残留值均集中在较小的范围内，超标值相对较低。

（2）磺胺类兽药残留情况

272份动物性食品中，磺胺嘧啶残留超标率最高，为43.38%；磺胺二甲基嘧啶残留超标率为20.96%；磺胺甲噁唑残留超标率为19.85%。10份羊肉中，磺胺嘧啶和磺胺甲噁唑的超标率均为0，其中的2份羊肉磺胺二甲基嘧啶超标。其余7种动物性食品中都不同程度地检出了3种磺胺类兽药，肝、肾超标率较高，且此7种动物性食品中磺胺嘧啶的超标率均高于磺胺二甲基嘧啶和磺胺甲噁唑。

（3）喹诺酮类兽药残留情况

272份动物性食品中，环丙沙星残留超标率最高，为17.28%；其次是氧氟沙星，超标率为16.18%；恩诺沙星超标率最低，为4.04%。10份羊肉中，环丙沙星的超标率为0，2份羊肉氧氟沙星超标，1份羊肉恩诺沙星超标；猪肉、鸡肝和鸡胗中恩诺沙星超标率均为0;其余动物性食品中都不同程度地检出了3种喹诺酮兽药，其中肝、肾超标率较高；8种动物性食品中恩诺沙星检出率较低，均在10%以下。猪肉中环丙沙星超标残留值范围为105.63 ~ 5 517.76μg/kg，鸡胗中氧氟沙星超标残留值范围为888.12 ~ 26 134.75μg/kg，牛肉中氧氟沙星超标残留值范围为1 313.68 ~ 7 246.79μg/kg；羊肉中恩诺沙星超标残留值为8 820.62μg/kg。此四者超标残留值范围较宽，超标残留值较高。

（4）盐酸克伦特罗兽药残留情况

272份动物性食品中，盐酸克伦特罗超标率为10.29%，超标率较高。羊肉中没有检测出盐酸克伦特罗，猪肾中盐酸克伦特罗兽药残留超标率最高，为21.88%，其次为鸡肉，超标率为17.07%；猪肝和鸡胗中盐酸克伦特罗兽药残留超标率也较高，分别为10%和11.76%；牛肉中检测出了盐酸克伦特罗，超标率为5%。农贸市场出售的猪肾、鸡肉中盐酸克伦特罗残留检出率较高，分别为22.22%和28.57%，高于超市出售的猪肾和鸡肉；超市出售的猪肝、鸡胗盐酸克伦特罗残留检出率较高，分别为15%和16.67%，高于农贸市场出售的猪肝和鸡胗。除羊肉之外的动物性食品中残留值均较高，猪肝中盐酸克伦特罗超标残留值范围为 12 397.12 ~ 119 875.70 μg/kg；猪肾中盐酸克伦特罗超标残留值范围为 4 671.87 ~ 36 707.76μg/kg；鸡肉中盐酸克伦特罗超标残留值范围为 4 355.12 ~ 32 959.84μg/kg；鸡肝中盐酸克伦特罗超标残留值范围为 21 617.85 ~ 58 741.04μg/kg；鸡胗中盐酸克伦特罗超标残留值范围为 4 736.72 ~ 28 123.56μg/kg。

2016—2017 年，温州市农产品检验测试中心的工作者随机采集温州市 224 个主体单位（户）的猪肉、禽肉、禽蛋样品，共计 565 份，进行磺胺类、喹诺酮类、四环素类药物残留检测。结果显示：检出药物残留样品 14 份，检出率 2.48%，药物超标样品 8 份，超标率 1.42%；鸽产品及鸭肉中未检出药物残留及超标，猪肉中未检出药物超标；鸭蛋、鸡蛋和鸡肉中均有不同程度的药物残留及超标，尤以鸭蛋和鸡蛋居多，在 1 份鸡肉样品中检出了 4 项喹诺酮类药物残留；检出的药物残留中，喹诺酮类残留及超标率最高，其次为磺胺类，而无四环素类残留检出。

天津市工业产品生产许可证审查中心的研究人员从 2018 年津冀两地市场上共采集 312 批次动物源性食品样品，进行氯霉素、氟苯尼考、硝基呋喃类和“瘦肉精”类等项目的检测。监测结果显示，312 份样品中，合格 300 份，检出超标样品 12 批次，不合格项目包括氟苯尼考、硝基呋喃代谢物、恩诺沙星及“瘦肉精”等超标。其中，依据农业部公告第 235 号《动物性食品中兽药最高残留限量》、农业部公告第 560 号《兽药地方标准废止目录》的规定，硝基呋喃代谢物在动物源性食品中均不得检出，属于禁止使用药物。监测项目呋喃唑酮、呋喃它酮、呋喃妥因、呋喃西林 4 种，其代谢产物分别为 3- 氨基 -2- 噁唑烷酮（AOZ）、5- 甲基吗啉 -3- 氨基 -2- 唑烷基酮（AMOZ）、1- 氨基 -2- 乙内酰（AHD）、氨基脲（SEM），和蛋白质结合而相当稳定，故常利用代谢物的检测来反映硝基呋喃类药物的残留状况。对猪肉、鸡肉、水产品中的 4 种硝基呋喃类兽药的检测结果参见表 2-7。

表 2-7　硝基呋喃类兽药的检测结果

样品类别	样品量（批次）	检出限（μg/kg）	检测结果	不合格率（%）	标准限值
猪肉	87	0.5	1批次检出AOZ，数值为3.27μg/kg；其余均未检出	1.14	不得检出
鸡肉	71	0.5	均未检出	0	不得检出
水产品	92	0.5	3批次检出AMOZ，数值分别为6.58、12.1、8.85μg/kg；其余均未检出	3.26	不得检出

“瘦肉精”的检测结果为：猪肉中检出 3 批次，其中克伦特罗检出 1 批次，沙丁胺醇检出 2 批次，结论为不合格。说明在猪类养殖过程中存在使用违法添加非食用物质的情况，具体见表 2-8。

表 2-8 猪肉中“瘦肉精”的检测结果

样品类别	样品量（批次）	检出限（μg/kg）	检测结果	不合格率（%）	标准限值
猪肉	87	0.5	1批次检出克伦特罗，数值为2.12μg/kg；2批次检出沙丁胺醇，数值分别为5.56、1.78μg/kg	3.45	不得检出

2019 年，株洲市食品药品检验所对 428 批次不同品种动物源性食品进行氟苯尼考残留量测定，检出氟苯尼考的样品有 68 批次，批次检出率为 15.9%。27 个品种中，除鸡爪、鲜羊肉、鲜牛肉、鹌鹑蛋、鲜鸭胗、鸭脖、鸭翅、酱卤鸭肉、鸭锁骨、酱卤鹅肉、鹅蛋、鲜鹅肉 12 个品种外，其他品种均有检出，品种检出率为 55.6%，即超过一半的品种检出氟苯尼考。检出的品种主要为各种鲜肉、胗、大肠以及相应的腊制品。其中以腊鸭肉检出率最高，达 75%;其次为腊猪肝、腊猪肠和腊鸡肉，分别为 60%、60% 和 50%；还有腊猪肉、腊牛肉和鲜猪肉，分别为 42.9%、41.7% 和 33.3%。不同品种检出率排序为腊鸭肉 > 腊猪肝 = 腊猪肠 > 腊鸡肉 > 腊猪肉 > 腊牛肉 > 鲜猪肉 > 鸡胗 = 猪蹄 = 腊鸭胗 > 鸡肉 > 鱼肉 > 鸡蛋 > 鸭肉。

另外，该项调查显示，来源于猪的 5 个品种中均检出氟苯尼考，品种覆盖率 100%，每个品种的检出率均超过 20%，说明猪是氟苯尼考残留的重灾区；鸡肉的 5 个品种中，4 个品种检出阳性，阳性品种的检出率除鸡蛋低于 10% 外，其他 3 个品种都接近和远超 20%；鸭肉的 9 个品种中，4 个品种为阳性；牛肉中，鲜牛肉未检出，腊牛肉检出率则超过 40%；鱼肉检出率为 13.3%。

从 1998 年的报道到 2020 年的调查统计，肉类产品中的兽药残留问题在政府部门的严格监管下虽有很大改善，但从未停止发生。

2. 动物源性食品中兽药残留特点

根据市场调查结果，以肉类产品为代表的动物源性食品中兽药残留现象，主要有以下几个特点。

（1）肉制品中兽药残留超标现象仍然存在

我国肉制品中兽药残留超标问题依然存在，且形势严峻，新情况新问题不断，主要表现为不按规定使用兽药，不严格遵守休药期等。国家市场监督管理总局通告的食品安全监督抽检情况显示：2019 年我国兽药残留超标主要是水产品、猪肉、猪肝、牛肉等肉制品中抗菌药、杀虫药、激素等残留超标，其中大多数超标兽药为国家已经禁用的兽药。《农业农村部办公厅关于 2019 年畜禽及蜂产品兽药残留监控结果的通报》给出的监控数据中，检测鸡肉样品 1 857 批，超标 15 批；检测猪肝样品 400 批，超标 3 批；检测猪肉样品 2 432 批，超标 1 批。按检测的药物及有害化学物质类别统计，氟喹诺酮类检测 1 636 批样品，超标 1 批；金刚烷胺检测 780 批样品，超标 2 批；卡巴氧和喹乙醇残留标示物检测 400 批样品，超标 3 批；氯霉素检测 100 批样品，超标 10 批；氯羟吡啶检测 100 批样品，超标 2 批；尼卡巴嗪残留标示物检测 261 批样品，超标 3 批；四环素类检测 720 批样品，超标 4 批；硝基呋喃类代谢物检测 171 批样品，超标 2 批。

另一方面，由于抗菌类药物规定的最高残留限量值较高，近年来其检出率有增加的趋势。如果养殖户不严格遵守休药期就容易引起动物性食品中兽药残留超标。

（2）小型普通养殖场兽药残留超标情况较为严重

从农业农村部公布的数据来看：2019 年上半年，水产品检出超标样品 15 个，全部来自小型普通养殖场，占超标样品总数的 100%；小型普通养殖场的样品共监测 1 526 个，超标率为 1%；对比近 3 年农业农村部同期监测结果，2018 年检出的 7 个不合格样品中有 6 个为小型普通养殖场的样品，2017 年检出的 7 个超标样品全部来自小型普通养殖场，由此可见小型普通养殖场是禁用药品违法使用和兽药残留超标的高发场所。

（3）兽药饲料生产企业违法现象仍然存在

兽药隐性添加、生产假劣兽药的违法现象依然存在，为了迎合养殖户的速效心理，一些兽药公司不断开发新兽药，甚至更换同一兽药的产品名称谎称新兽药，使养殖户盲目增加使用量。一些饲料生产商在饲料中违法添加禁用兽药，养殖户使用这些产品进行喂养，就会导致动物机体中的药物残留，如一些不法商贩唯利是图，钻监管漏洞，违法生产、销售和使用含有盐酸克伦特罗、莱克多巴胺、玉米赤霉醇等违禁药物的兽药或含有违禁药物的饲料添加剂，以此促进禽畜生长，达到赚取高额利润的目的，这表明兽药饲料生产企业违法现象仍然存在。

第三章　兽药残留检测技术

第1节
前处理技术

样品前处理指的是样品的制备和样品中目标化合物的提取、富集、净化、浓缩等步骤。近年来，由于经济利益的驱使，很多不法商家增加了兽药的使用种类、数量和规模，这势必给兽药残留检测带来不小的挑战，使分析对象、样本数量和检测难度大大增加。由于动物源性样品组织比较复杂、基质存在较大差异，基质本身所含有的杂质特别是蛋白质、糖类、脂肪等含量较高，在进行样品检测时，这些杂质作为主要的干扰物质，严重影响检测结果。因此，如何有效地提高兽药残留检测的灵敏度、准确度和精密度，降低基质效应和基质干扰，保证检测仪器状态稳定，前处理技术至关重要。在兽药残留分析过程中，样品前处理所花费的时间通常大于样品检测的时间，因此研究一个新的分析方法，样品前处理工作非常重要。目前，常见的兽药残留前处理技术主要有液液萃取法、固相萃取法、固相微萃取法、分散固相萃取法和 QuEChERS 萃取法、基质固相分散萃取法、凝胶渗透色谱法、加速溶剂萃取法等。

1. 液液萃取法（LLE）

1.1 液液萃取法的原理及应用

液液萃取法是一种较早使用的提取净化技术，在分析物与干扰物的分离方面非常有用，它是利用样品化合物在两种互不相溶或微溶的液体或相之间的溶解度或分配系数的差异，来达到分离和净化的目的。液液萃取中的第一相通常是水相，而第二相则是有机溶剂。亲水性化合物倾向于溶于极性水相，而疏水性化合物则主要溶于有机溶剂。正己烷、乙腈、乙酸乙酯、甲醇和丙酮等常用有机溶剂均可作为萃取溶剂。该方法无须配套仪器，且回收率较高，被广泛应用于兽药残留检测中，如动物源性食品中硝基呋喃类药物残留的检测，猪肉组织中磺胺类药物残留的检测，牛奶中 β-内酰胺类药物残留的检测，鸡肉组织中磺胺类药物残留的检测。有研究采用LLE对动物源性食品中甲苯咪唑等兽药进行了测定，方法回收率在79.3% ~ 105.2%，相对标准偏差低于20%，方法定量限低于限量要求水平。也有学者利用乙酸乙酯建立LLE萃取体系，对禽肉中硝基咪唑类残留进行了测定，回收率均高于80%，检出限在1 ~ 4μg/kg。

1.2 液液萃取法常见问题

虽然该方法在某些方面有较强的优势，但是也存在一定的缺陷，比如萃取液需要氮气且吹干耗时长，正己烷除油时，操作复杂且耗时长，有机溶剂消耗较多，同时也会出现一些其他问题，如乳浊液的形成、两相的相互溶解度有差异等。

1.2.1 乳浊液的形成

乳化现象是肉制品样品（脂肪基质）在特定溶剂条件下产生的问题。如果不能破坏乳浊液层，使有机相和水相之间形成清晰的边界，那么分析物的回收率就会受到影响。可以用以下几种方法来消除乳化现象：

（1）向水相中加入盐；

（2）加入或冷却萃取容器；

（3）通过玻璃棉塞进行过滤；

（4）使用相分离滤纸过滤；

（5）添加少量其他有机溶剂；

（6）离心。

1.2.2 不同相的相互溶解度

“不混溶”溶剂具有较小但有限的相互溶解度，溶解的溶剂可以改变两相的体积。因此最好使用相与相彼此饱和，这样我们才能明确知道含有分析物的体积，从而准确测定分析物回收率。最简单的饱和步骤是在不加入样品的情况下在分液漏斗中平衡两相。例如有正己烷饱和的乙腈或乙腈饱和的正己烷用于前处理的提取或除油过程。

2. 固相萃取法（SPE）

2.1 固相萃取法的基本原理

固相萃取技术诞生于20世纪70年代，以其简单、高效、易实现自动化和有机溶剂低耗量等优点而被广泛应用于各种生物样品的分离和纯化。它通过选择性地吸附，从而对样品进行富集、分离和纯化。该技术的基本原理是根据待测物在液相和固相之间的分配不同来进行保留和洗脱的。该技术分为保留目标化合物型和保留干扰物型两种。保留目标化合物型是指当样品提取液经过吸附剂时，目标化合物被吸附剂吸附，杂质随溶液流出，然后用洗脱液把目标化合物洗脱。保留干扰物型是指当样品提取液经过吸附剂时，杂质成分被吸附剂吸附，目标化合物随溶液流出。目前最常用的是保留目标化合物型的固相萃取法，在萃取过程中，固相对目标物的吸附力大于样品基液，因此，当样品流经固相柱时，目标物被吸附在固体填料表面而其他样品组分则通过柱子，然后目标物可用适当的溶剂洗脱下来。SPE 实质上是一个柱色谱分离的过程，其分离机理、固定相和溶剂选择等方面都类似于高效液相色谱（HPLC），但 SPE 柱材料的颗粒一般较大且柱床较短，这使得 SPE 柱的分离能力远远低于 HPLC 柱，该特点决定了 SPE 的主要功能是用于样品富集或样品中性质差别较大的物质的预分离。SPE 按分离模式的不同可分为正相、反相和离子交换萃取。正相 SPE 一般用来保留极性物质，目标物通过氢键、π-π 相互作用、偶极 - 偶极作用和偶极 - 诱导偶极作用等在 SPE 柱上保留；反相 SPE 所用的吸附剂通常是非极性或极性较弱的，所萃取的目标化合物通常是中等极性到非极性化合物，目标化合物与吸附剂间的作用为疏水相互作用，即范德华力或色散力；离子交换 SPE 所用的吸附剂是带有电荷的离子交换树脂，所萃取的目标物是带有电荷的化合物，目标物与吸附剂之间的相互作用是静电吸引力。

2.2 SPE 装置

2.2.1 SPE 小柱

SPE 构造采用的是小型一次性塑料或小柱，通常是填充了 0.1 ~ 10.0g 吸附剂的医用注射筒，下端有一孔径为 20μm 的烧结筛板，用以支撑吸附剂。在筛板上填装一定量的吸附剂（100 ~ 1000mg，视需要而定），然后在吸附剂上再加一块筛板，以防止加样品时破坏柱床。目前已有各种规格、装有各种吸附剂的 SPE 小柱出售，使用起来十分方便。如图 3-1 所示。

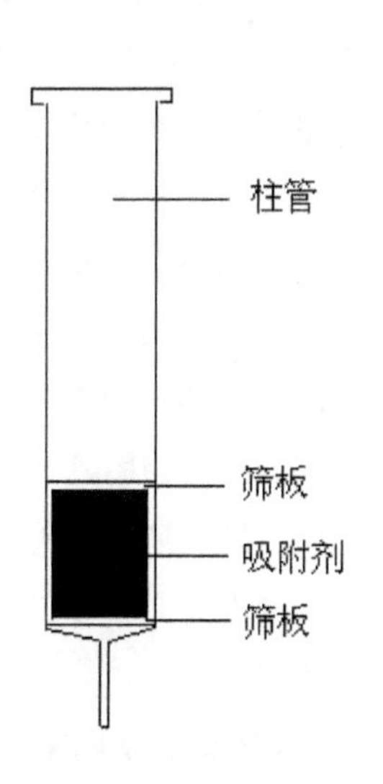

图 3-1 SPE 装置

2.2.2 SPE 盘

SPE 的另一种形式是 SPE 盘（图 3-2）。盘式萃取器是含有填料的聚四氟乙烯圆片或载有填料的玻璃纤维片，填料约占 SPE 盘总量的 60% ~ 90%。由于填料颗粒紧密地嵌在盘片内，在萃取时无沟流形成。SPE 柱和盘式萃取器的主要区别在于床厚度 / 直径（L/d）比。对于等重量的填料，盘式萃取的截面积比柱约大 10 倍，因而允许液体试样以较高的流量通过，大大提高了萃取容量。

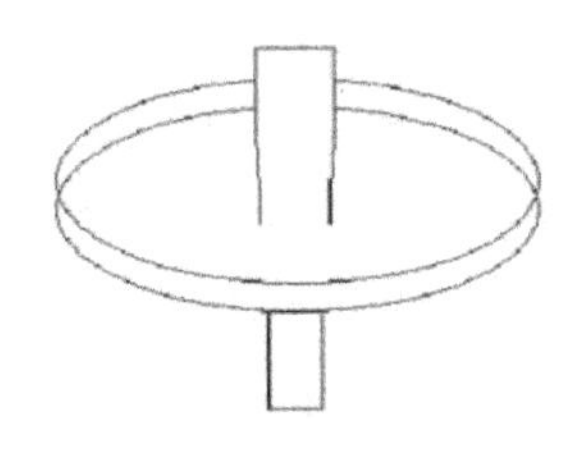

图 3-2　SPE 盘

2.2.3 其他装置

除了 SPE 小柱和 SPE 盘外，还有许多 SPE 的专用装置。如使 SPE 操作更简便的微型化的固相萃取移液枪头；还有 96 或 384 通道萃取阵列很好地满足了药物筛选和生物领域高通量样品分析的要求。

2.3 SPE 步骤

SPE 以离线或在线方式进行。在离线操作的情况下，SPE 与分析是独立进行，SPE 仅为以后的分析制备合适的试样。通常包括 4 个步骤：活化、上样、淋洗和洗脱。

2.3.1 活化吸附剂

以反相 SPE（C_{18} 柱）为例，先使数毫升的甲醇通过萃取柱，再用水或缓冲液顶替滞留在柱中的甲醇。柱预处理一方面可除去填料中可能存在的杂质，另一方面能使填料溶剂化，提高固相萃取的重现性。填料未经预处理或者未被溶剂润湿，可引起溶质过早穿透，影响回收率。

2.3.2 上样

将液态或溶解后的固态样品倒入活化后的 SPE 小柱，然后利用抽真空、加压或是离心的方法使样品通过吸附剂。

2.3.3 淋洗除去干扰杂质

用中等强度的溶剂，将干扰组分洗脱下来，同时保持分析物仍留在柱上。

2.3.4 分析物的洗脱和收集

将分析物完全洗脱并收集在最小体积的级分中，同时使比分析物更难保留的杂质尽可能多地残留在 SPE 柱上。为提高分析物的浓度或调整溶剂性质，也可把收集的分析物用氮气吹干，再溶于小体积的适当溶剂中。

另外，如果选择的吸附剂对目标物的吸附很弱或不吸附，对干扰物却有较强的吸附能力时，也可以让目标物先淋洗下来加以收集，而干扰物保留在吸附剂上，两者得到分离。

2.4 SPE 的影响因素

2.4.1 吸附剂

正如固定相是液相色谱的核心，吸附剂也是影响固相萃取的关键因素，因此，制备高选择性、高吸附容量的吸附剂是 SPE 技术得以发展的关键，也是前处理方法研究中最活跃的领域之一。

SPE 吸附剂的选择要综合考虑目标物和样品基体的性质，目标物的极性与吸附剂的极性越相似，保留越好，因此要尽量选择与待测物极性相似的吸附剂。除了活性炭、硅胶、氧化铝等传统的吸附介质外，应用于生物样品分析的 SPE 吸附剂主要有以下几种。表 3-1 给出了常用吸附剂类型以及相关的分离机理、洗脱剂性质、待测组分的性质和应用范围。

表 3-1　不同种类的 SPE 吸附剂及其应用

吸附剂	分离原理	洗脱溶剂	分析物性质	分析应用
键合硅胶C_{18}、C_8	反相	有机溶剂	非极性～弱极性	氨基偶联苯，多氯苯酚类，多氯联苯类，芳烃类，多环芳烃类，有机磷和有机氯农药类
多孔苯乙烯-二乙烯基苯共聚物	反相	有机溶剂	非极性～中等极性	苯酚，氯代苯酚，苯胺，氯代苯胺，中等极性除草剂等
多孔石墨碳	反相	有机溶剂	非极性～相当极性	醇类，硝基苯酚类，相当大极性除草剂
丙胺键合硅胶	正相	有机溶剂	极性化合物	碳水化合物，有机酸等
硅酸镁	正相	有机溶剂	极性化合物	醇，醛，胺，有机酸等
离子交换树脂	离子交换	一定pH的水溶液	阴阳离子型有机物	苯酚，次氮基三乙酸，苯胺和极性衍生物，邻苯二甲酸类
抗体键合吸附剂	免疫亲和反应	甲醇-水溶液	特定污染物	多环芳烃，多氯联苯，有机磷，有机氯农药类及燃料等

2.4.2 保留体积

SPE 是分析物在液相样品与固相吸附剂间的分配过程，这就意味着，萃取过程中要求保留因子 k_w 越大越好；洗脱过程中要求保留因子 k_w 越小越好。对 SPE 来说，穿透体积是一个至关重要的参数，我们需要在不超过待测组分吸附容量的情况下进行萃取，追求的是 100% 的回收率。穿透体积 V_b 是指滤液中的分析物浓度为原样品溶液中分析物浓度 1% 时的样品溶液的总流出体积。

2.4.3 洗脱溶剂

洗脱溶剂的选择与分析物性质和吸附剂特性密切相关：反相吸附剂，一般使用甲醇或乙腈作为洗脱溶剂；正相吸附剂，一般使用正己烷、四氯化碳等非极性有机溶剂；离子交换吸附剂，采用高离子强度的缓冲液作为洗脱剂。理想的洗脱溶剂应具备两个要求：①溶剂强度足够大，即使用该洗脱溶剂时分析物的保留因子 k_w 尽可能小；②溶剂应与后续的检测方法相匹配。表 3-2 列出了 SPE 中常用溶剂的性质。

表 3-2　SPE 溶剂的性质

极性	溶剂强度		溶剂	是否溶于水
非极性	强反相	弱正相	正已烷	不
↓	↑	↓	异辛烷	不
			四卤化碳	不
			三卤甲烷	不
			二卤甲烷	不
			四氢呋喃	是
			乙醚	不
			乙酸乙酯	差
			丙酮	是
			乙腈	是
			异丙醇	是
			甲醇	是
			水	是
极性	弱反相	强正相	醋酸	是

2.5 固相萃取法的应用及展望

固相萃取技术在兽药残留检测中应用比较广泛。如肉制品中氯霉素、金刚烷胺、利巴韦林、β-受体激动剂、喹乙醇代谢物的检测，水产品中的孔雀石绿检测，牛奶中磺胺、喹诺酮和苯并咪唑类兽药检测，蜂蜜中喹诺酮类兽药检测等。有文献采用 HLB 柱结合 LC-MS 检测技术对虾中 18 种兽药残留（包括四环素、磺胺、喹诺酮等）进行了测定，在添加和污染样品中此方法均表现出良好的结果。国外研究报道以 HLB 柱作为前处理 SPE 柱，LC-TOF/MS 测定了肌肉、肝和肾中 100 种兽药残留，60% 的化合物回收率大于 80%。也有国外研究人员对牛奶中多类兽药残留进行了测定，方法采用 StrataX SPE 柱进行前处理，LC-TOF/MS 进行测定，回收率在 80% ~ 120% 的药物占总数的 88%。国内工作者采用固相萃取法对鸡蛋中 17 种性激素进行了测定，样品经提取后，分别采用 C_{18} 和 NH_2 柱对样品进行净化，由 LC-MS/MS 测定，方法回收率在 70% ~ 121%，相对标准偏差为 2.3% ~ 11.2%。固相萃取技术具有较强的富集能力和抗基质干扰能力，能够更彻底地萃取分析物，有机溶剂消耗量少，操作简便，而且选择性、重现性以及回收率都比较好。但是也还具有一些缺点，比如 SPE 中可能发生混合机制，一些分析物会不可逆地吸附在 SPE 小柱上，需要进行更复杂的方法开发（涉及 3 个步骤或更多），耗材价格相对较高，在一定程度上提高了检测成本。

目前 SPE 的自动化操作模式在实际应用中推广程度不高，有待进一步改进和发展 SPE 自动化装置，提高工作效率。此外，SPE 技术发展的另一核心是它的萃取材料的发展，因此我们需要：①改进填料（如球形硅胶或高聚物）的合成方法，提高柱效和重现性；②为了满足分析各种试样的不同要求，有针对性地开发具有特殊选择性的柱材料；③以新材料制备 SPE 装置，减少空白中的杂质，扩大 SPE 在痕量分析中的应用。

3. 固相微萃取法（SPME）

固相微萃取是在固相萃取技术基础上发展起来的一种新型样品前处理技术，最早由加拿大 Waterloo 大学于 1990 年提出，主要针对样品中微量或痕量有机物进行分析，与色谱柱的原理很相似，根据有机物与溶剂之间“相似相溶”的原则，其基本原理是在一根细小的固体熔融石英纤维上涂覆聚合物固定相图层，如聚二甲基硅氧烷（PDMS）或聚丙烯酸酯，通过图层对分析组分的吸附作用，达到对待测组分进行提取和富集的目的，完成样品的前处理过程。SPME 的主要优势在于，它在采样过程中避免基质效应组分，具有简便性和易用性，降低溶剂消耗或者根本不使用溶剂，现阶段已实现自动化。在随后十几年的发展过程中，SPME 技术无论在应用模式、萃取涂层研制、基础理论研究还是应用方面均得到了很大的发展。研究人员采用固相微萃取结合液相色谱技术检测鸡蛋中氟喹诺酮类药物，五种药物在 2 ~ 500ng/mL 范围内具有良好的线性关系，检出限为 0.1 ~ 2.6μg/kg，该方法成功地应用于实际鸡蛋样品中喹诺酮类药物残留的检测，结果令人满意。

3.1 SPME 的理论基础

3.1.1 SPME 的热力学基础

固相微萃取是基于待测物质在样品及萃取涂层间平衡分配的萃取过程。对于单组分体系，当系统达到平衡时，涂层中所吸附的待测物的量可由式（3-1）决定：

$$n=\frac{K_{fs}V_f c_o V_s}{K_{fs}V_f+V_s} \quad \cdots\cdots（3\text{-}1）$$

式中：K_{fs} 为待测物在样品及涂层间的分配系数；V_f 为萃取涂层体积；c_o 为待测物初始浓度；V_s 为样品体积。由式（3-1）可以看出，体系中的 K_{fs} 及 V_f 值是影响方法灵敏度的重要因素。所以在实际中一般采用具有对待测物有较强吸附作用的涂层和增加萃取纤维的长度及涂层厚度的办法来提高萃取的富集效果和灵敏度。

当体积 $V_s>>K_{fs}V_f$ 时，式（3-1）可表达为：

$$n=c_o K_{fs} V_f \quad \cdots\cdots（3\text{-}2）$$

式（3-2）为 SPME 的野外取样提供了理论依据，即可将萃取纤维置于自然环境中直接取样。目前，SPME 应用较多的是包括气液或气固两相同时存在的顶空取样系统，此时涂层中被测物的浓度在系统达到平衡后可按式（3-3）求得：

$$n=\frac{c_o V_1 V_2 K_1 K_2}{K_1 K_2 V_1+K_2 K_3+V_3} \quad \cdots\cdots（3\text{-}3）$$

式中：c_o为被测物在原始样品中的浓度；V_1、V_2、V_3分别为涂层、溶液（或固相）及顶空的体积；$K_1=c_1^{\infty}/c_3^{\infty}$、$K_2=c_3^{\infty}/c_2^{\infty}$分别为被萃取物在涂层与顶空气相间的分配系数及在气相与溶液（或固相）间的分配系数；c_1^{∞}、c_3^{∞}、c_2^{∞}分别为被测物在涂层、溶液（或固相）及顶空气相中的平衡浓度。

式（3-3）是根据化学热力学平衡态化学势相等的原理得出的，但是实际体系中往往是多组分共存，因此 K_1、K_2 不仅与同一组分在不同相内的浓度有关，而且与其他组分的浓度有关。实际的数学表达式较为复杂，但由于在环境中不同组分的浓度往往较低，彼此的作用可以忽略，因此上式仍有一定的代表性，可解释 SPME 中出现的各种现象。

3.1.2 SPME 的动力学基础

SPME 是一种基于平衡基础上的萃取方法，萃取过程的动力学分析对于实验参数的优化有很大的作用。在直接取样时，由于水样与涂层接触时会形成一层水膜，在萃取纤维头附近的待分析物浓度一般小于它所在溶液中的浓度，理想的搅拌可以消除这种浓度梯度。在理想的搅拌状态下，达到萃取平衡所需要的时间只是由萃取头的厚度和待分析物在纤维头上的扩散系数决定的，如（3-4）式：

$$t_e=\frac{a^2}{2D} \cdots\cdots\cdots (3\text{-}4)$$

式中：t_e为平衡时间；a为萃取头的厚度；D为分析物在纤维头涂层上的扩散系数。但实际往往存在不搅拌或搅拌不足的情况，分析物在液相中扩散速度较慢，使之萃取时间较长。萃取平衡时间可以用式（3-5）进行大致计算：

$$t_e=3\frac{ka^2}{D_s} \cdots\cdots\cdots (3\text{-}5)$$

式中：k为萃取纤维头与样品间的分配系数；a为萃取涂层的厚度；D_s为目标化合物在样品基体中的扩散系数。由于分析物在气相中的扩散速度比在液相中高4个数量级，所以顶空固相微萃取（HS-SPME）可以大大提高分析速度，但其中液相扩散仍是最慢的一步，仍然需要通过搅拌来加快分析物由液相向气相的扩散速度，缩短平衡时间。

3.2 SPME 的萃取模式

纤维涂层固相微萃取（Fiber SPME）是最早的固相微萃取技术形式，相继又出现搅拌棒式固相微萃取技术（Stir Bar Sorptive Extraction，SBSE）和管内固相微萃取技术（In-tube SPME），富集倍数和萃取效率进一步提高。目前，三种模式的微萃取技术已广泛用于气体、液体和固体中的挥发性、半挥发性、难挥发性物质的萃取富集和分析，并与GC、GC-MS、HPLC和HPLC-MS等分析技术实现了联用。

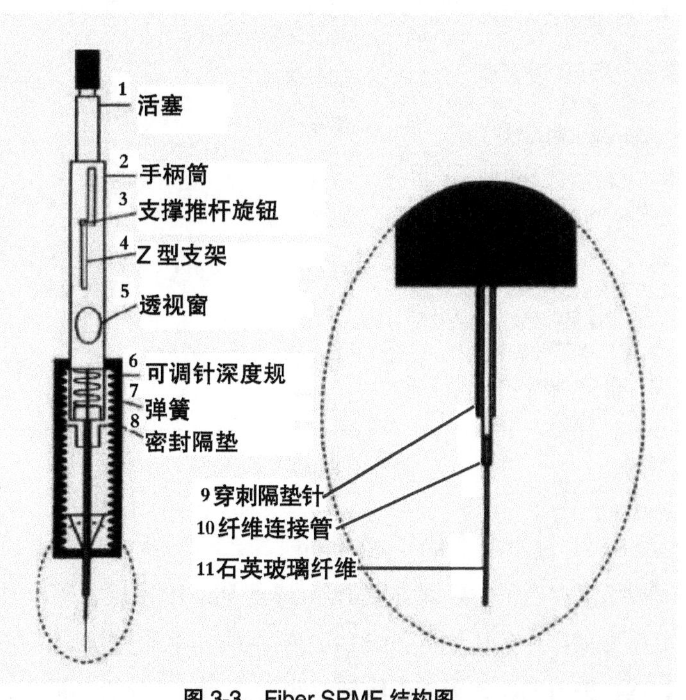

图 3-3　Fiber SPME 结构图

3.2.1 Fiber SPME

Fiber SPME 装置由手柄（holder）

和萃取头或纤维头（fiber）两部分组成，萃取固定相涂渍于萃取头或纤维头的一端，其结构示意图 3-3。该装置操作简单，样品萃取过程中只需将 SPME 针管刺入样品瓶，推动手柄杆使纤维头伸出针管，开始萃取。纤维头可以浸入样品溶液或是置于样品液面上部空间（顶空方式），萃取结束后缩回纤维头，然后将针管拔出样品瓶。萃取纤维的基质材料主要为熔融石英纤维，而常用的涂层材料可分为非极性、中等极性和较强极性 3 种（见表 3-3）。商品化萃取纤维的涂层包括 PDMS、PA、PDMS/DVB 以及 Carbowax/TPR 等。

表3-3　SPME的涂层材料

纤维涂层	膜厚（μm）	状态	适用方法	分析对象
聚二甲基硅氧烷 PDMS	100	非键合	GC/HPLC	非极性，弱极性化合物（VOCs，PAHs，苯同系物，有机氯农药）
	30	非键合	GC/HPLC	
	7	键合	GC/HPLC	
聚丙烯酸酯 PA	85	部分交联	GC/HPLC	极性有机化合物（三嗪类，有机磷农药，酚类）
聚二甲基硅氧烷-二乙烯基苯 PDMS/DVB	65	部分交联	GC	芳烃，芳香族胺类，VOCs
	60	部分交联	HPLC	
	65	高度交联	GC	
碳分子筛-聚二甲基硅氧烷 Carboxen/PDMS	75	部分交联	GC	VOCs，芳烃类，尤其适合痕量化合物的萃取
	85	高度交联		
聚乙二醇-二乙烯基苯 Carbowax/DVB	65	部分交联	GC	极性有机化合物，如醇，酮，硝基化合物等
	70	高度交联		
聚乙二醇-模板树脂 Carbowax/TPR	50	部分交联	HPLC	阴离子表面活性剂，芳香族胺类，专为HPLC设计
二乙烯基苯-碳分子筛-聚二甲基硅氧烷 DVB/ Carboxen / PDMS	50	高度交联	GC	适用极性范围宽，$C_3 \sim C_{20}$
	30			

3.2.2 SBSE

SBSE 技术于 1999 年由比利时 Sandra 教授提出，由德国 Gerstel 公司商品化。该技术是在磁子的外壁包覆 1mm 厚的 PDMS 涂层，萃取时将搅拌子放入样品溶液中进行搅拌，分析物被 PDMS 涂层萃取。萃取完成后，搅拌子可经热解吸进样装置直接进行 GC 分析或以溶剂解吸后进行 LC 分析。SBSE 方法的出现改善了传统

SPME 涂层纤维涂层量较少，萃取效率较低的状况。该方法操作简单，灵敏度高于涂层纤维 SPME，在环境水样分析、食品分析和体液分析中均有应用，但 SBSE 萃取时间较长，不能实现整个过程的自动操作，且目前搅拌子的涂层仅有 PDMS，对于一些极性较强的化合物进行分析时需经衍生的方法来提高萃取效率。

3.2.3 In-tube SPME

In-tube SPME 和 Fiber SPME 的理论基础基本相同，但 Fiber SPME 的萃取介质处于纤维的外层，而 In-tube SPME 的萃取介质在毛细管的内表面（如图 3-4 所示）。In-tube SPME 包括毛细管内壁涂层 SPME、毛细管填充型 SPME 及聚合物整体柱 SPME。

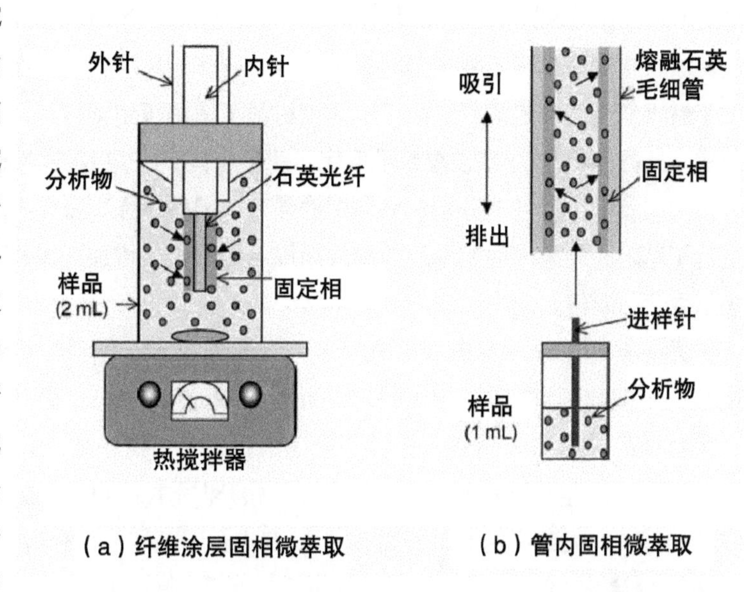

图 3-4 Fiber SPME 和 In–tube SPME 提取分析物

3.2.4 毛细管内壁涂层 SPME

毛细管内壁涂层 SPME 是通过热固法或溶胶 - 凝胶技术将各种涂层涂覆于毛细管内壁来进行待测物的萃取。与传统的涂层纤维萃取头相比，In-tube SPME 具有更大的萃取表面积和更薄的固定相膜，样品扩散快，平衡时间短，且寿命更长，不易损坏，是一种有发展前途的 SPME 萃取形式。

首先应用于 In-tube SPME 技术的萃取毛细管主要是从 GC 毛细管商品柱移植而来的，如 PDMS、苯基甲基聚硅氧烷（如 SPB-5）、聚乙二醇涂层（如 Omega-wax 250）等。然而这些商品化涂层在一些极性较强的溶剂中萃取并不十分稳定，毛细管的使用寿命受到了限制，发展选择性更好、萃取效率更高的萃取毛细管是 SPME 发展的前提。Pawliszyn 等采用氧化还原引发体系将吡咯聚合到石英毛细管的内壁，得到了新型的萃取毛细管，并成功对尿样和血清中的 β- 阻断剂进行了分析。以溶胶 - 凝胶技术制备的涂层毛细管也被应用于 In-tube SPME 技术，有文献制备了

PEG、$PDMS/ZrO_2$、树型分子、聚四氢呋喃等内壁涂层毛细管，用于与 GC 的联用分析。另外，具有特异选择性的分子印迹聚合物也可以应用于 In-tube SPME 技术。

3.2.5 填充型毛细管 SPME

内壁涂层的毛细管涂层厚度一般较薄，涂层总体积有限，相比较小，这限制了萃取效率的提高和检出限的降低。为了从萃取毛细管形式上做进一步的改进，"填充"型的萃取毛细管相继出现。研究人员将不锈钢丝插入 DB-1 萃取毛细管内，在样品溶液与涂层接触表面积不变的同时减少毛细管死体积，使相比增加，同时也进一步降低了解吸所需的有机溶剂。由于不锈钢材料不适用于生物样品，且为了更大地增加萃取介质的体积，该小组以聚纤维取代不锈钢丝，放入 PEEK（Polyether Ether Ketone）管内构成新的萃取柱，分别对水样中的邻苯二甲酸丁酯和尿样中的三环类抗抑郁剂进行了萃取，结果表明其萃取效率较涂层毛细管大大增加，如邻苯二甲酸丁酯的富集倍数达 160 倍。

另一类 In-tube SPME 使用的填充型毛细管类似于微径液相色谱柱。研究者将烷基二醇硅胶颗粒以匀浆法填入 50mm × 0.76mm 的 PEEK 管中，构成了可直接用于生物样品分析的限制进入介质萃取毛细管，对血清中的苯并二氮类化合物进行了分析。该小组还将心得安印迹的聚合物磨碎后填入 PEEK 管中构成分子印迹萃取毛细管，对血浆中的心得安类 β- 阻断剂进行了高选择性分析。

3.2.6 整体柱 SPME

整体柱材料（monolith）是 20 世纪 80 年代后期发展起来的一种新型材料，通常是通过反应试剂原位聚合而得到的棒状整体。将无机或有机整体材料引入 In-tube SPME，可使萃取介质相比于传统的涂层毛细管萃取柱的相比大大增加，从而提高萃取容量；而相对于填充型萃取柱而言，使用整体柱不仅省去了烦琐的填装过程，而且整体柱中特有的穿透孔为液体的流动提供了大孔通道，以对流传质取代了缓慢的扩散传质，有利于萃取效率的提高。国外研究者首次将 C_{18} 改性的硅胶整体柱引入 In-tube SPME 技术中，以烷基酚类、稠环芳烃和农药样品对其萃取性能进行了评价，结果表明 15cm 长的毛细管整体柱对联苯的萃取量达 1μg 以上，萃取容量较涂层毛细管大幅度增加。有机聚合物整体柱材料的制备简单，容易实现对整体柱孔结构、比表面积、表面性质的调控；此外，由于可供聚合的单体种类繁多，容易实现聚合物不同功能团的调控，而且许多聚合物具有较好的生物相容性。因此，聚合物整体柱材料是一种很有发展潜力的萃取介质。

4. 分散固相萃取法（DSPE）与 QuEChERS 萃取法

分散固相萃取技术是直接将固相吸附剂分散在提取液中，从而达到吸附提取液杂质的目的，该方法简单、快速、高效。2003 年，美国农业部在此方法的基础上开发的 QuEChERS 方法（Quick、Easy、Cheap、Effective、Rugged、Safe），随着科研人员的深入研究，现在已广泛应用到各类食品检测中。

4.1 QuEChERS 法的原理及步骤

QuEChERS 方法一般分为三个步骤：萃取、除水、净化。其中①萃取剂：常用的为乙腈、乙酸乙酯。乙腈通过盐析能够分离水层，适用于 GC、LC、LC-MS/MS 等分析仪器；使用乙酸乙酯会萃取出脂肪等极性小的物质。②脱水剂：常用为无水 Na_2SO_4 和无水 $MgSO_4$。$MgSO_4$ 在提取过程中吸水性强且放热，有利于农药的提取。NaCl 也能除去水溶性好的极性杂质，一般采用 NaCl 和 $MgSO_4$ 混合物作为脱水剂。③吸附剂：常用为 C_{18}、乙二胺 -N- 丙基硅烷（PSA）、氨基（$-NH_2$）吸附剂。

4.2 QuEChERS 方法的优点

与传统的前处理方法相比，QuEChERS 方法具有以下优点：①分析速度快，耗费时间少，操作简便；②溶剂使用量少，污染小，检测成本较低；③检测指标稳定性、精密度与准确度好，可用内标法进行校正；④回收率高，对大量极性及挥发性的农药品种的回收率大于 85%；⑤可分析的农药范围广，包括极性、非极性的农药种类，均能利用此技术得到较好的回收率；⑥食品检验批次量化和检测指标多样化。

4.3 QuEChERS 法在动物源性食品检测中的应用

QuEChERS 法最初是用于植物性样品的农残检测当中，但是随着技术的发展，为适应动物源基质的特性，近年来对 QuEChERS 法开展了一些改进工作，解决了回收率低的问题，广泛应用到兽残检测中来。有文献研究比较了甲醇、乙腈、丙酮、乙酸乙酯、甲酸 - 乙腈（$V:V$=1：99）和不同比例乙酸 - 乙腈等 6 种溶剂提取的效果，结果表明，乙酸 - 乙腈（$V:V$=1：99）的提取效果最佳。采用 PSA 和 C_{18} 作为净化剂，可去除基质中的脂类、蛋白质、有机酸、糖类等干扰物。C_{18} 吸附剂可以去除基质中的脂类和蛋白质；NH_2、SAX 等吸附剂，可以更好地去除基质中的极性有机酸、糖类和脂肪酸等酸性干扰物。因此，QuEChERS 法在兽药残留检测中应用越来越广泛，有学者采用 QuEChERS 萃取法结合液相色谱 / 质谱联用技术检测鱼肉中的磺胺类药物残留，该方法在 0.5 ~ 200μg/kg 具有良好的线性关系（r^2 大于 0.999），样品加标回收率介于 70.7% ~ 100.9%，相对标准偏差小于 9.2%，几种磺胺类药物的定量限在 2.62 ~ 9.03μg/kg，能够满足实际样品中磺胺类药物残留的分析检测。也有研究采用 QuEChERS-HPLC-MS/MS 相结合的方法，建立了苯并烯氟菌唑在 4 种动物源性产品（猪肉、鸡肉、牛肉和鸡蛋）中的检测方法。该方法以乙腈为提取剂，PSA 为吸附剂净化后，用 HPLC-MS/MS 检测，外标法定量。结果表明，在 0.001 ~ 1.000mg/L 范围，苯并烯氟菌唑在线性范围内均呈现良好的线性关系，线性系数大于 0.9910。在 0.004mg/kg、0.010mg/kg 和 0.100mg/kg 3 个添加水平下，苯并烯氟菌唑在鸡蛋、鸡肉、猪肉和牛肉中的回收率分别为 83% ~ 90%、82% ~ 96%、85% ~ 96% 和 77% ~ 97%，相对标准偏差分别为 6.9% ~ 11%、5.4% ~ 8.7%、2.6% ~ 7.3% 和 7.2% ~ 10%。方法的定量限均为 0.004mg/kg。

4.4 QuEChERS 方法在水产品中的应用

水产品基质中含有大量的脂肪、蛋白质以及色素等杂质，不同目标物之间结构和理化性质差异较大，存在检测周期长、成本高等缺点。而 QuEChERS 方法具有快速、简单、灵活等特点，可用于不同性质药物的快速筛查。宫小明等采用 QuEChERS-UPLC-MS/MS 法检测鱼肉中的孔雀石绿、结晶紫及其代谢物，样品经乙腈提取，改进的 QuEChERS（EMR-Lipid）分散固相萃取净化，电喷雾串联四极杆质谱多反应监测正离子方式测定，在 0.2 ~ 10.0ng/mL 范围线性关系良好，相关系数均大于 0.997，在 0.5μg/kg、1.0μg/kg、5.0μg/kg 浓度加标水平下，回收率在 71.3% ~ 108.8%，相对标准偏差（RSD）在 1.32% ~ 4.32%。

5. 基质固相分散萃取法（MSPD）

基质固相分散萃取法是 1989 年被提出的一种集提取、净化和富集技术于一体的快速样品前处理技术。

5.1 基质固相分散萃取法原理

该方法将样品与特定的固相萃取支持剂（如 C_{18} 键合硅胶）混匀研磨，研磨过程破坏样品的组织结构，使样品研磨成细小颗粒吸附在填料表面，将研磨物装柱压实，用不同的淋洗液对目标化合物进行洗脱。

5.2 基质固相分散萃取法的应用

该技术适用于固体、半固体及黏稠样品的萃取。此方法集提取、富集、净化于一体，操作简单，较少的前处理步骤能够有效避免检测误差的产生，适用于多种药物残留检测的样品前处理。对于动物组织这类最难弄碎和均质的样品，MSPD技术克服了 SPE 需要样品处于无黏性、无颗料、均匀的液态的缺陷，在食品的药物、毒物安全分析中，显示出较大的应用前景。但是该方法不适用于含水量高的样品，如饮料、酒类，而且该方法需要充分研磨，不适合自动化样品前处理，此外，MSPD 技术散在固定相上的基质是不固定的，某些洗脱液会造成基质与待测物共洗脱，从而影响方法的检测限。该方法在兽药残留分析中广泛应用。由文献研究建立了一种基于 MSPD 测定牛奶和鸡蛋中 12 种磺胺类药物的方法，在 50μg/kg 的添加水平下，牛奶和鸡蛋中回收率在 77% ~ 92%，相对标准偏差范围为 1% ~ 11%，牛奶和鸡蛋中定量限分别为 1 ~ 3μg/kg 和 2 ~ 6μg/kg。国外研究者等将 MSPD 提取结合 C_{18}SPE 柱净化用于测定猪肉组织中 5 种青霉素残留，检出限为 20μg/kg，回收率范围为 40% ~ 90%。以硅胶为分散剂，建立鸡肉中 4 种氟喹诺酮类药物的分析方法；以硅藻土为分散剂，采用基质固相分散结合超高效液相色谱测定了牛肉中磺胺类药物。此外，该技术在四环素类、氯霉素类、苯并咪唑类等兽药残留检测中也得到了应用。

6. 凝胶渗透色谱法（GPC）

6.1 凝胶渗透色谱法原理

凝胶渗透色谱又称为体积排除色谱、凝胶过滤色谱，是 1964 年 J.C.Moore 首先研究成功的，是近年来食品分析中常用的净化技术之一，它根据物质的分子量大小不同达到分离目的，可有效分离食品中分子较大的脂肪、色素、蛋白质等，从而起到良好的净化效果。色谱柱以凝胶或其他多孔性填料填充，填充物的孔径在制备时已加以控制，大小与样品分子大小相应。当样品随流动相进入时，大尺寸的分子不能渗入凝胶颗粒微孔，较早地被冲洗出来；较小尺寸的分子渗入凝胶颗粒微孔，有一个平衡过程而较晚被冲洗出来。因此样品中的各种成分可以得到很好的分离。具有操作简单、分离效果好、自动化程度高、适用范围广等特点。常用的淋洗溶剂包括环己烷、丙酮、二氯甲烷、乙酸乙酯等。

6.2 凝胶色谱仪的组成

凝胶色谱仪主要由泵系统、（自动）进样系统、凝胶色谱柱、检测系统和数据采集与处理系统组成。

6.2.1 泵系统

包括一个溶剂储存器、一套脱气装置和一个高压泵。它的工作是使流动相（溶剂）

以恒定的流速流入色谱柱。泵的工作状况好坏直接影响着最终数据的准确性。越是精密的仪器，要求泵的工作状态越稳定。要求流量的误差应该低于 0.01mL/min。

6.2.2 色谱柱

色谱柱是凝胶色谱仪分离的核心部件。是在一根不锈钢（或玻璃）空心细管中加入孔径不同的微粒作为填料。每根色谱柱都有一定的相对分子质量分离范围和渗透极限，色谱柱有使用的上限和下限。色谱柱的使用上限是当聚合物最小的分子的尺寸比色谱柱中最大的凝胶的尺寸还大，这时高聚物进入不了凝胶颗粒孔径，全部从凝胶颗粒外部流过，这就没有达到分离不同相对分子质量的高聚物的目的。而且还有堵塞凝胶孔的可能，影响色谱柱的分离效果，降低其使用寿命。色谱柱的使用下限就是当聚合物中最大尺寸的分子量比凝胶孔的最小孔径还要小，这时也没有达到分离不同相对分子质量的目的。所以在使用凝胶色谱仪测定相对分子质量时，必须首先选择好与聚合物相对分子质量范围相配的色谱柱。

色谱柱的填料是根据所使用的溶剂选择的，常用的填料有交联聚苯乙烯凝胶（适用于有机溶剂，可耐高温）、交联聚乙酸乙烯酯凝胶（最高 100℃，适用于乙醇、丙酮一类极性溶剂）、多孔硅球（适用于水和有机溶剂）、多孔玻璃、多孔氧化铝（适用于水和有机溶剂）。

6.2.3 检测系统

常用的检测器有示差折光仪检测器、紫外吸收检测器、黏度检测器等。对于有特殊响应的高聚物和有机化合物，可选择红外、荧光、电导检测器等。

6.3 凝胶渗透色谱法的应用

该技术在兽药残留检测中有广泛应用，有学者研究采用乙酸乙酯 - 甲醇混合溶液作为提取剂，GPC 结合高效液相色谱法测定鱼肉中 5 种激素类药物残留，5 种激素类药物线性关系良好，检出限为 10 ~ 24μg/kg，平均加标回收率为 60.1% ~ 89.0%，相对标准偏差为 2.0% ~ 7.4%；也有采用乙酸乙酯作为提取剂，经 Sephadex LH-20gel 柱净化分离，经液相色谱对虾肉中的磺胺类药物残留进行测定，方法回收率在 70% ~ 100%。GPC 技术虽然在净化效果上具有明显的优势，并且可在仪器辅助下完成处理的自动化，但其也存在耗时较长的弊端，不利于检测效率的提高。此外，实验过程中大量有机溶剂的使用对实验人员和环境也会造成一定程度的危害。

7. 加速溶剂萃取法（ASE）

加速溶剂萃取技术是一种全新的提取技术，是在温度和压力的作用下，采用有机溶剂对固态或半固态样品进行萃取的方法。在较高的温度（50 ~ 200℃）和压力（6.8×10^6 ~ 2.0×10^7Pa）的双重作用下降低了溶剂进入固体样品的阻力，提高物质溶解度和溶质的扩散率，从而提高了目标化合物的提取效率。加速溶剂萃取包括加压萃取、高压溶剂萃取、加压热溶剂萃取、高温高压溶剂萃取和加压热水萃取。

7.1 萃取原理与过程

将样品加入含有溶剂的萃取池，保持一定的压力和温度（静态萃取），向萃取池中注入清洁溶剂，然后由压缩氮气将萃取的样品从样品池吹入收集器。固体样品萃取在 50 ~ 200℃，0.345 ~ 2.07MPa 压力条件下只需要 5 ~ 10min 即可完成。

加速溶剂萃取的基本原理是利用升高温度和压力，增加物质溶解度和溶质扩散效率，提高萃取效率。温度的升高能够提高溶剂的溶解能力，降低溶剂的黏度和溶剂基质的表面强度，克服溶剂与基质之间的作用力（范德华力，氢键等），提高目标物质的扩散能力，降低传质阻力，加快萃取过程。升高压力可提高溶剂沸点，使之保持液态；促进溶剂进入基质微孔，与基质更充分地接触。

7.2 影响萃取的因素

目标物质从固体样品中的萃取需经 3 步完成。首先是目标物质从固体样品中的解析，然后通过样品颗粒空隙中的溶剂向外扩散，最后转移到流体。萃取过程受以下多种因素的影响。

7.2.1 温度和压力的影响

温度是加速溶剂萃取最重要的影响因素之一。肌肉和肝脏样品在 40 ~ 80℃下萃取，四环素的提取率为 69% ~ 94%，呈现明显差异。高于 60℃，因四环素的分解或形成异构体致使提取率降低，萃取液不浑浊。低于 50℃，由于四环素的解析效率低而降低提取率。在 60℃，提取效率最佳，可达 94%。以水作溶剂，可在 100 ~ 200℃下萃取，但是在萃取之前通常需要核对目标物质的热稳定性。

压力是加速溶剂萃取的另一个重要影响因素。升温过程中，高的压力可使溶剂在远高于其沸点之上仍保持液体状态，促使溶剂进入样品颗粒空穴，提高提取效率。但从食品中萃取多环芳烃时，未发现压力与提取率之间的关联性。

7.2.2 溶剂的种类与组成的影响

选择合适的溶剂是加速溶剂萃取技术发展的关键。选择萃取溶剂时，通常应考虑其理化特性，如沸点、极性、比重和毒性等。除强酸、强碱以及燃点温度为40 ~ 200℃的溶剂（如二硫化碳、二乙醚和1，4- 二氧杂环乙烷）之外，宽范围的溶剂可用于加速溶剂萃取。水作为良好的溶剂已用于加速溶剂萃取，如从肌肉样品中萃取土霉素、四环素、金霉素、二甲胺四环素、甲烯土霉素、强力霉素等，但基质为肝脏时，萃取后的杂质将干扰土霉素和四环素的测定，而采用水 - 乙腈混合溶剂从肝脏样品中萃取金霉素和二甲胺四环素也不理想，使用 TCA- 乙腈（体积比为 1 ∶ 2）混合溶剂，可消除干扰，获得稳定的回收率。

使用极性较强的溶剂如乙腈、甲醇、乙酸乙酯和水等可较好地用于湿样品的萃取。理论上，萃取溶剂的极性应与目标物质的极性相匹配。但在某些情况下，极性溶剂和非极性溶剂的混合物可提高提取率，如以正己烷 - 乙腈（体积比为 1 ∶ 9）混合溶剂萃取目标物质双甲脒和 2，4- 二甲基苯胺得到了最佳的效果。

7.2.3 分散剂与改进剂的影响

样品在加入萃取池之前，应进行研磨和筛分，降低粒子尺寸，促进目标物质向溶剂中的扩散。为了确保溶剂和样品基质的良好接触，通常要求在预处理样品中添加惰性物质以避免样品粒子的聚合。EDTA- 水洗砂子、碱式氧化铝、硫酸钠、石英砂和硅藻土已作为样品混合剂用于加速溶剂萃取。加入某些有机、无机改进剂和添加剂可改变溶剂在升温时的理化特性，以增强目标物质在溶剂中的溶解性及其与溶剂间的作用。表面活性剂作为改进剂已用于从鱼组织中萃取多环芳烃。甲醇溶剂中加入环庚三烯酮酚改进剂可使单丁基三氯化锡的提取率提高 60%。单丁基三氯化锡的提取率受两个对立因素的影响：一方面，单丁基三氯化锡与环庚三烯酮酚络合生成低极性的分子，在中等极性溶剂中具有低的溶解度，导致提取效率降低；另一方面，目标物质分子因被屏蔽而阻碍了其与蛋白基质的结合，提高了提取效率。

7.2.4 样品基质组成的影响

基质的影响取决于样品的组成。食品样品在其理化特性、目标化合物的种类、粒径等方面差异很大，影响目标物质的吸附和保持。使用同样的加速溶剂萃取条件，不同基质样品中同一目标物质的提取效率也存在较大差异。如在 100℃，用庚烷从植物饲料、家禽饲料、鲭油和猪肉脂肪中萃取多氯联苯时，其平均回收率分别为 110%、89%、81% 和 77%。为了提高目标物质在萃取过程中的溶解性，应选择合适的条件以降低有机组分和目标物质的相互作用。

7.2.5 萃取模式的影响

加速溶剂萃取可采取静态和动态 2 种操作模式。萃取温度和时间是静态模式的2个临界因子。静态萃取过程中，为了实现目标物质从样品中预期离析，提高提取率，可采取多次循环萃取。

动态萃取模式可改善质量传输，但因较高的溶剂消耗而导致少有使用。动态（1mL/min）和静态（8min）这2种模式已用于萃取磺胺类药物。使用静态模式，目标物质的萃取效率取决于分配平衡常数和化合物在升温条件下的溶解性。高浓缩的样品和低溶解度的目标物质因溶剂用量所限而不能被定量萃取。静态-动态模式已用于从水果和蔬菜中提取N-甲氨基甲酸盐。

7.3 加速溶剂萃取法的应用

与其他溶剂萃取技术相比，ASE具有快速、高效、有机溶剂用量少、可批量自动化提取、系统封闭减少溶剂挥发对人体危害等优点。目前，加速溶剂萃取作为绿色样品制备技术已用于动物源性食品中高通量兽药残留分析。一个典型的应用实例是将ASE用于从肉类样品中萃取β-内酰胺类、林可酰胺类、大环内酯类、喹诺酮类、磺胺类、四环素类、硝基咪唑类和甲氧苄啶等抗生素残留，以LC-MS/MS测定了31种抗生素。方法的定量限较最高残留量MRLs低10倍。加速溶剂萃取ASE-HLB固相萃取柱净化-高效液相色谱-串联质谱联用方法可同时检测鱼肉中22种喹诺酮、磺胺和大环内酯类抗生素药物残留。方法精密度和准确度高，可满足同时对鱼肉样品中多种喹诺酮、磺胺和大环内酯类抗生素残留进行定性及定量分析的要求。

7.3.1 *磺胺类药物*

磺胺类药物潜在的致癌性已引起分析工作者对食品残留检测的高度关注。美国规定泌乳牛禁用磺胺类药物（磺胺二甲氧嘧啶、磺胺溴甲嘧啶、磺胺乙氧嗪除外）。为确保食品安全，牛和鱼组织中磺胺类药物的最高残留量定为110μg/kg。磺胺类药物是极性和中等极性的化合物，在水中具有高的溶解性。已有多篇文献报道以水为溶剂用ASE技术从动物源性食品中萃取多种磺胺类药物。以乙腈作萃取剂，采取静态模式，以HPLC-UV分离检测了牛肉和鱼肉中5种磺胺类药物。最近，有研究人员通过优化压力、温度、静态时间、循环次数等参数建立了加速溶剂萃取-高效液相色谱分析奶粉中磺胺类药物的方法，结果表明，加速溶剂萃取法提取测定奶粉中的磺胺类药物显著高于固相萃取法的提取量。动态加速溶剂萃取模式结合基质固相分散净化而以LC-MS检测了牛肉和鱼肉中12种磺胺药物残留。静态模式加速溶剂萃取之后通过固相萃取净化，以CE-MS/MS法可检测猪肉中12种磺胺药物残留。静态模式加速溶剂萃取结合LC-MS/MS法可检测生肉与婴儿食品中13种磺胺药物残留。加速溶剂萃取与质谱检测相结合是食品中磺胺类药物残留检测的首选方法之一。

7.3.2 氟喹诺酮类药物

美国禁止在食品动物中使用氟喹诺酮类药物。加速溶剂萃取已用于肉和鸡蛋样品中喹诺酮类药物的萃取。以甲醇/水（体积比25 ：75）作萃取剂，在70℃/1.035MPa条件下，可静态萃取肉类样品中的喹诺酮类药物残留。产蛋鸡经施药处理，所产鸡蛋经均化后，加入硅藻土分散剂，以磷酸盐缓冲液/乙腈（体积比50 ：50）作萃取剂，在70℃和1.035MPa压力下，静态萃取5 min，循环萃取3次。萃取液可不经进一步净化即以LC-FLD分离检测，回收率为67% ~ 90%。这种方法已成功地测定了鸡蛋中的恩诺沙星及其代谢物环丙沙星。同时该方法还可用来筛查污染物和给鸡服药。加速溶剂萃取-反相高效液相色谱-紫外串联荧光检测方法已用于太平湖白鱼中4种氟喹诺酮类药物残留的定量检测。

7.3.3 四环素类药物

四环素类药物广泛用于畜牧业。由于这种抗生素的滥用，已引起消费者对动物源性食品药物残留的关注。一种简便快速的ASE-UPLC-UV方法已用于猪肉、鸡肉、牛肉和肝脏中7种代表性四环素残留的检测。以三氯乙酸/乙腈（体积比1 ：2）作萃取剂，温度为60℃，压力为6.5MPa，静态萃取5min，静态周期为2，回收率为75% ~ 104.9%，方法的定量限不高于15μg/kg。

7.3.4 阿伏霉素

阿伏霉素属糖肽类抗生素，使用阿伏霉素作为饲料添加剂，可预防肉鸡因产气荚膜梭状芽孢菌侵入引起的坏死性肠炎，并提高其增重和饲料利用效率。欧盟和日本已批准用作饲料添加剂，中国尚未批准使用。肾样中的阿伏霉素以水/体积分数30%乙醇作萃取剂，三乙基氨磷酸盐作为溶剂改进剂。在75℃和5MPa条件下静态萃取5min，循环萃取3次，以丙烯酸聚合物XAD-7HP进行原位基质固相分散净化。提取液经固相萃取进一步净化，使用Hilic柱分离和UV225检测，保留时间低于15min，阿伏霉素的回收率为108%。

7.3.5 氨基糖苷类抗生素

全脂牛奶中的氨基糖苷类抗生素以热水动态萃取，基质固相分散净化后，以LC-MS/MS和MRM模式获取质谱数据，回收率为70% ~ 92%。定量限2 ~ 13ng/mL低于欧盟和美国食品药品管理局规定的容许水平。

7.3.6 皮质类固醇药物

类固醇激素是一类脂溶性激素，它们在结构上均为环戊烷多氢菲衍生物。脊椎动物的类固醇激素可分为肾上腺皮质激素和性激素两类。由于类固醇激素的特殊生理功能，因此具有重要的药用价值。但系统性类固醇治疗，特别是长期或大剂量使用，常伴发许多潜在的不良反应。加速溶剂萃取结合 LC-MS/MS 检测可快速萃取和确证牛肝中的地塞米松及其异构体和猪肉、牛肉、羊肉中的泼尼松、氢化泼尼松、氢化可的松、甲氢化泼尼松、地塞米松、被他米松、氯地米松和氟氢可的松等皮质类固醇药物。合成的促孕激素对新陈代谢具有副作用，为控制违规使用，需要建立灵敏的检测方法。采用加速溶剂萃取技术，脂肪被萃取而类固醇被在线捕集，然后以 LC-MS/MS 净化和 LC-MS 检测，这种方法已用于筛查肾脂中醋酸氟孕酮、醋酸地马孕酮、醋酸甲地孕酮、醋酸氯地孕酮、醋酸美仑孕酮和醋酸甲羟孕酮等 7 种促孕激素。加速溶剂萃取结合 LC-MS/MS 已用于测定肉和鱼中的大环内酯物。

巴比妥酸盐类药物是对中枢神经系统产生抑制作用的药物。它在体内可分布到所有的组织和器官。加速溶剂萃取已用于萃取猪肉中的巴比妥、异戊巴比妥和苯巴比妥米那。样品以正己烷 / 乙酸乙酯（体积比 7 ： 3）萃取，C_{18}-SPE 净化，衍生后的巴比妥酸盐通过 HP-5MS 毛细管柱分离而以质谱检测，实现了对这 3 种巴比妥酸盐类药物的鉴定和准确定量。

7.3.7 孔雀石绿

孔雀石绿是有毒的三苯甲烷类化学物质，在水产和渔业中用作杀菌剂，具有潜在的健康和环境危害性。最近,加速溶剂萃取已用来萃取虾和鲑鱼中的孔雀石绿、结晶紫、隐孔雀石绿和隐结晶紫。在同样的加速溶剂萃取条件下比较了 4 种萃取系统（Mcllvaine 缓冲溶液 - 乙腈，醋酸铵缓冲溶液 - 乙腈，三氯乙酸 - 乙腈，高氯酸 - 乙腈）萃取孔雀石绿、隐孔雀石绿、结晶紫和隐结晶紫的效果。结果表明，使用 2.5mL Mcllvaine 缓冲溶液（pH 至 3）/10mL 乙腈混合萃取剂可获得最佳的提取效率。萃取液经固相萃取净化后，以 LC-MS/MS 检测，可用于水产品的监控检测。

第2节
仪器分析技术

随着科学技术的不断发展，检测技术也发生了相应的变化。相继出现了气相色谱法、液相色谱法，气相色谱质谱法、液相色谱质谱法，以及高效薄层色谱法、毛细管电泳法、免疫分析法、电化学法等。由于动物源性食品中兽药残留检测通常是痕量检测，且基质往往较为复杂，因此，对检测仪器的灵敏度和选择性提出了很高的要求。此外，兽药主要以难挥发的极性或弱极性化合物为主，其不适合应用气相色谱及相关技术进行检测。因此，目前兽药残留检测技术，主要包括酶联免疫吸附法、高效液相色谱法，液相色谱 - 串联质谱法，以及高分辨质谱法。

1. 酶联免疫吸附法（ELISA）

1.1 酶联免疫吸附法原理

酶联免疫吸附法是广泛使用的一种免疫分析技术，其基本原理是抗原或抗体结合到某种固相载体表面，并保持其免疫活性，而对应的抗体或抗原与某种酶连接成酶标抗体或抗原，酶标抗体或抗原既保留了免疫活性可以与固相载体表面的抗原或抗体结合，又保留了酶活性能够以酶为有色产物，产物的量与受检抗体或抗原的量成比例，故可根据颜色深浅来定性或定量分析。

1.2 酶联免疫吸附法的应用

该技术简单、快捷、灵敏度高、特异性强，已成为动物源性食品中兽药残留快速筛选检测的一项技术。酶联免疫吸附法虽然简单快捷，但只能对某种或某类药物进行检测，不能满足大量目标化合物同时快速筛查的需要。

有学者建立了一种 ELISA 方法用于检测鸡肉中 12 种喹诺酮类药物残留，方法检出限为 0.8 ~ 6.5ng/mL，回收率为 67.6% ~ 94.6%，变异系数小于 12.4%，可用于动物源性食品中喹诺酮药物的日常检测。也有文献报道建立了一种利用 ELISA 法简单、快速检测猪肉中氯丙嗪（CPZ）。以 CPZ- 牛血清白蛋白为包被抗原，自制鼠抗 CPZ 单克隆抗体，在此基础上建立可用于定量检测猪肉中 CPZ 含量的间接竞争酶联免疫吸附法，同时优化检测条件并对该方法进行评价。采用自行制备的特异性鼠抗 CPZ 单克隆抗体，建立间接竞争 ELISA 检测方法，优化得到最佳反应条件：包被抗原最佳稀释倍数为 1 ： 10 000，单克隆抗体最佳工作浓度为 1μg/mL，酶标二抗最佳稀释倍数为 1 ： 1000，最低检测限为 0.51ng/mL，线性检测范围为 1.37 ~ 111.11

ng/mL。建立的间接竞争 ELISA 方法特异性强，灵敏度、精密度、准确度和重现性良好，可用于猪肉组织中 CPZ 残留的快速检测。

2. 高效液相色谱法（HPLC）

高效液相色谱法是 20 世纪 70 年代发展起来的一项高效、快速的分离分析技术。液相色谱法是指流动相为液体的色谱技术。在技术上采用了高压泵、高效固定相和高灵敏度检测器，实现了分析速度快、分离效率高和操作自动化。它可以用来进行液固吸附、液液分配、离子交换和空间排阻色谱分析，应用非常广泛。高效液相色谱具有高压、高速、高效、高灵敏度等特点。

2.1 高效液相色谱 - 紫外检测法

2.1.1 高效液相色谱 - 紫外检测法

紫外检测器（Ultraviolet Detector，UVD）是基于溶质分子吸收紫外光的原理设计的检测器，其工作原理是 Lambert-Beer 定律，即当一束单色光透过流动池时，若流动相不吸收光，则吸收度 A 与吸光组分的浓度 C 和流动池的光径长度 L 成正比。可对具有紫外或可见光吸收基团的物质进行测定。具有选择性好、噪声低、灵敏度高、线性范围宽等特点。

紫外检测器使用于大部分常见具有紫外吸收有机物质和部分无机物质。紫外检测器对占物质总数约 80% 的有紫外吸收的物质均可检测，既可测 190 ~ 550nm 范围的光吸收变化，也可向可见光范围 350 ~ 700nm 延伸。紫外检测器适用于有机分子具紫外或可见光吸收基团，有较强的紫外或可见光吸收能力的物质检测。一般当物质在 200 ~ 400nm 有紫外吸收时，考虑用紫外检测器。

优点：紫外吸收检测器不仅灵敏度高、噪声低、线性范围宽、有较好的选择性，而且对环境温度、流动相组成变化和流速波动不太敏感，因此既可用于等度洗脱，也可用于梯度洗脱。紫外检测器对流速和温度均不敏感，可用于制备色谱。由于灵敏度高，因此即使是那些光吸收小、消光系数低的物质也可用 UV 检测器进行微量分析。缺点：不足之处在于对紫外吸收差的化合物如不含不饱和键的烃类等灵敏度很低。

2.2.2 高效液相色谱 - 紫外检测法的应用

通过参考文献和相关实验发现，UV 和 DAD（光电二极管阵列检测器）主要用于在磺胺类、喹诺酮类等具有特定紫外和可见光吸收基团的兽药残留的检测，对于其他类别没有特定紫外和可见光吸收基团的兽药没有检测能力或灵敏度较低，并且就其目前的灵敏度也很难适应越来越严格的残留限量的要求。此外，在使用

UV 和 DAD 检测过程中，化合物的定性和定量测定容易受到基质的干扰和影响，存在假阳性结果产生的潜在风险，因此，该技术已经开始被其他灵敏度更高，选择性更好的检测技术所取代。

有文献利用 HPLC-DAD 可以将牛奶中浓度在 30μg/kg 以上的磺胺类兽药定性检出；也有研究采用 HPLC-DAD 检测动物肝肾组织中 7 种大环内酯类兽药残留，回收率高于 67%。国外文献利用 HPLC-UV 检测鸡肉组织和蛋黄中 10 种喹诺酮类药物残留，检测波长设置为 275nm 和 255nm，鸡肉组织中检出限为 5.0 ~ 12.0μg/kg，蛋黄中检出限为 8μg/kg。

2.2 高效液相色谱 - 荧光检测法

2.2.1 高效液相色谱 - 荧光检测法的原理及特点

荧光检测器（Fluorescence Detector，FLD）是利用被测化合物受到照射后，所产生的特征荧光进行测定的检测方法，其灵敏度在目前常用的 HPLC 检测器中最高，在 HPLC 中应用较多。它用于能激发荧光的化合物，极高灵敏度和良好选择性是它最大的优点，因而在某些领域如药物和生化分析中起着不可替代的作用。工作原理是用紫外光照射某些化合物时它们可受激发而发出荧光，测定发出的荧光能量即可定量。

优点：①灵敏度极高，荧光检测器的灵敏度比紫外 - 可见光检测器的灵敏度约高两个数量级，最小检测量可达 10 ~ 13。这是因为在紫外吸收检测法中，被检测的信号 A=lg（Io/I），即当样品浓度很低时，检测器所检测的是两个较大信号 Io 及 I 的微小差别；而在荧光检测法中，被检测的是叠加在很小背景上的荧光强度。荧光检测器是最灵敏的液相色谱检测器，特别适合于痕量分析。另外，荧光检测器的灵敏度还可以用水的拉曼谱带的信噪比来衡量。②良好的选择性，产生荧光的一个必要条件是该物质的分子具有能吸收激发光能量的吸收带，即物质分子具有一定的吸收结构；另外的条件是吸收了激发光能量之后的分子具有高的荧光效率。相对较少的分子具有大的足够检测的量子效率是荧光检测器高选择性的主要原因。在很多情况下，荧光检测器的高选择性能够避免不发荧光的成分的干扰，成为荧光检测的独特优点。③虽然比紫外吸收检测器窄，但对大多数痕量分析，该线性范围已足够宽。在分析物质浓度较大时，发射强度由于内滤效应可能随浓度增加而降低。④受外界条件的影响较小。

缺点：①荧光检测器的高选择性优点在一些情况下，也是该检测器的缺点。因为不是所有的化合物在选择的条件下都能发生荧光，所以荧光检测器不属于通用型检测器，与紫外 - 可见光检测器相比，应用范围较窄。②对通常发生在荧光测量中的一些干扰非常敏感，如背景荧光和猝灭效应等。虽然这些干扰在液相分析中不经常遇到，但在进行定量分析时，有必要验证这些干扰是否存在，以及对样品测定的影响程度。尤其对某些物质，如卤素离子、重金属离子、氧分子及硝基化合物等，都应予以特别注意。

2.2.2 高效液相色谱 - 荧光检测法的应用

喹诺酮类药物具有荧光反应，因此一些研究采用其作为检测方法。国外研究者采用 HPLC-FLD 法对禽类血清样品中环丙沙星、恩诺沙星、达氟沙星和麻保沙星进行测定，方法定量限为 10 ~ 120ng/mL。对于其他兽药则需要添加衍生步骤才可对其进行检测，徐威等采用 LC-FLD 对牛奶和猪肉中土霉素和四环素残留进行了测定，采用 8% 氧氯化锆溶液进行柱后衍生，激发波长和发射波长分别设置为 406nm 和 515nm。土霉素和四环素的检出浓度分别为 3ng/mL 和 5ng/mL。Galarini 等开发和验证一种 LC-FLD 法同时测定食品（肝脏，肌肉和牛奶）及饲料中抗寄生虫兽药残留时，样品经提取、纯化，由 N-甲基咪唑、三氟乙酸酐和乙酸处理来产生稳定的荧光衍生物，之后由 HPLC-FLD 进行分析。也有研究人员在检测肉类组织中的磺胺类药物时，利用微萃取对目标化合物进行提取，荧光胺衍生后，由 HPLC-FLD 进行检测，方法定量限为 12 ~ 44μg/kg。

3. 高效液相色谱 - 串联质谱法（HPLC-MS/MS）

高效液相色谱 - 串联质谱技术是以质谱仪为检测手段，集高效液相色谱（HPLC）的高分辨能力与质谱（MS）的高灵敏度和高选择性于一体的分离分析方法。近年来，随着质谱技术的发展，电喷雾、大气压化学电离等软电离技术日趋成熟，使得其定性定量分析结果更加可靠，由于液相色谱质谱联用技术对高沸点、难挥发和热不稳定化合物的分离和鉴定具有独特的优势，它已成为中药制剂分析、药代动力学、食品安全检测和临床医药学研究等不可缺少的手段。

样品通过进样系统进入电离源，将样品离子化变为气态离子混合物，由于结构性质不同而电离为各种不同质荷比（*m/z*）的分子离子和碎片离子，而后，带有样品信息的离子碎片被加速进入质量分析器，不同的离子在质量分析器中被分离并按质荷比大小依次抵达检测器，经记录即得到按不同质荷比排列的离子质量谱，也就是质谱（mass spectrum）。

3.1 质谱的基本结构

质谱仪一般由进样系统、电离源、质量分析器、检测器和真空系统等组成。

3.1.1 进样系统

在液质联用仪中进样系统一般有两种方式：第一种是输注，即用注射器泵（syringe pump）将样品溶液直接缓慢输入到电离源。这种方法虽然简便、快速，但是需要相对多的样品，且难以实现自动进样分析，一般用于方法开发确定母离子、子离子或调谐时使用。第二种是流动注射，即将样品溶液注入 HPLC 进样系统，由泵缓慢推动溶剂将样品溶液直接注入电离源。这种方法简便、快速，样品溶液的用量较小，易于实现自动进样分析。

3.1.2 电离源

根据离子化的方式不同，电离源可分为电喷雾电离源(ESI）和大气压化学电离源（APCI）。ESI 可产生多电荷离子，可测得分子量的范围是很大的，APCI 是适合中等极性的化合物，在 APCI 模式，一般只产生单电荷离子。因此，ESI 应用更为广泛，如小分子化合物及其各种体液内代谢产物的测定，农药及化工产品的中间体和杂质鉴定，食品中农残和兽残的测定，大分子的蛋白质和肽类的分子量的测定，以及分子生物学等许多重要的研究和生产领域。ESI 源属于温和的软电离方式，主要通过电喷雾形成离子，即液滴表面电荷达到瑞利极限时发生库仑爆炸，从而使化合物发生离子化而带电，如图 3-5 所示。

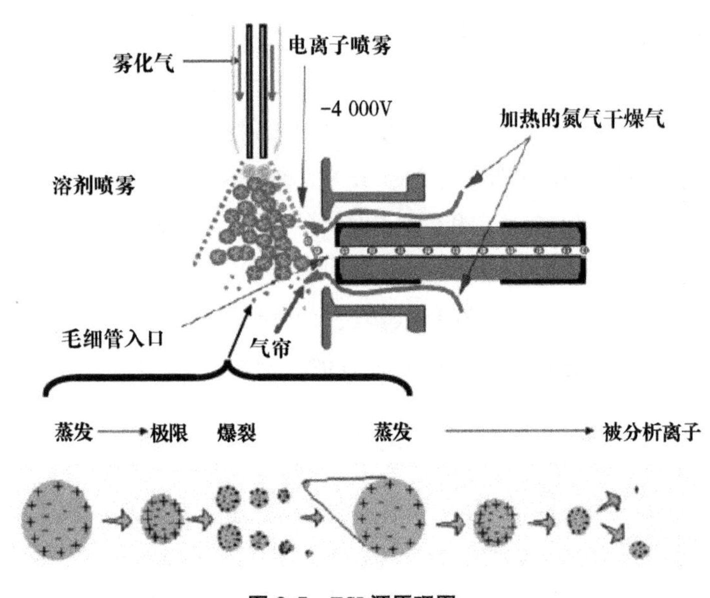

图 3-5　ESI 源原理图

3.1.3 质量分析器

任何质谱仪的基本功能都是分析气态离子。样品的电离过程和蒸发都在电离源中进行。质量分析器分析那些离子，当它们进入检测器时，控制它们的移动，并将它们转化为实际信号。

四极杆质量分析器由 4 个平行且等距离的金属棒组成。四级杆处于对角位置的两根杆被连接在一起，施加直流电压和交流电压，同时在另外一对杆上施加大小相同、极性相反的直流电压和相位相反、振幅 / 频率相同的交流电压。DC 和 RF 电压被加载在四极杆上，当施加某个电压时，只允许某个特定数值的质荷比的离子能通过四极杆到检测器中，当电压变化成其他数值，其他质荷比的离子也能通过。因此，一个完整的质谱扫描就是应用到四极杆上的 DC 和 RF 电压不断的变动。

对于直流和 RF 电压来说质量太大的离子将会漂到负极杆，因为 RF 力不足以克服离子的动能，向负杆漂移。当电极杆有负电压时，质荷比低于所选择的质荷比的离子将会加速而漂到正极杆。这个过程将超过带宽的质量数过滤掉，这一带宽是通过在调谐文件中设定的 DC 和 RF 的比值确定的。改变施加于杆的 DC 和 RF 电压，另一质量的离子将会通过四级杆进入检测器。随着四级杆上施加的电压次序的变化，质荷比在某质量范围内的各个离子，可以依次穿过四级杆到达检测器，给出响应信号，得到采集数据。

为了使用四极杆进行多级质量分析，需要按顺序摆放 3 个四极杆。每个四极杆有独立的功能：第一个四极杆（Q1）用于扫描目前的质荷比范围，选择需要的离子；第二个四极杆（Q2）也被称为碰撞池，它集中和传输离子，并在所选择的离子的飞行路径中引入碰撞气体（氩气或氦气），离子进入碰撞池和碰撞气体进行碰撞，如果碰撞能量足够高，离子就会分解，碎裂的方式取决于能量、气体和化合物性质，小离子只需要很少的能量，更重的离子需要更多的能量来碎裂；第三个四极杆（Q3）用于分析在碰撞池（Q2）产生的碎片离子。

三重四级杆有以下几种扫描模式。子离子扫描：MS1 选择了某一特定质量的母离子，碰撞池产生碎片离子，然后在 MS2 中分析，即第一个四极杆在选择性离子监测模式，第二个在全扫描监测模式。母离子扫描：MS1 进行全扫描，碰撞池产生碎片离子，MS2 进行选择特定的碎片离子扫描。中性丢失扫描：MS1 和 MS2 同时扫描，监测母离子特定的中性丢失。单个反应监测：MS1 选择某一质量的母离子，碰撞池产生碎片离子，MS1 只分析一个碎片离子，此过程产生一个简单的单个离子碎片谱图。多重反应监测：MS1 选择某一质量的母离子，碰撞池产生碎片离子，MS1 用于搜寻多个选择反应监测。

3.1.4 检测器

检测器主要由 lris 透镜、高能打拿极（High Energy Dynode，HED）和电子倍增器（Electronic Multiplier，EM）组成，可进行正离子和负离子模式的检测。这个检测器的目的是放大记录通过质量过滤器的离子数目。检测器与离子飞行的路径是离轴的。这样可以保护电子倍增器不受不带电荷的粒子如灰尘和溶剂的影响。

在正离子模式里正离子通过 lris 透镜聚焦进入检测器。高能打拿极带的负压使离子加速。通过打击打拿极产生电子。电子通过匹配的打拿极聚焦并加速到电子倍增器。每一次有一个电子打击电子倍增器的表面，就会有许多电子释放出来。在电子倍增器上如此反复几次就会有效地增加信号增益。在负离子模式里负离子通过 lris 透镜聚焦进入检测器。高能打拿极带的正电势使负离子加速。通过打击打拿极表面溅射出正离子。这些正离子打击相应的打拿极，释放出电子到达电子倍增器上。

3.1.5 真空系统

真空系统主要包括前级泵（机械真空泵）、高真空泵（分子涡轮泵或扩散泵）。前级泵为机械泵，又叫粗真空泵，开机时，系统自动先开机械泵降低真空腔的压力，以便高真空泵可以运作。机械泵在系统中降低真空至 10^{-1} ~ 10^{-2}torr。它也作为高真空的“后备泵”。前级泵通常是灌满油的机械泵。这个泵隔一段时间就需要维护，需要更换泵油、过滤器。

高真空泵制造低压（高真空），通常被称作“涡轮泵”，可将系统真空降至 10^{-5}torr。分子涡轮泵在进口安装了马达，可以以每分钟 60 000 转的速度旋转。这种旋转可使在泵中的气体向下压缩偏转到另一个扇叶，最终排到泵的出口，被机械泵带走。

3.2 高效液相色谱 - 串联质谱的特点

传统的液相色谱法具有高效、快速、高灵敏度的特点，但却只能显示色谱峰保留时间和色谱峰强度，对未知化合物只能通过三维图进行半定性判断，不能准确提供未知组分的结构信息，也不能对未知化合物进行结构鉴定。质谱具有很强的结构鉴定能力，具有选择性高、灵敏度高、专属性好的特点，是进行纯物质分析的有效手段之一，但质谱不能对物质进行有效的分离，在处理复杂组分的时候容易出现混淆，干扰物质结构判断。将色谱和质谱有效结合起来，既能满足未知物质的定性需要，也能满足定量需要，集高效分离和结构鉴定于一体，是对食品等复杂基质中痕量组分定性和定量分析的最有效手段之一。

3.3 高效液相色谱 - 串联质谱法的应用

近年来，高效液相色谱 - 串联质谱技术在食品安全检测方面应用越来越广泛，对规范食品生产、控制食品质量、保证食品安全提供了有效的分析测定手段。动物性食品中兽药残留的特点是样品中的残留物水平很低，样品基质复杂，干扰物质多，不易从样品中分离、纯化残留物。因此，进行残留物质的分析和测定必须要求良好的前处理技术及选择性好、灵敏度高的分析仪器，而高效液相色谱 - 串联质谱完全能够满足这些要求，适用于需要高灵敏度、宽适用范围、复杂基质的多残留分析工作，目前这种应用高效液相色谱 - 串联质谱进行兽药残留的多组分检测技术已逐渐在国内外广泛应用。

有研究采用 ACQUITY UPLC™ C_{18} 色谱柱进行分离，以乙腈和 0.2% 甲酸溶液为流动相，梯度洗脱，多反应监测扫描，电喷雾电离正离子模式（ESI^+），流速为 0.4mL/min，外标法定量。结果表明：4 种喹诺酮药物在 1 ~ 100ng/mL 浓度范围，药物浓度与吸收峰面积呈现良好的线性关系，相关系数 ≥0.997，检出限为 0.3ng/mL，定量限为 1ng/mL。还有学者建立了猪肉中 11 种常见的磺胺类兽药残留的两步液液萃取 - 固相萃取净化 - 高效液相色谱 - 串联质谱检测方法，采用多反应监测正离子模式进行检测，外标法定量。结果表明，在空白样品中添加 20 ~ 400μg/L 的浓度的标准品，11 种磺胺类药物均呈现良好的线性关系，检出限和定量限分别为 0.1 ~ 1.0μg/kg 和 0.2 ~ 3.0μg/kg。对阴性猪肉样品，在 50μg/kg、100μg/kg、200μg/kg 三个水平下分别进行加标回收试验，测得各待测物的平均回收率为 79.3% ~ 105.5%，相对标准偏差为 1.3% ~ 11.6%。

4. 高分辨质谱法（HRMS）

4.1 高分辨质谱法的简介及原理

常见的高分辨质谱主要有傅里叶变换离子回旋共振质谱（FTICR），傅里叶变换静电场轨道阱质谱（Orbitrap），飞行时间质谱（TOF-MS），四级杆 - 飞行时间质谱（Q-TOF-MS）等。飞行时间质谱通过不同质荷比的离子在飞行管中飞行时间的不同来对目标化合物加以区分，目标化合物在离子源中电离后，经过传输进入飞行管，在脉冲电场的作用下对离子施加相同的电势能，并转化为离子的动能，从而使得离子在飞行管中飞行。由于施加电势能相同，因此离子的质荷比与其在飞行管中的飞行时间的平方成正比关系。通过计算飞行时间最终可确定离子的质荷比。此外，飞行时间质谱也可与四级杆等组件进行串联，从而起到对目标离子进行过滤和筛选的目的,并可进一步通过碰撞碎裂获得相应的碎片离子信息。2000 年，由 Thermo Fisher 公司推出了商业化的 Orbitrap 高分辨质谱仪，其主要由一个纺锤状中心电极和一个筒状外电极构成，通过两个轴电极上附加的直流电压来产生一个以中心电极为轴心的非线性对数电场，保证离子沿轴线运动。通过测量离子旋转振荡产生的镜像电流，由傅里叶转换器转化成离子的频率从而计算出离子的质荷比。

4.2 高分辨质谱法的应用

高分辨质谱具有同时筛查大量目标化合物的能力，并且在全扫描模式下无须考虑目标化合物的数量，被广泛应用于农兽药多残留筛查与检测中。目前，在兽药残留领域，LC-Orbitrap、LC-TOF/MS、LC-Q-TOF/MS 等技术的应用最为广泛。对于高分辨质谱，其应用于多残留筛查主要有以下几种方式。

一种方式是基于精确质量数，色谱保留时间和同位素分布等条件对目标化合物进行定性测定。国外有文献采用 LC-Orbitrap 对肉类组织中的抗生素类兽药残留进行了测定，用 MS 全扫描模式进行数据采集，通过精确质量数和保留时间对添加样品中的目标化合物进行定性，并可进一步对非目标化合物进行检测。有研究者采用 LC-TOF/MS 和 LC-Orbitrap 对激素类药物的检测进行了评估，结果发现 LC-Orbitrap 在 60 000FWHM 的高分辨模式下能够在低浓度下检出全部 14 种激素类药物，但对于 LC-Orbitrap 低分辨模式与 LC-TOF/MS 在较强的干扰离子的影响下，未能将所有目标化合物检出。还有研究采用 LC-Q-TOF/MS 对牛奶和蜂蜜中多类兽药残留进行了检测，采用 MS 全扫描模式对数据进行采集，通过精确质量测定和同位素分布对目标化合物进行定性，方法检出限低至 1μg/kg。

另一种方式是采用源内碎裂离子作为辅助定性的依据。有研究采用 LC-TOF/MS、LC-MS 和 LC-MS/MS 三种仪器对猪肝中 8 种喹诺酮类兽药残留测定进行了评价，LC-TOF/MS 采用源内碎裂离子对目标化合物进行定性，通过碎裂电压的优化使 8 种喹诺酮类兽药均获得了满意的源内碎裂离子，并且其质量偏差在 0 ～ 5ppm，方法定量限为 0.5 ～ 2μg/kg，与其他两种检测技术相比，LC-TOF/MS 在定性确证方面具有明显的优势。

第三种方式是通过使用四级杆或线性离子阱的过滤和筛选功能，由碰撞池产生目标化合物的全扫描碎片离子信息，用于最终的定性确认。全扫描碎片离子信息的使用使得化合物获得更多的定性信息和结构信息，从而使化合物确证更加准确可靠。据相关文献报道，有研究采用 Orbitrap 对动物组织中 22 种磺胺类药物进行了测定，采用保留时间和精确质量偏差对目标化合物进行筛查，多级精确质量质谱用于最终确证，方法检出限在 3 ～ 26μg/kg；采用 LC-Q-TOF/MS 对食品中 62 种兽药残留进行了评估和测定，目标通过碎裂后获得了更多的定性和结构信息，从而有效地降低了假阳性和假阴性结果产生的可能性。还有学者建立了青蛙腿和其他水产中 8 种兽药残留 LC-Q-TOF/MS 筛查方法，分别采用 MS 数据和 MS/MS 数据对目标化合物进行定性识别，并采用建立的检测方法在进口水产样品中发现多种兽药残留。

第四章　动物源性食品中兽药残留检测标准操作程序

兽药种类繁多，各种兽药结构差异大，导致检测方法各异，无法形成针对上百种兽药的多残留检测标准。我国动物源性食品中兽药残留检测的国家标准、行业标准以及地方标准体系复杂，数量巨大，一种兽药可能具有多个标准，不利于检测工作者选择。本章由具有 10 ~ 20 年兽药残留检测经验的工作者，结合各类标准内容，根据其检测实际经验，制定了动物源性食品中不同种类兽药的残留检测操作规程，使同行业实验室检测人员可以更有针对性地高效开展工作。

第 1 节
硝基呋喃类代谢物残留量的测定方法

1. 安全提示

前处理及上机过程中用到的乙酸乙酯、甲醇等有机试剂，应注意防护，避免接触到皮肤或吸入，如果接触到皮肤应用大量清水冲洗，前处理过程应戴防护口罩。

2. 方法提要

本标准操作程序是本实验室参照有关文献的样品前处理方法及测定方法，按《残留分析质量控制指南》的有关要求，进行周密验证后，将某些关键步骤进行细化。本标准规定了肉产品及水产品中呋喃它酮的代谢物 5- 甲基吗啉 -3- 氨基 -2- 噁唑烷基酮（简称 AMOZ，下同）、呋喃西林的代谢物氨基脲（简称 SEM，下同）、呋喃妥因的代谢物 1- 氨基 -2- 内酰脲（简称 AHD，下同）和呋喃唑酮的代谢物 3- 氨基 -2- 噁唑烷基酮（简称 AOZ，下同）残留量的液相色谱 - 串联质谱的测定方法。

本规程适用于动物源性食品中呋喃它酮代谢物、呋喃西林代谢物、呋喃妥因代谢物和呋喃唑酮代谢物残留量的检验。

3. 原理

样品中残留的硝基呋喃类抗生素代谢物在酸性条件下水解，用 2- 硝基苯甲醛衍生化，以乙酸乙酯提取。经净化浓缩，液相色谱 - 串联质谱法测定，内标法定量。

4. 检测限、定量限、线性范围、回收率范围和精密度

液质检测方法硝基呋喃类代谢物的定量限为 0.5μg/kg，检测限为 0.5μg/kg。添加水平 0.5μg/kg、2.5μg/kg、5.0μg/kg，回收率为 80% ~ 110%。本方法的相对标准偏差（RSD）小于 15%。

5. 仪器和设备

液相色谱 - 串联质谱仪：Agilent 1200-6430；分析天平：感量 0.1mg 和 0.01g 各一台，梅特勒；离心机：5810 型，Eppendorf 公司；均质器：T25 型，18G 刀，IKA 公司；旋转蒸发仪：R-210，BUCHI 公司；水浴恒温振荡器：SHA-CA，荣华公司；振荡器：MMV-1000W，ETELA 公司；氮吹仪：N-EVAPTM，Organomation Associates，Jnc.；涡流混匀器：IKA MS basic；移液枪：1000μL、5000μL，Eppendorf 公司；具塞塑料离心管：50mL、100mL；微量注射器：10μL；具塞玻璃离心管：5mL；pH 试纸：5.5 ~ 9.0；Oasis HLB 固相萃取柱；0.2μm 滤膜。

6. 试剂与溶液

6.1 试剂

6.1.1 水　GB/T 6682 规定的一级水。

6.1.2 乙酸乙酯　高纯，FISHER。

6.1.3 正己烷　色谱纯，FISHER。

6.1.4 甲醇　高纯，FISHER。

6.1.5 乙腈　高纯，FISHER。

6.1.6 二甲亚砜　优级纯，天津科密欧。

6.1.7 磷酸氢二钾　分析纯，天津科密欧。

6.1.8 氢氧化钠　优级纯，天津科密欧。

6.1.9 2- 硝基苯甲醛（2-NBA）　纯度 ≥99%，Sigma。

6.1.10 乙酸铵　优级纯，天津科密欧。

6.1.11 浓盐酸　分析纯，天津科密欧。

6.2 溶液

6.2.1 盐酸溶液（0.125mol/L）　量取 10mL 浓盐酸置于 1 000mL 容量瓶中，加水稀释至刻度，混匀。

6.2.2 氢氧化钠溶液（1mol/L）　称取 40g 氢氧化钠，用水溶解，定容至 1 000mL。

6.2.3 磷酸氢二钾溶液（0.1mol/L）　称取 17.4g 磷酸氢二钾，用水溶解，定容至 1 000mL。

6.2.4 2- 硝基苯甲醛溶液（8.0g/L）　称取 80mg 2- 硝基苯甲醛溶于 10mL 二甲亚砜，临用前配制。

6.2.5 流动相（0.1% 甲酸水）　1 000mL 水中加入 1mL 甲酸，混匀。

6.2.6 定容液　10mM 乙酸铵 +0.1% 甲酸水 + 甲醇 9 ： 1（体积比）。

6.3 标准物质与标准溶液

6.3.1 标准物质

AMOZ、SEM、AHD、AOZ 标准物质：纯度≥98%，使用 Sigma 公司等有证标准物质。

同位素内标物 AOZ-D_4、AMOZ-D_5、AHD-D_3 和 SCA-^{13}C-$^{15}N_2$ 标准物质：纯度≥98%，使用 Sigma 公司等有证标准物质。

6.3.2 标准溶液

6.3.2.1 标准储备液的配制

硝基呋喃类代谢物标准物质标准储备液：准确称取四种硝基呋喃类代谢物标准品 0.01g，置于 100mL 棕色容量瓶，用少量甲醇溶解，并用甲醇定容至刻度，混匀，浓度为 0.10mg/mL。（该溶液可在冰箱中 -18℃条件下保存 3 个月。）

硝基呋喃类代谢物四种相应的同位素内标物标准储备液：准确称取四种相应的硝基呋喃类代谢物同位素内标物标准品 0.01g，置于 100mL 棕色容量瓶，用少量甲醇溶解，并用甲醇定容至刻度，混匀，浓度为 0.10mg/mL。（该溶液可在冰箱中 -18℃条件下保存 3 个月。）

6.3.2.2 标准中间液的配制

标准中间液：1μg/mL。分别吸取 1mL 四种硝基呋喃类代谢物及四种相应的同位素内标物标准储备液，置于 100mL 棕色容量瓶，用少量甲醇溶解，并用甲醇定容至刻度，混匀，浓度为 1μg/mL。（该溶液可在冰箱中 -18℃条件下保存 3 个月，使用前回温到室温。）

6.3.2.3 标准工作液的配制

混合内标工作溶液：100ng/mL。各吸取四种硝基呋喃类代谢物同位素内标物的标准储备溶液1.0mL，置于10mL棕色容量瓶，用少量甲醇溶解，并用甲醇定容至刻度混匀，浓度为100ng/mL。（-18℃避光保存，保存期为3个月，使用前回温到室温。）

混合标准工作溶液：根据需要，临用前吸取一定量的标准中间液，用甲醇稀释配制适当浓度的混合标准工作液。

7. 实验方法

7.1 试样制备

从所取原始样品中取出部分有代表性样品，经高速组织捣碎机捣碎均匀，充分混匀。用四分法缩分出不少于200g试样。装入清洁容器内，加封后，标明标记，放入待测样品冰箱内。

7.2 分析步骤

7.2.1 提取步骤

称取3g（精确到0.01g）均质试样于50mL聚丙烯离心管中，加入0.1μg/mL的内标工作溶液30μL，分别加入17mL 0.125mol/L盐酸溶液和1.0mL衍生剂，均质1min，置于37℃恒温振荡器中保持16h。10 000r/min离心10min，取上清10mL，用1.0mol/L氢氧化钠溶液和1.0mol/L的盐酸水溶液调节pH至7.0，加入1mL磷酸氢二钾溶液。加入5mL正己烷，涡混2min除油，10 000r/min离心10min，弃去正己烷层。

7.2.2 净化步骤

固相萃取柱依次用3mL甲醇、3mL水预洗，加入提取液6mL过柱。用6mL水淋洗小柱，弃去淋洗液，最后用5mL乙酸乙酯将分析物洗脱入5mL离心管中，50℃，氮气吹干，用定容液定容至0.5mL，通过0.2μm滤膜过滤至样品瓶中，供液相色谱质谱测定。

7.2.3 仪器参数与测定条件

液相色谱质谱测定

7.2.3.1 色谱测定条件

色谱柱：2.1mm×50mm，1.7μm ACQUITY UPLC BEH C_{18}或相当者；柱温：40℃；流动相：液相色谱梯度洗脱条件见表4-1；进样量：20μL。

表 4-1　液相色谱梯度洗脱条件

时间（min）	流速（μL/min）	0.1%甲酸水（%）	甲醇（%）
0.00	300	90	10
3.00	300	10	90
5.00	300	10	90
6.50	300	90	10

7.2.3.2 质谱条件

离子源：电喷雾离子源（ESI）；扫描方式：正离子扫描；检测方式：多反应监测（MRM）；毛细管电压：3.0kV；碎裂电压：40V；离子源温度：120℃；去溶剂气温度：350℃；去溶剂气流量：800L/hr；锥孔气流量：50L/hr；选择离子监测：硝基呋喃代谢物母离子、子离子、碎裂电压和碰撞能量见表 4-2。

表 4-2　硝基呋喃代谢物母离子、子离子、碎裂电压和碰撞能量

化合物名称	母离子（m/z）	子离子（m/z）	碎裂电压（V）	碰撞能量（V）
呋喃它酮代谢物	335.2	291.2 262	110 110	6 12
	340.2	296.3	100	6
呋喃西林代谢物	209	166 192	90 90	9 6
	212	168	90	5
呋喃妥因代谢物	249	134 104	100 100	6 18
	252	134	90	7
呋喃唑酮代谢物	236	104 134	90 90	17 7
	240	134	100	7

7.2.4 仪器测定

标准曲线浓度：0μg/L、0.5μg/L、1.0μg/L、2.5μg/L、5.0μg/L、15.0μg/L。

标准品和样品各进样 20μL。

7.2.5 定性标准

按照上述条件测定样品和建立标准工作曲线，如果样品中化合物质量色谱峰的保留时间与标准溶液的保留时间相比允许偏差在 ±2.5%；待测化合物定性离子对的重构离子色谱峰的信噪比大于等于 3（S/N≥3），定量离子对的重构离子色谱峰

的信噪比大于等于 10（S/N≥10）；定性离子对的相对丰度与浓度相当的标准溶液相比，扣除本底后如果判别标准全部符合，则可判定为样品中存在该残留。

7.2.6 定量方法

按照液相色谱 - 串联质谱条件测定样品和混合标准工作溶液，以色谱峰面积按内标法定量。

8. 结果计算

采用内标法定量。

$$X = \frac{C \times C_i \times A \times A_{si} \times V}{C_{si} \times A_i \times A_s \times W} \quad (4\text{-}1)$$

式中：

X——样品中待测组分残留量，单位为微克每千克（μg/kg）；

C——标准工作溶液的浓度，单位为微克每升（μg/L）；

C_{si}——标准工作溶液中内标物的浓度，单位为微克每升（μg/L）；

C_i——样液中内标物的浓度，单位为微克每升（μg/L）；

A——样液中待测组分的峰面积；

A_s——标准工作溶液的峰面积；

A_{si}——标准工作溶液中内标物的峰面积；

A_i——样液中内标物的峰面积；

V——样品定容体积，单位为毫升（mL）；

W——样品称样量，单位为克（g）。

9. 检测质量控制标准

液质检测方法硝基呋喃代谢物的定量限为 0.5μg/kg。添加浓度为 0.5 ~ 10.0μg/kg 时的回收率均大于 70%。样品检验时质量控制实验的回收率数值应落在精密度实验的 3 倍标准偏差以内。

第 2 节
磺胺类药物残留量的测定方法

1. 安全提示

本标准操作程序中使用的正己烷、三氯甲烷是中等毒性物质，可通过呼吸、皮肤接触对神经系统造成麻醉，故建议实验人员在实验过程中佩戴防毒口罩和一次性手套。

2. 方法提要

本标准操作程序是本实验室参照有关文献的样品前处理方法及测定方法，按《残留检测质量控制指南》的有关要求，进行周密验证后，将某些关键步骤进行细化。

本标准操作程序适用于畜、禽肉中磺胺间甲氧嘧啶、磺胺嘧啶、磺胺（对）甲氧嘧啶、磺胺甲噻二唑、磺胺噻唑、磺胺二甲氧嘧啶、磺胺醋酰、磺胺甲噁唑、磺胺甲基嘧啶、磺胺氯哒嗪（磺胺二甲基嘧啶）、磺胺异噁唑（磺胺二甲异噁唑）、磺胺二甲嘧啶、磺胺甲氧哒嗪、磺胺喹噁啉、磺胺吡啶、甲氧苄啶、磺胺邻二甲氧嘧啶、磺胺苯吡唑、磺胺噁唑残留量的检测。

3. 原理

本标准操作规程采用分散固相萃取净化法（DSPE），即将提取液经脱脂后，直接加入吸附剂粉末进行净化，用液相色谱 - 串联质谱仪或液相色谱仪进行测定，外标法定量。

4. 检测限、定量限、线性范围、回收率范围和精密度

液相检测方法磺胺类的定量限为 0.02mg/kg，检测限为 0.05mg/kg。添加水平为 0.05mg/kg 时，回收率为 80% ~ 110%；添加水平为 0.1mg/kg 时，回收率为 80% ~ 110%；添加水平为 0.25mg/kg 时，回收率为 80% ~ 110%。本方法相对标准偏差（RSD）小于 15%。

5. 仪器和设备

Agilent 1260 液相色谱仪，配有二极管阵列检测器，Agilent 6430 液相色谱 - 串联质谱仪；均质器：T25 型，18G 刀，IKA 公司；涡流混匀器：IKA MS basic；移液枪：1 000μL、5 000μL，Eppendorf 公司；高速台式离心机：5810 型，Eppendorf 公司；气流加热快速浓缩装置（氮吹仪）：N-EVAPTM，Organomation Associates，Jnc.；分析天平：感量 0.1mg 和 0.01g 各一台，梅特勒；具塞塑料离心管：50mL、100mL；微量注射器：10μL；具塞玻璃离心管：5mL。

6. 试剂与溶液

6.1 试剂

6.1.1 乙腈　高纯，FISHER。

6.1.2 冰醋酸，甲酸　分析纯，天津科密欧。

6.1.3 三氯甲烷　分析纯，天津科密欧。

6.1.4 正己烷　色谱纯，FISHER。

6.1.5 水　GB/T 6682 规定的一级水。

6.2 溶液

6.2.1 乙腈 - 三氯甲烷混合溶剂（10+1）　取 100mL 乙腈和 10mL 三氯甲烷混合均匀。

6.2.2 硫酸钠溶液（10% 水溶液）　将 10g 硫酸钠溶于 90mL 水中。

6.2.3 冰醋酸溶液（6‰水溶液）　取 6mL 冰醋酸和 994mL 水混合均匀。

6.3 标准物质与标准溶液

6.3.1 标准物质

磺胺间甲氧嘧啶、磺胺嘧啶、磺胺（对）甲氧嘧啶、磺胺甲噻二唑、磺胺噻唑、磺胺二甲氧嘧啶、磺胺醋酰、磺胺甲噁唑、磺胺甲基嘧啶、磺胺氯哒嗪（磺胺二甲基嘧啶）、磺胺异噁唑（磺胺二甲异噁唑）、磺胺二甲嘧啶、磺胺甲氧哒嗪、磺胺喹噁啉、磺胺吡啶、甲氧苄啶、磺胺邻二甲氧嘧啶、磺胺苯吡唑、磺胺噁唑：纯度 ≥95%，使用 Sigma 公司等有证标准物质。

6.3.2 标准溶液

6.3.2.1 标准储备液的配制

准确称取 6.3.1 标准品 10mg 分别用乙腈溶解，置于 4 个 100mL 棕色容量瓶中，并用乙腈定容至刻度，混匀，浓度为 100μg/mL。（该溶液可在冰箱 0 ~ 4℃条件下保存 3 个月。）

6.3.2.2 标准中间液的配制

分别移取 6.3.2.1 标准储备液各 1.0mL，置于 100mL 棕色容量瓶中，用乙腈稀释至刻度，浓度为 1.0μg/mL。（该溶液可在冰箱 0 ~ 4℃条件下保存 1 个月。）

6.3.2.3 混合标准工作液的配制

用 1.0μg/mL 的标准中间液分别配制浓度系列为 0.02μg/mL、0.04μg/mL、0.06μg/mL、0.08μg/mL、0.10μg/mL 的混合标准工作液，用乙腈 - 水（15+85）稀释定容。（需当日新配。）

7. 实验方法

7.1 试样制备

从原始样品中取出部分有代表性样品，经研磨机均匀捣碎，用四分法缩分出不少于 100g 试样，装入清洁样品袋中，加封并贴上样品标签。经制备好的样品需在冰箱冷冻室冷藏。

7.2 分析步骤

7.2.1 提取步骤

称取约 5g（精确值 0.1g）均匀试样入 50mL 离心管内，加入 0.5mL10% 硫酸钠水溶液和 4.5mL 乙腈 - 三氯甲烷混合溶剂（10+1）。在均质机上均质，以提取磺胺。

7.2.2 净化步骤

离心 10min（10 000r/min）。用移液枪吸取 2.0mL 上清液移入 10mL 玻璃试管中，再向其中加入 2.0mL 正己烷，在涡流混匀器上剧烈混合，静置待混合液分层，弃去上层正己烷溶液，再加入 2.0mL 正己烷涡混一次，同法弃去正己烷层，将余下溶液全部转入已装有吸附剂粉末（中性氧化铝粉末 200mg、C_{18} 粉 200mg、PSA 粉 150mg）的 10mL 玻璃试管中，在涡流混匀器中剧烈混合，以便于吸附剂粉末吸附样品杂质，静置，用移液枪吸取 1.0mL 上清液至第三支洁净 10mL 玻璃试管中，置于气流加热快速浓缩装置内（氮吹仪），于 40℃蒸发至干。以流动相乙腈 - 水（15+85）溶解残渣，溶解液供 HPLC 测定。

7.2.3 液相色谱仪器参数与测定

7.2.3.1 色谱测定条件

色谱柱：ZORBAX SDB C_{18} 5μm 4.6mm×250mm；柱温：40℃；流动相：梯度洗脱见表 4-3；流速：1.0mL/min；检测器：二极管阵列检测器；检测波长：270nm；进样量：40μL。

表 4-3　梯度洗脱

时间（min）	流速（mL/min）	水（%）	乙腈（%）
0	1.00	80	20
8.5	1.00	80	20
8.51	1.00	60	40
15	1.00	60	40
15.5	1.00	80	20

7.2.3.2 仪器测定

标准曲线浓度：0μg/L、0.02μg/L、0.04μg/L、0.06μg/L、0.08μg/L、0.10μg/L。

标准品和样品各进样：40μL。

7.2.3.3 定性标准

按照上述条件测定样品和建立标准工作曲线，如果样品中化合物质量色谱峰的保留时间与标准溶液的保留时间相比允许偏差在 ±2.5%；待测化合物定性离子对的重构离子色谱峰的信噪比大于等于 3（S/N≥3），定量离子对的重构离子色谱峰的信噪比大于等于 10（S/N≥10）；定性离子对的相对丰度与浓度相当的标准溶液相比，扣除本底后如果判别标准全部符合，则可判定为样品中存在该残留。

7.2.3.4 定量方法

按照液相色谱条件测定样品和混合标准工作溶液，以色谱峰面积按外标法定量。

7.2.4 液相色谱 - 串联质谱仪器参数与测定条件

7.2.4.1 液相色谱测定条件

色谱柱：ZORBAX Eclipse Plus C_{18}，1.8μm，2.1mm×100mm；柱温：40℃；流动相：液相色谱梯度洗脱条件见表 4-4。进样量：10μL。

表 4-4　液相色谱梯度洗脱条件

时间（min）	流速（μL/min）	0.1%甲酸水（%）	乙腈（%）
0.00	400	80	20
3.00	400	60	40
5.00	400	90	10
7.00	400	90	10
7.01	400	20	80

7.2.4.2 质谱条件

离子源：电喷雾离子源（ESI）；扫描方式：正离子扫描；检测方式：多反应监测（MRM）；毛细管电压：3.0kV；碎裂电压：40V；离子源温度：120℃；去溶剂气温度：350℃；去溶剂气流量：800L/hr；锥孔气流量：50L/hr；选择离子监测：磺胺监测离子对见表 4-5。

表 4-5 磺胺监测离子对

化合物名称	母离子（*m/z*）	子离子（*m/z*）	碎裂电压（V）	碰撞能量（V）
磺胺间甲氧嘧啶	281.1	108.1	100	26
		156.1	100	15
磺胺嘧啶	251.1	156	100	10
		108	100	22
磺胺（对）甲氧嘧啶	281	156	110	15
		108	110	25
磺胺甲噻二唑	271	156	90	10
		108	90	22
磺胺噻唑	256	156	100	10
		108	100	21
磺胺二甲氧嘧啶	311	156	130	20
		108	130	26
磺胺醋酰	215.1	156.1	70	5
		92	70	20
磺胺甲噁唑	254.1	156	100	10
		108	100	25
磺胺甲基嘧啶	265.1	172	110	12
		156	110	15
磺胺氯哒嗪/磺胺二甲基嘧啶	285	156	100	10
		108	100	25
磺胺异噁唑/磺胺二甲异噁唑	268.1	156	100	10
	268.1	113	100	10
磺胺二甲嘧啶	279.1	186.1	120	15
	279.1	156.1	120	16
苯甲酰磺胺	277.1	156	80	10
	277.1	108	80	25
磺胺甲氧哒嗪	281.1	156	105	15
	281.1	108	105	25

续表

化合物名称	母离子（*m/z*）	子离子（*m/z*）	碎裂电压（V）	碰撞能量（V）
磺胺喹噁啉	301.1	156	110	11
	301.1	108	110	22
磺胺吡啶	250.1	184	110	15
	250.1	156	110	10
甲氧苄啶	291.1	230.1	120	25
	291.1	123	120	25
磺胺邻二甲氧嘧啶	311.1	156	120	15
	311.1	92	120	30
磺胺苯吡唑	315	222	130	15
	315	158	130	30
磺胺噁唑	268	156	110	13
	268	113	110	16

7.2.5 仪器测定

标准曲线浓度：0μg/mL、0.02μg/mL、0.04μg/mL、0.06μg/mL、0.08μg/mL、0.10μg/mL。

标准品和样品各进样 10μL。

7.2.6 定性标准

按照上述条件测定样品和建立标准工作曲线，如果样品中化合物质量色谱峰的保留时间与标准溶液的保留时间相比在允许偏差 ±2.5%；待测化合物定性离子对的重构离子色谱峰的信噪比大于等于 3（S/N≥3），定量离子对的重构离子色谱峰的信噪比大于等于 10（S/N≥10）；定性离子对的相对丰度与浓度相当的标准溶液相比，扣除本底后如果以下判别标准全部符合（表 4-6），则可判定为样品中存在该残留。

表4-6　定性确证时相对离子丰度的最大允许偏差

相对离子丰度	>50%	>20%至50%	>10%至20%	≤10%
允许的最大偏差	±20%	±25%	±30%	±50%

7.2.7 定量方法

按照液相色谱 - 串联质谱条件测定样品和混合标准工作溶液，以色谱峰面积按外标法定量。

8. 结果计算

采用外标法定量，用色谱数据处理软件或按式（4-2）计算样品中待测物残留量。计算结果需扣除空白值。

$$X = \frac{A \times C \times V}{A_s \times m} \times f \qquad (4\text{-}2)$$

式中：

X——试样中目标化合物的含量，单位为微克每千克（μg/kg）；

A——样液中目标化合物的峰面积；

C——标准溶液中目标化合物的浓度，单位为微克每毫升（μg/mL）；

V——样液最终定容体积，单位为毫升（mL）；

A_s——标准溶液中目标化合物的峰面积；

m——试样的质量，单位为克（g）；

f——稀释倍数。

第3节
氯霉素类药物残留量的测定方法

1. 安全提示

前处理及上机过程中用到的乙酸乙酯、甲醇等有机试剂，应注意防护，避免接触到皮肤或吸入，如果接触到皮肤应用大量清水冲洗，前处理过程应戴防护口罩。

2. 方法提要

本标准操作程序是本实验室参照有关文献的样品前处理方法及测定方法，按《残留检测质量控制指南》的有关要求，进行周密验证后，将某些关键步骤进行细化。

本规程适用于动物源性食品中氯霉素类残留的检测。

3. 原理

样品用乙酸乙酯提取，正己烷除脂，SPE 柱净化，用液相色谱 - 串联质谱仪进行分析，内标法定量。

4. 检测限、定量限、线性范围、回收率范围和精密度

液质检测方法氯霉素、甲砜霉素、氟甲砜霉素的定量限为 0.1μg/kg，氟苯尼考胺检测限为 10.0μg/kg。氯霉素、甲砜霉素、氟甲砜霉素的添加水平分别为 0.1μg/kg、0.5μg/kg、1.0μg/kg，氟苯尼考胺的添加水平为 10.0μg/kg、20.0 μg/kg、100.0 μg/kg，回收率为 80% ~ 110%。本方法相对标准偏差（RSD）小于 15%。

5. 仪器和设备

液相色谱 - 质谱联用仪：waters UPLC-Premier；分析天平：感量 0.1mg 和 0.01g 各一台，梅特勒；离心机：5810 型，Eppendorf 公司；均质器：T25 型，18G 刀，IKA 公司；旋转蒸发仪：R-210，BUCHI 公司；水浴恒温振荡器：SHA-CA，荣华公司；振荡器：MMV-1000W，ETELA 公司；氮吹仪：N-EVAPTM，Organomation Associates，Jnc.；涡流混匀器：IKA MS basic；移液枪：1 000μL、5 000μL，Eppendorf 公司；具塞塑料离心管：50mL、100mL；微量注射器：10μL；具塞玻璃离心管：15mL。

6. 试剂与溶液

6.1 试剂

6.1.1 水　GB/T 6682 规定的一级水。

6.1.2 乙酸乙酯　高纯，FISHER。

6.1.3 正己烷　色谱纯，FISHER。

6.1.4 甲醇　高纯，FISHER。

6.1.5 乙腈　高纯，FISHER。

6.1.6 β - 葡萄糖醛酸苷酶　Sigma。

6.1.7 乙酸钠　分析纯，天津科密欧。

6.1.8 乙酸　优级纯，天津科密欧。

6.2 溶液

6.2.1 乙酸钠缓冲液（0.1mol/L）　称取乙酸钠 13.6g 于 1 000mL 容量瓶中，加入 980mL 水溶解并混匀，乙酸调 pH 至 5.0，定容至刻度混匀。

6.2.2 乙腈 - 水（1+7，体积比）　取 10mL 乙腈和 70mL 水混合均匀。

6.3 标准物质与标准溶液

6.3.1 标准物质

氯霉素：纯度≥99%，使用 Sigma 公司等有证标准物质；

甲砜霉素：纯度≥99%，使用 Sigma 公司等有证标准物质；

氟甲砜霉素：纯度≥99%，使用 Sigma 公司等有证标准物质；

氟苯尼考胺：纯度≥99%，使用 Sigma 公司等有证标准物质；

氘代氯霉素：纯度≥99%，使用 Sigma 公司等有证标准物质。

6.3.2 标准溶液

6.3.2.1 标准储备液的配制

氯霉素标准储备液：100μg/mL。准确称取标准品 0.01g，置于 100mL 容量瓶，用少量甲醇溶解，并用甲醇定容至刻度，混匀，浓度为 100μg/mL。（该溶液可在冰箱中 0 ~ 4℃条件下保存 6 个月。）

甲砜霉素标准储备液：100μg/mL。准确称取标准品 0.01g，置于 100mL 容量瓶，用少量甲醇溶解，并用甲醇定容至刻度，混匀，浓度为 100μg/mL。（该溶液可在冰箱中 0 ~ 4℃条件下保存 6 个月。）

氟甲砜霉素标准储备液：100μg/mL。准确称取标准品 0.01g，置于 100mL 容量瓶，用少量甲醇溶解，并用甲醇定容至刻度，混匀，浓度为 100μg/mL。（该溶液可在冰箱中 0 ~ 4℃条件下保存 6 个月。）

氟苯尼考胺标准储备液：100μg/mL。准确称取标准品 0.01g，置于 100mL 容量瓶，用少量甲醇溶解，并用甲醇定容至刻度，混匀，浓度为 100μg/mL。（该溶液可在冰箱中 0 ~ 4℃条件下保存 6 个月。）

氘代氯霉素标准储备液：100μg/mL。准确称取标准品 0.01g，置于 100mL 容量瓶，用少量甲醇溶解，并用甲醇定容至刻度，混匀，浓度为 100μg/mL。（该溶液可在冰箱中 0 ~ 4℃条件下保存 6 个月。）

6.3.2.2 标准中间液的配制

氯霉素标准中间液：1.0μg/mL。准确移取 100μg/mL 的氯霉素标准储备液 1.0mL 入 100mL 容量瓶中，甲醇定容至刻度，混匀，浓度为 1.0μg/mL。

甲砜霉素标准中间液：1.0μg/mL。准确移取 100μg/mL 的甲砜霉素标准储备液 1.0mL 入 100mL 容量瓶中，甲醇定容至刻度，混匀，浓度为 1.0μg/mL。

氟甲砜霉素标准中间液：1.0μg/mL。准确移取 100μg/mL 的氟甲砜霉素标准储备液 1.0mL 入 100mL 容量瓶中，甲醇定容至刻度，混匀，浓度为 1.0μg/mL。

氟苯尼考胺标准中间液：1.0μg/mL。准确移取 100μg/mL 的氟苯尼考胺标准储备液 1.0 mL 入 100mL 容量瓶中，甲醇定容至刻度，混匀，浓度为 1.0μg/mL。

氘代氯霉素标准中间液：1.0μg/mL。准确移取100μg/mL的氘代氯霉素标准储备溶液1.0mL入100mL容量瓶中，甲醇定容至刻度，混匀，浓度为1.0μg/mL。

7. 实验方法

7.1 试样制备

从所取原始样品中取出部分具有代表性样品，经高速组织捣碎机捣碎均匀，充分混匀。用四分法缩分出不少于200g试样。装入清洁容器内,加封后,标明标记,放入待测样品冰箱内。

7.2 分析步骤

7.2.1 提取步骤

动物组织（肝、肾除外）与水产品：称取10g（精确至0.01g）试样于100mL离心管中（加入1.0μg/mL的氘代氯霉素标准溶液2μL）。加入30mL乙酸乙酯，用均质器均质提取2min，10 000r/min离心10min。将乙酸乙酯层移入15mL玻璃离心管中，于40℃氮气吹干。

加入5mL水溶解残渣，再加入5mL正己烷除油脂，用涡流混匀器混合1min，弃去正己烷层（视油脂的多少确定除油次数，一般3次，同上操作），待净化。

动物肝、肾组织：称取10g（精确至0.01g）试样于100mL离心管中，加入30mL乙酸钠缓冲液，均制2min，加入300μL β-葡萄糖醛酸苷酶，于37℃温育过夜。消解样品中加入10ng/mL的氘代氯霉素标准溶液100μL、30mL乙酸乙酯，振摇2min，10 000r/min离心10min，取15mL上层，氮气吹干，5mL水溶解残渣，再加入5mL正己烷除油脂，用涡流混匀器混合1min，弃去正己烷层（视油脂的多少确定除油次数，一般3次，同上操作），水层准备过柱。

7.2.2 净化步骤

固相萃取柱依次用3mL甲醇、5mL水预洗，取备用液过柱。用10mL水分两次淋洗小柱，再用乙腈-水（1+7，体积比）淋洗，弃去淋洗液，最后用5mL乙酸乙酯将分析物洗脱入5mL离心管中，氮气吹干。1mL流动相溶解残渣，过0.22μm滤膜。

7.2.3 仪器参数与测定条件

液相色谱质谱测定

7.2.3.1 色谱测定条件

色谱柱：1.7μm，50mm × 2.1mm ACQUITY UPLC™ C_{18}；柱温：40℃；流动相：

液相色谱梯度洗脱条件见表 4-7；进样量：10μL。

表 4-7　液相色谱梯度洗脱条件

时间（min）	流速（μL/min）	水（%）	甲醇（%）
0.00	300	70	30
2.00	300	95	5
3.00	300	95	5
3.50	300	30	70

7.2.3.2 质谱条件

离子源：电喷雾离子源（ESI）；扫描方式：负离子扫描；检测方式：多反应监测（MRM）；毛细管电压：3.0kV；碎裂电压：40V；离子源温度：120℃；去溶剂气温度：350℃；去溶剂气流量：800L/hr；锥孔气流量：50L/hr；选择离子监测：监测离子对见表 4-8。

表 4-8　监测离子对

化合物名称	母离子（m/z）	子离子（m/z）	碎裂电压（V）	碰撞能量（V）
氯霉素	321	257	100	10
		152	100	15
甲砜霉素	354	290	120	5
		185	120	20
氟甲砜霉素	356	336	120	5
		185	120	15
氟苯尼考胺	248.1	230.1	100	5
		130	100	20
氘代氯霉素（-D5）	326	157	100	10

7.2.4 仪器测定

标准曲线浓度：0μg/L、0.04μg/L、0.10μg/L、0.20μg/L、0.40μg/L、0.60μg/L。

标准品和样品各进样 10μL。

7.2.5 定性标准

按照上述条件测定样品和建立标准工作曲线，如果样品中化合物质量色谱峰的保留时间与标准溶液的保留时间相比允许偏差在 ±2.5%；待测化合物定性离子对的重构离子色谱峰的信噪比大于等于 3（S/N≥3），定量离子对的重构离子色谱峰的信噪比大于等于 10（S/N≥10）；定性离子对的相对丰度与浓度相当的标准溶液相比，扣除本底后如果相关判别标准全部符合，则可判定氯霉素类物质存在。

7.2.6 定量方法

取样品溶液和标准溶液各 10μL 注入液相色谱 - 串联质谱仪，在上述色谱 - 质谱条件下进行测定，记录特征离子质量色谱图，内标法定量。

8. 结果计算

$$X = \frac{C \times C_i \times A \times A_{si} \times V}{C_{si} \times A_i \times A_s \times W} \quad \cdots\cdots (4\text{-}3)$$

式中：

X——样品中待测组分残留量，单位为微克每千克（μg/kg）；

C——标准工作溶液的浓度，单位为微克每升（μg/L）；

C_{si}——标准工作溶液中内标物的浓度，单位为微克每升（μg/L）；

C_i——样液中内标物的浓度，单位为微克每升（μg/L）；

A——样液中待测组分的峰面积；

A_s——标准工作溶液的峰面积；

A_{si}——标准工作溶液中内标物的峰面积；

A_i——样液中内标物的峰面积；

V——样品定容体积，单位为毫升（mL）；

W——样品称样量，单位为克（g）。

9. 检测质量控制标准

液质检测方法氯霉素、甲砜霉素、氟甲砜霉素的定量限为 0.1μg/kg。样品加标量为 0.1μg/kg 时，回收率为 85% ~ 105%；样品加标量为 0.2μg/kg 时，回收率为 90% ~ 110%；样品加标量为 1.0μg/kg 时，回收率为 90% ~ 110%。样品检验时质量控制实验的回收率数值应落在精密度实验的 3 倍标准偏差以内。

第4节
莫西丁克残留量的测定方法

1. 安全提示

前处理及上机过程中用到的有机试剂，应注意防护，避免接触到皮肤或吸入，如果接触到皮肤应用大量清水冲洗，前处理过程应戴防护口罩。

2. 方法提要

本标准操作程序是本实验室参照有关文献的样品前处理方法及测定方法，按《残留检测质量控制指南》的有关要求，进行周密验证后，将某些关键步骤进行细化。

本规程适用于动植物源性食品中莫西丁克残留的检测。

3. 原理

样品用饱和氯化钠水溶液和乙腈提取，PSA 和 C_{18} 净化，用液相色谱 - 串联质谱仪进行分析，外标法定量。

4. 检测限、定量限、线性范围、回收率范围和精密度

液质检测方法莫西丁克的定量限为 5μg/kg。添加水平分别为 5μg/kg、10μg/kg、50μg/kg，回收率为 80% ~ 110%。相对标准偏差（RSD）小于 15%。

5. 仪器和设备

液相色谱 - 串联质谱仪：Agilent 1200-6430；分析天平：感量 0.1mg 和 0.01g 各一台，梅特勒；离心机：5810 型，Eppendorf 公司；均质器：T25 型，18G 刀，IKA 公司；振荡器：MMV-1000W，ETELA 公司；氮吹仪：N-EVAPTM，Organomation Associates，Jnc.；涡流混匀器：IKA MS basic；移液枪：1 000μL、5 000μL，Eppendorf 公司；具塞塑料离心管：50mL、100mL；微量注射器：10μL；具塞玻璃离心管：5mL。

6. 试剂与溶液

6.1 试剂

6.1.1 水　GB/T 6682 规定的一级水。

6.1.2 乙腈　高纯，FISHER。

6.1.3 甲醇　高纯，FISHER。

6.1.4 甲酸　优级纯，TEDIA。

6.1.5 乙酸钠　分析纯，天津科密欧。

6.1.6 氯化钠　分析纯，天津科密欧。

6.1.7 PSA　40 ~ 60μm，Agela 公司。

6.1.8 ODS（C_{18}）　40 ~ 60μm，Agela 公司。

6.2 溶液

6.2.1 饱和氯化钠水溶液　取 100mL 水，加入氯化钠混匀至氯化钠不继续溶解。

6.2.2 流动相：0.1% 甲酸水　1 000mL 水中加入 1mL 甲酸，混匀。

6.3 标准物质与标准溶液

6.3.1 标准物质　莫西丁克，纯度 ≥99%，使用 Sigma 公司等有证标准物质。

6.3.2 标准溶液

6.3.2.1 标准储备液的配制

莫西丁克标准储备液：准确称取标准品 0.01g，置于 100mL 棕色容量瓶，用少量乙腈溶解，并用乙腈定容至刻度，混匀，浓度为 100μg/mL。

6.3.2.2 标准中间液的配制

莫西丁克标准中间液：准确移取上述标准储备液 1.0mL 入 100mL 棕色容量瓶中，乙腈定容至刻度，混匀，浓度为 1.0μg/mL。

7. 实验方法

7.1 试样制备

从所取原始样品中取出部分有代表性样品，经高速组织捣碎机捣碎均匀，充分混匀。用四分法缩分出不少于 200g 试样。装入清洁容器内，加封后，标明标记，放入待测样品冰箱内。

7.2 分析步骤

7.2.1 提取步骤　称取 10g（精确至 0.01g）试样于 100mL 塑料离心管中，加入饱和氯化钠水溶液 5mL，加入 10mL 乙腈，用均质器均质提取 2min，10 000r/min 离心 10min。

7.2.2 净化步骤　取 1.5mL 上清液转入盛有 100mg PSA 和 100mg C_{18} 的玻璃试管中，1 400r/min 涡混 2min 离心后取上清液过 0.45μm 滤膜，上机检测。

7.2.3 仪器参数与测定条件

液相色谱质谱测定

7.2.3.1 色谱测定条件

色谱柱：1.7μm，50mm × 2.1mm ACQUITY UPLC™ C_{18}；柱温：40℃；流动相：液相色谱梯度洗脱条件见表 4-9；流速：0.3mL/min；进样量：10μL。

表 4-9　液相色谱梯度洗脱条件

时间（min）	流速（μL/min）	0.1%甲酸水（%）	甲醇（%）
0.00	300	40	60
4.00	300	10	90
9.00	300	10	90
9.01	300	40	60

7.2.3.2 质谱条件

离子源：电喷雾离子源（ESI）；扫描方式：正离子扫描；检测方式：多反应监测（MRM）；干燥气温度：350℃；喷雾针压力：15psi；电子倍增器电压：4kV；碰撞气：高纯氮，99.999%；去溶剂气流量：800L/hr；干燥气流速：6L/min；选择离子监测：莫西丁克母离子、子离子、碎裂电压和碰撞能量见表 4-10。

表 4-10　莫西丁克母离子、子离子、碎裂电压和碰撞能量

母离子（*m/z*）	子离子（*m/z*）	碎裂电压（V）	碰撞能量（V）
640.4	528.3	100	30
640.4	498.3	100	40

7.2.4 仪器测定

标准曲线浓度：0μg/L、2.0μg/L、5.0μg/L、10.0μg/L、20.0μg/L、50.0μg/L。

标准品和样品各进样 10μL。

7.2.5 定性测定

通过样品溶液色谱图的保留时间、各色谱峰特征离子与相应标准溶液的保留时间、各色谱峰的特征离子相对照定性。样品溶液与浓度相当的标准溶液保留时间的偏差在 ±2.5%；样品溶液中特征离子相对离子丰度比与浓度相当的标准溶液的相对

离子丰度比相对偏差不超过最大允许偏差的规定，则可判定样品中存在目标物。

7.2.6 定量测定

取样品溶液和标准溶液各 10μL 注入液相色谱 - 串联质谱仪，在上述色谱 - 质谱条件下进行测定，记录特征离子质量色谱图，外标法定量。

8. 结果计算

采用外标法定量，用色谱数据处理软件或按式（4-4）计算样品中待测物残留量。计算结果需扣除空白值。

$$X=\frac{A\times C\times V}{A_s\times m\times 1\ 000} \cdots\cdots (4-4)$$

式中：

X——试样中莫西丁克的含量，单位为微克每千克（μg/kg）；

A——试样中莫西丁克的峰面积；

C——从标准工作曲线得到的莫西丁克溶液浓度，单位为纳克每毫升（ng/mL）；

V——试样溶液总定容体积，单位为毫升（mL）；

A_s——标准工作溶液中莫西丁克的峰面积；

m——试样的取样量，单位为克（g）。

每个试样取两份进行平行测定，以两次平行测定结果的算术平均值为测定结果，结果保留 3 位有效数字。

9. 检测质量控制标准

液质检测方法莫西丁克的定量限为 5μg/kg。样品加标量浓度范围在 5 ~ 50μg/kg 时，回收率为 80% ~ 110%。样品检验时质量控制实验的回收率数值应落在精密度实验的 3 倍标准偏差以内。

第 5 节
β - 受体激动剂类残留量的测定方法

1. 原理

采用 β - 葡萄糖醛酸酶 / 芳基硫酸酯酶酶解，乙酸铵缓冲液提取，混合型阳离子交换柱进行净化；液相色谱 - 串联质谱测定，内标法定量。

2. 仪器和设备

液相色谱 - 串联质谱仪：配有电喷雾离子源；分析天平：感量 0.1mg 和 0.01g 各一台，梅特勒；离心机：Eppendorf 5810R；氮气浓缩装置：EVAP1100；固相萃取柱：混合型阳离子交换柱（3mL，60mg）。

3. 试剂与溶液

3.1 试剂

3.1.1 乙腈　色谱级。

3.1.2 甲醇　色谱级。

3.1.3 正己烷　色谱级。

3.1.4 乙酸乙酯　色谱级。

3.1.5 甲酸　优级纯。

3.1.6 乙酸铵　优级纯。

3.1.7 浓盐酸　分析纯。

3.1.8 氨水　分析纯。

3.1.9 β - 葡萄糖醛酸酶 / 芳基硫酸酯酶　Sigma。

3.1.10 水　符合 GB/T 6682 规定的一级水。

3.2 溶液

3.2.1 乙酸铵缓冲溶液（2mol/L）　称取乙酸铵（3.1.6）77.0g 于 500mL 容量瓶中，用水稀释至刻度，混匀，并用乙酸调节 pH 至 5.2。

3.2.2 0.1% 甲酸溶液　移取 1.0mL 甲酸（3.1.5）于 1 000mL 容量瓶中，用水稀释并定容至刻度，混匀。

3.2.3 盐酸溶液（0.1mol/L）

3.2.4 盐酸溶液（0.01mol/L）

3.2.5 50% 甲醇溶液　50mL 甲醇（3.1.2）与 50mL 水混匀。

3.2.6 MCX 柱洗脱溶液　50mL 乙酸乙酯（3.1.4）、45mL 甲醇（3.1.2）与 5mL 氨水（3.1.8）混匀。

3.3 标准物质和标准溶液

3.3.1 标准物质

39 种标物物质的名称见表 4-12。

3.3.2 标准溶液

3.3.2.1 标准储备液（100μg/mL）

分别准确称取 10.0 mg 标准物质于 100 mL 容量瓶中，用适量甲醇溶解，并用甲醇定容至刻度，混匀。

3.3.2.2 标准中间液（1.0 μg/mL）

分别移取目标化合物标准储备液（3.3.2.1）1 000 μL 于 100 mL 容量瓶中，并用甲醇稀释至刻度，混匀，配置 1.0 μg/mL 的标准中间液。

4. 测定步骤

4.1 提取

称取约 10.0 ± 0.05g 试样，放入 50mL 离心管中，加入乙酸铵缓冲液（3.2.1）20mL，均质 1min，然后加入 β - 葡萄糖醛酸酶 / 芳基硫酸酯酶（3.1.9）40μL，充分振荡混匀，37℃温育过夜。反应完毕后 10 000r/min 离心 10min，收集上清液入另一 50mL 离心管中，加入 10mL 正已烷，涡混 1min，10 000r/min 离心 10min（如上清液浑浊，可用滤纸过滤）。

4.2 净化

将上述上清液使用混合型阳离子交换柱净化，依次用 5mL 甲醇（3.1.2）、5mL 水和 5mL 盐酸溶液（3.2.3）对柱子进行预处理，将上清液加载在混合型阳离子交换柱小柱上，再依次用 5mL 盐酸溶液（3.2.3）、5mL 水、5mL50% 甲醇（3.2.5）和 5mL 正已烷洗柱，弃去淋洗液；真空抽干混合型阳离子交换柱 2min，用 6mL 洗脱液（3.2.6）进行洗脱，收集洗脱液。洗脱液在 45℃下氮气流吹干，加入 1mL 盐酸溶液（3.2.4）溶解残渣，过 0.22μm 滤膜，进行 HPLC-MS/MS 测定分析。

4.3 仪器参数与测定（仪器条件仅供参考）

4.3.1 液相色谱条件

色谱柱：ZORBAX Eclipse Plus C_{18}，1.8μm，2.1mm × 50mm；柱温：40℃；流动相：A 相甲醇，B 相 10mmol/L 甲酸水（含 0.1% 甲酸）梯度洗脱见表 4-11；流速：0.3mL/min；进样量：20μL。

表 4-11　A 相甲醇，B 相 10mmol/L 甲酸水（含 0.1% 甲酸）梯度洗脱

时间（min）	A（%）	B（%）
0.00	10	90

续表

时间（min）	A（%）	B（%）
3.00	90	10
5.00	90	10
5.01	10	90
7.00	10	90
10.00	10	90

4.3.2 质谱条件

离子源：电喷雾离子源；扫描方式：正离子扫描；检测方式：多重反应监测；GAS Temp：350℃；GAS Flow：12L/min；Nebulizer：35psi；选择离子监测：β-受体激动剂类化合物子离子、母离子、碎裂电压和碰撞能量见表 4-12。

表 4-12　β－受体激动剂类化合物子离子、母离子、碎裂电压和碰撞能量

化合物名称	母离子（*m/z*）	子离子（*m/z*）	碎裂电压（V）	碰撞能量（V）
克伦特罗	277.1	259.1	100	5
		203	100	12
克伦特罗-d9	286.1	204.1	100	13
莱克多巴胺	302	164.1	110	10
		121	110	22
莱克多巴胺-d5	307.2	167.1	110	13
沙丁胺醇	240	222.1	100	5
		148	100	13
沙丁胺醇-d3	243.2	151.2	100	15
苯乙醇胺A	345.2	327.1	100	9
		150.1	100	20
		91.1	100	55
西马特罗	220.1	202.1	100	5
		160.1	100	13
马布特罗	311.1	293	110	5
		237	110	13
马喷特罗	325.1	237	110	13
		217	110	13

续表

化合物名称	母离子（m/z）	子离子（m/z）	碎裂电压（V）	碰撞能量（V）
沙美特罗	416.1	398.2	130	10
		380.2	130	18
特布他林	226.1	152.1	90	10
		107	90	25
妥布特罗	228.1	172	100	5
		154	100	13
齐帕特罗	262.1	244.1	80	7
		185	80	23
菲诺特罗	304.1	286.2	120	8
		135.2	120	15
喷布特罗	292.1	236.2	110	12
		201	110	20
盐酸多巴胺	154.1	137.1	70	6
		91.1	70	25
克伦普罗	263	245	100	10
		203	100	15
塞布特罗/西布特罗	234	160	100	10
		143	100	30
溴布特罗	367	212	120	20
		293	120	15
班布特罗	368.1	312	120	8
		294	120	20
盐酸克伦潘特	291	273	105	8
		188	105	22
克伦塞罗	319.1	203.1	110	15
		168.1	110	35
福莫特罗/福美特罗	345	149	120	15
		121	120	20
拉贝特罗/拉贝洛尔	329	311	120	10
		207	120	15

续表

化合物名称	母离子（m/z）	子离子（m/z）	碎裂电压（V）	碰撞能量（V）
溴氯布特罗	321	247	110	10
		168	110	15
可尔特罗	226	152.1	100	5
		107	100	18
可尔特罗代谢物	240.1	166	95	10
		121	95	25
		134	95	20
异丙喘宁	212.1	194.1	70	6
		152	70	14
丙卡特罗	291.1	273.1	100	6
		231.1	100	18
奋乃静	374.1	141.1	120	22
		113	120	30
心得安	260.1	183	120	15
		116	120	15
利妥特灵	288.1	270.1	100	6
		121	100	18
氯丙那林	214.1	196.1	80	5
		154	80	13
吉他霉素/氟奋乃静	438.1	171.1	120	26
		143	120	30
异他林	240.1	222.1	80	6
		180.1	80	14
异丙肾上腺素	212.1	194.1	75	6
		152.1	75	13
苯氧丙酚	302.1	284.1	80	10
		107	80	30
4-（2-氨基乙基）-2-甲氧基苯酚（多巴胺中间体）	168.3	151.2	60	3
		91.2	60	24

5. 测定

5.1 定性测定

通过样品溶液色谱图的保留时间、各色谱峰特征离子与相应标准溶液的保留时间、各色谱峰的特征离子相对照定性。样品溶液与浓度相当的标准溶液保留时间的偏差在 ±2.5%；样品溶液中特征离子相对离子丰度比与浓度相当的标准溶液的相对离子丰度比相对偏差不超过“相对离子丰度的最大允许偏差”的规定，则可判定样品中存在 β-受体激动剂类物质。

5.2 定量测定

取样品溶液和标准溶液各 10μL 注入液相色谱-串联质谱仪，在上述色谱-质谱条件下进行测定，记录特征离子质量色谱图，内标法定量。

6. 试验数据处理

采用外标法定量，用色谱数据处理软件或按式（4-5）计算样品中待测物残留量。计算结果需扣除空白值。

$$X = \frac{C \times C_i \times A \times A_{si} \times V}{C_{si} \times A_i \times A_s \times W} \cdots\cdots(4-5)$$

式中：

X——样品中待测组分残留量，单位为微克每千克（μg/kg）；

C——标准工作溶液的浓度，单位为微克每升（μg/L）；

C_{si}——标准工作溶液中内标物的浓度，单位为微克每升（μg/L）；

C_i——样液中内标物的浓度，单位为微克每升（μg/L）；

A——样液中待测组分的峰面积；

A_s——标准工作溶液的峰面积；

A_{si}——标准工作溶液中内标物的峰面积；

A_i——样液中内标物的峰面积；

V——样品定容体积，单位为毫升（mL）；

W——样品称样量，单位为克（g）。

7. 检测方法的灵敏度

本方法，克伦特罗：0.05μg/kg；苯乙醇胺 A、西马特罗、马布特罗、马喷特罗、沙美特罗、特布他林、妥布特罗、齐帕特罗、菲诺特罗、喷布特罗、盐酸多巴胺、克伦普罗、塞布特罗（西布特罗）、溴布特罗、班布特罗、盐酸克伦潘特、克伦塞罗、福莫特罗（福美特罗）、拉贝特罗（拉贝洛尔）、溴氯布特罗、可尔特罗、可尔特罗代谢物、异丙喘宁、丙卡特罗、奋乃静、心得安、利妥特灵、氯丙那林、吉他霉素（氟奋乃静）、异他林、异丙肾上腺素、苯氧丙酚：0.5μg/kg。

第 6 节
地克珠利、妥曲珠利、妥曲珠利砜、妥曲珠利亚砜残留量的测定方法

1. 范围

本规程规定了动物源性食品中地克珠利、妥曲珠利、妥曲珠利砜、妥曲珠利亚砜残留量测定方法。

2. 仪器和设备

液相色谱 - 串联质谱仪：配有电喷雾离子源；分析天平：感量 0.1mg 和 0.01g 各一台，梅特勒；离心机：Eppendorf 5810R；氮气浓缩装置：EVAP1100。

3. 试剂与溶液

3.1 试剂

3.1.1 乙腈　色谱级。

3.1.2 甲醇　色谱级。

3.1.3 正己烷　色谱级。

3.1.4 甲酸　优级纯。

3.1.5 水　符合 GB/T 6682 规定的一级水。

3.2 溶液

3.2.1 0.1% 甲酸溶液

移取 1.0mL 甲酸（3.1.4）于 1 000mL 容量瓶中，用水稀释并定容至刻度，混匀。

3.3 标准物质和标准溶液

3.3.1 标准物质

地克珠利（Dr.Ehrenstorfer）、妥曲珠利（Dr.Ehrenstorfer）、妥曲珠利砜（Dr. Ehrenstorfer）、妥曲珠利亚砜（Dr.Ehrenstorfer）

3.3.2 标准储备液（1 000μg/mL）

分别准确称取地克珠利、妥曲珠利、妥曲珠利砜、妥曲珠利亚砜 0.01g 于 4 个 100mL 容量瓶中，用适量甲醇溶解，并用甲醇定容至刻度，混匀。

3.3.3 标准中间液（10μg/mL）

分别移取目标化合物标准储备液（3.3.2）1.0mL 于 4 个 100mL 容量瓶中，并用甲醇稀释至刻度，混匀，配置 1.0μg/mL 的标准中间液。

4. 测定步骤

4.1 试样制备

称取样品 2g（精确至 0.01g），加入 2g 氯化钠，充分混匀，加入 4mL 正己烷，充分混匀 10min，待分层后移取上层到 10mL 的玻璃管中，再重复提取一次，把全部上清液氮吹，吹干后，用 2mL 乙腈溶解，然后依次加 C_{18}、PSA、NH_2 粉各 100mg，混匀取上清过膜上机。进行 HPLC-MS/MS 测定分析。

4.2 仪器参数与测定

4.2.1 液相色谱条件

色谱柱：C_{18}，3.0μm，2.1mm × 100mm；柱温：40℃；流动相：A 相甲酸水（含 0.1% 甲酸），B 相甲醇梯度洗脱见表 4-13；流速：0.3mL/min；进样量：20μL。

表 4-13　A 相甲酸水（含 0.1% 甲酸），B 相甲醇梯度洗脱

时间（min）	A（%）	B（%）
0.00	20	80
2.00	10	90
4.00	5	95
6.00	5	95
7.0	20	80
10.0	20	80

4.2.2 质谱条件

离子源：电喷雾离子源；扫描方式：负离子扫描；检测方式：多重反应监测；GAS Temp：320℃；GAS Flow：8L/min；Nebulizer：30psi；选择离子监测：母离子、子离子、碎裂电压和碰撞能量，见表 4-14。

表 4-14　母离子、子离子、碎裂电压和碰撞能量

化合物名称	母离子（*m/z*）	子离子（*m/z*）	碎裂电压（V）	碰撞能量（V）
地克珠利	404.9	335 333.8	110 110	15 15
妥曲珠利	423.9	423.9	130	0
妥曲珠利砜	455.9	455.9	100	0
妥曲珠利亚砜	439.9	370.9	100	0

5. 测定

5.1 定性测定

通过样品溶液色谱图的保留时间、各色谱峰特征离子与相应标准溶液的保留时间、各色谱峰的特征离子相对照定性。样品溶液与浓度相当的标准溶液保留时间的偏差在 ±2.5%；样品溶液中特征离子相对离子丰度比与浓度相当的标准溶液的相对离子丰度比相对偏差不超过“定性确证时相对离子丰度的最大允许偏差”的规定，则可判定样品中存在目标物质。

5.2 定量测定

取样品溶液和标准溶液各 10μL 注入液相色谱 - 串联质谱仪，在上述色谱 - 质谱条件下进行测定，记录特征离子质量色谱图，内标法定量。

6. 试验数据处理

采用外标法定量，用色谱数据处理软件或按式（4-6）计算样品中待测物残留量。计算结果需扣除空白值。

$$X=\frac{A\times C\times V}{A_s\times m}\times f \quad (4\text{-}6)$$

式中：

X——试样中样品的含量，单位为微克每千克（μg/kg）；

A——样液中目标物质的峰面积；

C——标准溶液中目标物质的浓度，单位为微克每毫升（μg/mL）；

V——样液最终定容体积，单位为毫升（mL）；

A_s——标准溶液中目标物质的峰面积；

m——试样的质量，单位为克（g）；

f——稀释倍数。

7. 检测限

地克珠利、妥曲珠利、妥曲珠利砜、妥曲珠利亚砜：20μg/kg。

8. 空白试验

除不称取样品外，均按上述测定条件和步骤进行。

9. 回收率

样品添加浓度范围在 20 ~ 40μg/kg 时，回收率为 80% ~ 110%，相对标准偏差小于 10%。

第 7 节
甾体激素类药物残留量的测定方法

1. 安全提示

前处理及上机过程中用到的有机试剂，应注意防护，避免接触到皮肤或吸入，如果接触到皮肤应用大量清水冲洗，前处理过程应戴防护口罩。

2. 方法提要

本标准操作程序是本实验室参照有关文献的样品前处理方法及测定方法，按《残留检测质量控制指南》的有关要求，进行周密验证后，将某些关键步骤进行细化。

本规程适用于动物源性食品中甾体激素类药物残留量的测定。

3. 原理

样品经乙腈提取、浓缩后，用定容液溶解，经正己烷除脂后，用液相色谱 - 串联质谱仪测定，外标法定量。

4. 检测限、定量限、线性范围、回收率范围和精密度

甾体激素类药物检测限为 5.0μg/kg。添加水平为 5.0μg/kg、10.0μg/kg、50.0μg/kg，回收率为 69.1% ~ 95%，相对标准偏差（RSD）小于 10%。

5. 仪器和设备

液相色谱 - 串联质谱仪：Agilent 1200-6430；分析天平：感量 0.1mg 和 0.01g 各一台，梅特勒；离心机：5810 型，Eppendorf 公司；均质器：T25 型，18G 刀，IKA 公司；氮吹仪：N-EVAPTM，Organomation Associates，Jnc.；涡流混匀器：IKA MS basic；移液枪：1 000μL、5 000μL，Eppendorf 公司；具塞塑料离心管：2mL、100mL；微量注射器：10μL；具塞玻璃离心管：15mL。

6. 试剂与溶液

除另有说明外，所用试剂均为分析纯，水为 GB/T 6682 规定的一级水。

6.1 试剂

6.1.1 乙腈　高纯，FISHER。

6.1.2 乙酸乙酯　色谱纯，FISHER。

6.1.3 甲酸　优级纯，TEDIA。

6.1.4 正己烷　色谱纯，FISHER。

6.2 标准物质和准溶液配

6.2.1 标准物质

醋酸甲地孕酮、醋酸氯地孕酮、醋酸美伦孕酮、雌三醇、雌二醇、炔雌醇、己烯雌酚、己烷雌酚、双烯雌酚、地塞米松、睾酮、孕酮、曲安西龙、泼尼松龙、氢化可的松、泼尼松、可的松、甲基泼尼松、倍他米松、氟米松、倍氯米松、曲安奈德、氟氢缩松、倍他米松戊酸酯、布地奈德、氯倍他索丙酸酯、氟替卡松丙酸酯、阿氯米松双丙酸酯、安西奈德、氟轻松、氟米龙、哈西奈德、泼尼卡酯、地夫可特、二氟拉松双醋酸酯、氟氢可的松醋酸酯、甲基泼尼松龙醋酸酯、莫米他松糠酸酯、倍他米松双丙酸酯、氯倍他松丁酸酯、倍氯米松双丙酸酯、表睾酮、17α - 雌二醇、特戊酸氟米松、诺龙标准物质来源于 DR. 公司，纯度 ≥95%。

6.2.2 标准储备液（100μg/mL）

准确称取适量标准物质，用甲醇溶解定容，配成 100μg/mL 的标准储备液。

（在 -18℃条件下保存，可使用 6 个月。）

6.2.3 标准储备溶液（1.0μg/mL）

准确称取适量标准物质，用甲醇溶解定容，配成 1.0μg/mL 的标准储备液。（在 -18℃条件下保存，可使用 6 个月。）

6.2.4 基质混合标准工作溶液

根据灵敏度和使用需要，用空白样品提取液配成不同浓度（μg/L）的基质混合标准工作溶液。（在 4℃条件下保存，可使用 1 周。）

7. 实验方法

7.1 试样制备

从所取原始样品中取出部分有代表性样品，经高速组织捣碎机捣碎均匀，充分混匀。用四分法缩分出不少于 200g 试样。装入清洁容器内，加封后，标明标记，放入待测样品冰箱内。

7.2 分析步骤

7.2.1 提取步骤

准确称取 5g（精确至 0.001g）样品，放入 100mL 离心管中，加入 2g 氯化钠、2g 无水硫酸镁，加入 20mL 乙腈，均质提取，在 4℃以 10 000r/min 离心 10min，上清液备用。

7.2.2 净化步骤

取上清液 10mL 入 15mL 玻璃离心管中，50℃以下氮气吹干，加入 1mL 初始流动相溶解，加入 5mL 正己烷，涡混静置后，取下层入 2mL 离心管，10 000r/min 离心 10min，取下层过 0.2μm 滤膜，样液供液相色谱 - 串联质谱仪测定。

7.2.3 仪器参数与测定条件

7.2.3.1 液相色谱质谱测定条件

色谱柱：ZORBAX Eclipse Plus C_{18}，1.8μm，3.0mm × 100mm；柱温：40℃；流动相：液相色谱梯度洗脱条件见表 4-15、表 4-16；进样量：10μL。

表 4-15　正离子模式

时间（min）	流速（μL/min）	0.1%甲酸水（%）	乙腈（%）
0.00	300	90	10

续表

时间（min）	流速（μL/min）	0.1%甲酸水（%）	乙腈（%）
5.00	300	30	70
8.00	300	10	90
12.10	300	90	10
15.00	300	90	10

表 4-16　负离子模式

时间（min）	流速（μL/min）	0.1%氨水（%）	甲醇（%）
0.00	300	70	30
2.00	300	30	70
3.00	300	10	90
7.00	300	10	90
7.10	300	70	30
10.00	300	70	30

7.2.3.2 质谱条件

离子源：电喷雾离子源；扫描方式：正 / 负离子扫描；检测方式：多重反应监测；GAS Temp：350℃；GAS Flow：10L/min；Nebulizer：40psi；选择离子监测：母离子、子离子、碎裂电压和碰撞能量见表 4-17。

表4-17　母离子、子离子、碎裂电压和碰撞能量

化合物名称	母离子（*m/z*）	子离子（*m/z*）	碎裂电压（V）	碰撞能量（V）	扫描模式
醋酸甲地孕酮	385.2	325.2	100	8	Positive
	385.2	267.2	100	12	Positive
醋酸氯地孕酮	405.2	309.2	108	12	Positive
	405.2	345.2	108	8	Positive
醋酸美伦孕酮	397.2	279.2	136	20	Positive
	397.2	337.3	136	8	Positive

续表

化合物名称	母离子（m/z）	子离子（m/z）	碎裂电压（V）	碰撞能量（V）	扫描模式
雌三醇	287.1	171	200	43	Negative
	287.1	145	200	50	Negative
雌二醇	271.1	183	200	45	Negative
	271.1	145	200	45	Negative
炔雌醇	295.2	269	140	35	Negative
	295.2	145	140	45	Negative
己烯雌酚	267.1	251	135	27	Negative
	267.1	237	135	30	Negative
己烷雌酚	269.1	133	130	15	Negative
	269.1	119	130	43	Negative
双烯雌酚/已二烯雌酚	265.1	249	140	25	Negative
	265.1	93	140	30	Negative
地塞米松	393.1	355	125	4	Positive
	393.1	146.8	125	25	Positive
睾酮/睾丸酮	289.2	109	140	23	Positive
	289.2	97	140	21	Positive
孕酮/黄体酮	315.2	109	140	25	Positive
	315.2	97	140	21	Positive
曲安西龙/氟羟泼尼松龙	395.2	225.1	140	14	Positive
	395.2	357.1	140	8	Positive
泼尼松龙/氢化泼尼松	361.2	146.9	110	20	Positive
	361.2	343.1	110	6	Positive
氢化可的松	363.2	121	130	24	Positive
	363.2	105.1	130	50	Positive
泼尼松龙	359.2	147	110	24	Positive
	359.2	341.1	110	6	Positive
可的松	361.2	163.1	150	20	Positive
	361.2	121	150	30	Positive
甲基泼尼松龙	375.2	357.1	110	6	Positive
	375.2	161.1	110	20	Positive

续表

化合物名称	母离子（m/z）	子离子（m/z）	碎裂电压（V）	碰撞能量（V）	扫描模式
倍他米松	393.2	355	130	4	Positive
	393.2	146.8	130	24	Positive
氟米松	411.2	253	120	10	Positive
	411.2	121.1	120	34	Positive
倍氯米松	409.2	391.1	110	6	Positive
	409.2	146.9	110	30	Positive
曲安奈德	435.2	338.9	110	10	Positive
	435.2	396.9	110	10	Positive
氟氢缩松	437.2	120.8	160	40	Positive
	437.2	180.9	160	30	Positive
倍他米松戊酸酯	477.3	354.9	110	4	Positive
	477.3	278.8	110	14	Positive
布地奈德/布地缩松	431.2	413.1	110	6	Positive
	431.2	146.9	110	30	Positive
氯倍他索丙酸酯	467.2	354.9	110	8	Positive
	467.2	372.9	110	6	Positive
氟替卡松丙酸酯	501.2	292.9	110	10	Positive
	501.2	312.9	110	8	Positive
阿氯米松双丙酸酯	521.2	301	130	10	Positive
	521.2	279	130	10	Positive
安西奈德	503.2	321	110	14	Positive
	503.2	338.9	110	10	Positive
氟轻松	453.2	121.1	150	40	Positive
	453.2	413.2	150	10	Positive
氟米龙	377.2	278.9	110	10	Positive
	377.2	320.9	110	8	Positive
哈西奈德	455.2	121	160	40	Positive
	455.2	104.9	160	48	Positive
泼尼卡酯	489.2	114.8	120	12	Positive
	489.2	380.9	120	6	Positive

续表

化合物名称	母离子（m/z）	子离子（m/z）	碎裂电压（V）	碰撞能量（V）	扫描模式
地夫可特	442.2	123.9	180	50	Positive
	442.2	141.9	180	36	Positive
二氟拉松双醋酸酯	495.2	316.8	120	8	Positive
	495.2	278.8	120	10	Positive
氟氢可的松醋酸酯/醋酸氟氢可的松	423.2	238.9	160	22	Positive
	423.2	120.9	160	36	Positive
甲基泼尼松龙醋酸酯/醋酸甲基泼尼松龙	417.2	399.2	110	6	Positive
	417.2	253.2	110	18	Positive
莫米他松糠酸酯	521.1	503	120	4	Positive
	521.1	263	120	24	Positive
倍他米松双丙酸酯	505.2	278.9	110	12	Positive
	505.2	318.9	110	10	Positive
氯倍他松丁酸酯	479.2	278.9	150	14	Positive
	479.2	342.8	150	12	Positive
倍氯米松双丙酸酯	521.2	319	115	10	Positive
	521.2	503	115	4	Positive
表睾酮	289.2	97	135	24	Positive
	289.2	109	135	22	Positive
17α-雌二醇	271.1	183	200	45	Negative
	271.1	145	200	45	Negative
特戊酸氟米松	495.3	57.1	150	20	Positive
	495.3	475.2	150	10	Positive
诺龙	275.2	239.1	140	13	Positive
	275.2	109	140	24	Positive

8. 测定

8.1 定性测定

通过样品溶液色谱图的保留时间、各色谱峰特征离子与相应标准溶液的保留时间、各色谱峰的特征离子相对照定性。样品溶液与浓度相当的标准溶液保留时间的

偏差在 ±2.5%；样品溶液中特征离子相对离子丰度比与浓度相当的标准溶液的相对离子丰度比相对偏差不超过相关规定，则可判定样品中存在甾体激素类物质。

8.2 定量测定

取样品溶液和标准溶液各 10μL 注入液相色谱 - 串联质谱仪，在上述色谱 - 质谱条件下进行测定，记录特征离子质量色谱图，外标法定量。

9. 试验数据处理

采用外标法定量，用色谱数据处理软件或按式（4-7）计算样品中待测物残留量。计算结果需扣除空白值。

$$X=\frac{A\times C\times V}{A_s\times m\times 1\,000} \quad (4\text{-}7)$$

式中：

X——试样中甾体激素类药物的含量，单位为微克每千克（μg/kg）；

A——试样中甾体激素类药物的峰面积；

C——从标准工作曲线得到的甾体激素类药物溶液浓度，单位为纳克每毫升（ng/mL）；

V——试样溶液总定容体积，单位为毫升（mL）；

A_s——标准工作溶液中甾体激素类药物的峰面积；

m——试样的取样量，单位为克（g）。

每个试样取两份进行平行测定，以两次平行测定结果的算术平均值为测定结果，结果保留三位有效数字。

第 8 节
动物源性食品中 50 种激素残留量的测定方法

1. 范围

本标准规定了动物源性食品中激素残留量的液相色谱 - 质谱 / 质谱测定方法。

本标准适用于猪肉、猪肝、鸡蛋、牛奶、牛肉、鸡肉和虾等动物源性食品中 50 种激素（见附表 A）残留的确证和定量测定。

2. 规范性引用文件

GB/T 6682《分析实验室用水规格和试验方法》。

3. 方法提要

试样中的目标化合物经均质，酶解，用甲醇 - 水溶液提取，经固相萃取富集净化，液相色谱 - 质谱 / 质谱仪测定，内标法定量。

4. 试剂、溶液与材料

除特殊注明外，所用试剂均为色谱纯，水为 GB/T 6682 规定的一级水。

4.1 甲醇

4.2 二氯甲烷

4.3 乙腈

4.4 甲酸

4.5 乙酸 分析纯。

4.6 乙酸钠（$NaAc \cdot 4H_2O$） 分析纯。

4.7 β - 葡萄糖醛酸酶 / 芳香基硫酸酯酶溶液（β -glucuronidase/arylsulfatase）

4.5U/mL β - 葡萄糖醛酸酶，14U/mL 芳香基硫酸酯酶。

4.8 乙酸 - 乙酸钠缓冲溶液（pH5.2）

称取 43.0g 乙酸钠（$NaAc \cdot 4H_2O$），加入 22mL 乙酸，用水溶解并定容到 1 000mL，用乙酸调节 pH 至 5.2。

4.9 甲醇 - 水溶液（1+1，体积比）

取 50mL 甲醇和 50mL 水混合。

4.10 二氯甲烷 - 甲醇溶液（7+3，体积比）

取 70mL 二氯甲烷和 30mL 甲醇混合。

4.11 0.02mol/L 醋酸铵缓冲溶液

溶解 1.54g 醋酸铵于 950mL 水中，用冰乙酸调节溶液 pH 至 5.2，最后用水稀释至 1L。

4.12 标准品

去甲雄烯二酮、群勃龙、勃地酮、氟甲睾酮、诺龙、雄烯二酮、睾酮、普拉雄酮、甲睾酮、异睾酮、表雄酮、康力龙、17 β - 羟基雄烷 -3- 酮、美睾酮、达那唑、美雄诺龙、羟甲雄烯二酮、美雄醇、雌二醇、雌三醇、雌酮、炔雌醇、己烷雌酚、己烯雌酚、已二烯雌酚、炔诺酮、21α-羟基孕酮、17α-羟基孕酮、左炔诺孕酮、甲羟孕酮、乙酸甲地孕酮、孕酮、甲羟孕酮乙酸酯、乙酸氯地孕酮、曲安西龙、醛固酮、泼尼松、可的松、氢化可的松、泼尼松龙、氟米松、地塞米松、乙酸氟氢可的松、甲基泼尼松龙、倍氯米松、曲安奈德、氟轻松、氟米龙、布地奈德、丙酸氯倍他索，纯度均大于97%。物质英文名称及CAS号见附表A。

4.13 同位素内标

炔诺孕酮-d_6、孕酮-d_9、甲地孕酮乙酸酯-d_3、甲羟孕酮-d_3、美仑孕酮-d_3、炔诺酮-$^{13}C_2$、氯睾酮乙酸酯-d_3、氯睾酮-d_3、16β-羟基司坦唑醇-d_3、甲睾酮-d_3、勃地酮-d_3、氢化可的松-d_3、睾酮-$^{13}C_2$、雌酮-d_2、雌二醇-$^{13}C_2$、已烯雌酚-d_6、已二烯雌酚-d_2、已烷雌酚-d_4。

4.14 标准储备液

分别准确称取10.0mg的标准品及内标于100mL容量瓶中，用甲醇溶解并定容至刻度制成100μg/mL标准储备液，-18℃以下保存，标准储备液在6个月内稳定。

4.15 混合内标工作液

用甲醇将各标准储备溶液配制成浓度为100μg/L的混合内标工作液。

4.16 混合标准工作液

根据需要，用甲醇-水溶液（4.9）将各标准储备溶液配制为适当浓度（0.5μg/L、1.0μg/L、2.0μg/L、5.0μg/L、10.0μg/L、20.0μg/L和40.0μg/L，其中炔诺酮、表雄酮、布地奈德、17β-羟基雄烷-3-酮、氟米龙、氟甲睾酮为其他化合物浓度的5倍），标准工作溶液中含各内标浓度为10μg/mL。

4.17 HLB固相萃取柱（500mg，6mL）或相当者，使用前依次用5mL甲醇、5mL水活化

5. 仪器

液相色谱-串联四极杆质谱仪：配有电喷雾离子源；电子天平：感量为0.000 1g和0.01g；组织匀浆机；涡旋混合器；恒温振荡器；超声清洗仪；离心机：10 000r/min；固相萃取装置；氮吹仪；pH计；移液器。

6. 试样制备

6.1 动物肌肉、肝脏、虾

从所取全部样品中取出有代表性样品约500g，剔除筋膜，虾去除头和壳。用组织捣碎机充分捣碎均匀，均分成两份，分别装入洁净容器中，密封，并标明标记，于-18℃以下冷冻存放。

6.2 牛奶

从所取全部样品中取出有代表性样品约500g，充分摇匀，均分成两份，分别装入洁净容器中，密封，并标明标记，于0 ~ 4℃以下冷藏存放。

6.3 鸡蛋

从所取全部样品中取出有代表性样品约500g，去壳后用组织捣碎机充分搅拌均匀，均分成两份，分别装入洁净容器中，密封，并标明标记，于0 ~ 4℃以下冷藏存放。

（注：制样操作过程中应防止样品被污染或其中的残留物发生变化。）

7. 分析步骤

7.1 提取

称取5g（精确至0.01g）试样于50mL具塞塑料离心管中，准确加入内标溶液（4.15）100μL和10mL乙酸-乙酸钠缓冲溶液（4.8），涡旋混匀，再加入β-葡萄糖醛酸酶/芳香基硫酸酯酶溶液100μL，于（37±1）℃振荡酶解12h取出冷却至室温，加入25mL乙酸乙酯涡混2.0min，0 ~ 4℃条件下10 000r/min离心10min。将上清液取出浓缩至干，加入5mL醋酸铵缓冲液待净化。

7.2 净化

待净化液（7.1）以2 ~ 3mL/min的速度上样HLB固相萃取柱（4.17），用6mL二氯甲烷-甲醇溶液（4.10）洗脱并收集洗脱液，取下ENVI-Carb小柱，再用5mL水和5mL甲醇-水溶液（4.9）一次洗涤，弃去流出液，负压抽干，用8mL甲醇洗脱，洗脱液在微弱的氮气流下吹干，用1mL甲醇-水溶液（4.9）溶解残渣，供仪器测定。

8. 测定

8.1 雄激素、孕激素、皮质醇激素测定

8.1.1 液相色谱条件

色谱柱：ACQUITY UPLC™ BEH C_{18}柱，2.1mm（内径）×100mm，1.7μm，或相当者；流动相A：0.1%甲酸水溶液（4.11）；流动相B：甲醇。流速：0.3mL/min。柱温：40℃；进样量：10μL。

8.1.2 雄激素、孕激素测定参考质谱条件

电离源：电喷雾正离子模式；毛细管电压：3.5kV；源温度：100℃；脱溶剂气温度：450℃；脱溶剂气流量：700L/h；碰撞室压力：0.31Pa（3.1×10^{-3}mbar）。

8.1.3 皮质醇激素测定参考质谱条件

电离源：电喷雾负离子模式；毛细管电压：3.0kV；源温度：100℃；脱溶剂气温度：450℃；脱溶剂气流量：700L/h；碰撞室压力：0.31Pa（3.1×10^{-3}mbar）。

8.2 雌激素测定

8.2.1 雌激素测定液相色谱条件

色谱柱：ACQUITY UPLC™ BEH C_{18} 柱，2.1mm（内径）× 100mm，1.7μm，或相当者；流动相 A：水；流动相 B，乙腈；流速：0.3mL/min；柱温：40℃；进样量：10μL。

8.2.2 雌激素测定质谱条件

电离源：电喷雾负离子模式；毛细管电压：3.0kV；源温度：100℃；脱溶剂气温度：450℃；脱溶剂气流量：700L/h；碰撞室压力：0.31Pa（3.1×10^{-3} mbar）。

液相色谱条件见附表 B，质谱参数见附表 C。

9. 定性

各测定目标化合物的定性以保留时间和与两对离子（特征离子对 / 定量离子对）所对应的 LC-MS/MS 色谱峰相对丰度进行。要求被测试样中目标化合物的保留时间与标准溶液中目标化合物的保留时间一致，同时被测试样中目标化合物的两对离子对应的 LC-MS/MS 色谱峰丰度比与标准溶液中目标化合物的色谱峰丰度比一致，允许的偏差见表 4-18。

表 4-18　定性确证时相对离子丰度的最大允许偏差

相对离子丰度	>50%	>20%至50%	>10%至20%	≤10%
允许的相对偏差	± 20%	± 25%	± 30%	± 50%

10. 定量

本标准采用内标法定量。各物质对应内标见附表 A。

每次测定前配制标准系列，按浓度由小到大的顺序，依次上机测定，得到目标物浓度与峰面积比的工作曲线。

11. 计算

采用内标法定量，用色谱数据处理软件或按式（4-8）计算样品中待测物残留量。计算结果需扣除空白值。

$$X = \frac{C \times V}{m} \quad \cdots\cdots\cdots\cdots (4\text{-}8)$$

式中：

X——试样中检测目标化合物残留量，单位为微克每千克（μg/kg）；

C——从标准工作曲线得到的上机试样溶液中目标化合物浓度，单位为纳克每毫升（ng/mL）；

V——试样溶液总定容体积，单位为毫升（mL）；

m——试样的取样量，单位为克（g）。

每个试样取两份进行平行测定，以两次平行测定结果的算术平均值为测定结果，结果保留三位有效数字。

12. 定量限和回收率

按能够准确确认的目标化合物浓度来估计各目标化合物在不同样品基质的检出限，样品基质、取样量、进样量、色谱分离状况、电噪声水平以及仪器灵敏度均可能对样品检出限造成影响，因此噪声水平应从实际样品谱图中获取。当某目标化合物的结果报告未检出时应同时报告样品检出限。

附表A：50种激素物质的英文名称、CAS号及对应的内标物质

表A 50种激素物质的英文名称、CAS号及对应的内标物质

化合物	英文名	CAS号	内标物质
去甲雄烯二酮	19-nor-4-androstene-3，17-dione	734-32-7	勃地酮-d_3
群勃龙	trenbolone	10161-33-8	勃地酮-d_3
勃地酮	boldenone	846-48-0	勃地酮-d_3
氟甲睾酮	fluoxymesterone	76-43-7	勃地酮-d_3
诺龙	nandrolone	434-22-0	勃地酮-d_3
雄烯二酮	4-androstene-3-17-dione	734-32-7	睾酮-$^{13}C_2$
美雄酮	methandrostenolone	72-63-9	睾酮-$^{13}C_2$
睾酮	testosterone	58-22-0	睾酮-$^{13}C_2$
普拉雄酮	dehydroepiandrosterone	53-43-0	睾酮-$^{13}C_2$
甲睾酮	methyltestosterone	5858-18-4	甲睾酮-d_3
异睾酮	testostrone	—	甲睾酮-d_3

续表

化合物	英文名	CAS号	内标物质
美雄醇	methylandrostenediol	521-10-8	甲睾酮-d_3
表雄酮	epiandrosterone	481-29-8	甲睾酮-d_3
康力龙	stanozolol	10418-03-8	16β-羟基司坦唑醇-d_3
17β-羟基雄烷-3-酮	5α-androstan-17β-ol-3-one	521-18-6	氯睾酮-d_3
美睾酮	mesterolone	1424-00-6	氯睾酮-d_3
达那唑	danazol	17230-88-5	氯睾酮乙酸酯-d_3
美雄诺龙	mestanolone	521-11-9	氯睾酮乙酸酯-d_3
炔诺酮	19-norethindrone	68-22-4	炔诺酮$^{13}C_2$
21α-羟基孕酮	21α-hydroxyprogesterone	64-85-7	美仑孕酮-d_3
17α-羟基孕酮	17α-hydroxyprogesterone	68-96-2	美仑孕酮-d_3
甲基炔酮	D-（-）-norgestrel	797-63-7	炔诺孕酮-d_6
甲羟孕酮	medroxyprogesterone	520-85-4	甲羟孕酮-d_3
乙酸甲地孕酮	megestrol acetate	595-33-5	甲地孕酮乙酸酯-d_3
乙酸氯地孕酮	chlormadinone acetate	302-22-7	甲地孕酮乙酸酯-d_3
孕酮	progesterone	57-83-0	孕酮- d_9
甲羟孕酮乙酸酯	medroxyprogesterone	71-58-9	甲地孕酮乙酸酯-d_3
曲安西龙	triamcinolone	124-94-7	氢化可的松-d_3
醛固酮	aldosterone	52-39-1	氢化可的松-d_3
泼尼松	prednisone	53-03-2	氢化可的松-d_3
可的松	cortisone	53-06-5	氢化可的松-d_3
氢化可的松	cortisol	50-23-7	氢化可的松-d_3
泼尼松龙	prednisolone	50-24-8	氢化可的松-d_3
氟米松	flumethasone	2135-17-3	氢化可的松-d_3
地塞米松	dexanethasone	50-02-2	氢化可的松-d_3
乙酸氟氢可的松	fludro cortisone acetate	514-36-3	氢化可的松-d_3
甲基泼尼松龙	methylprednisolone	83-43-2	氢化可的松-d_3
倍氯米松	beclomethasone	4419-39-0	氢化可的松-d_3
曲安奈德	triamcinolone acetonide	76-25-5	氢化可的松-d_3
氟轻松	fluocinolone acetonide	67-73-2	氢化可的松-d_3
氟米龙	fluormethoIone	426-13-1	氢化可的松-d_3

续表

化合物	英文名	CAS号	内标物质
布地奈德	budesonide	51333-22-3	氢化可的松-d_3
丙酸氯倍他索	clobetasol propionate	25122-46-7	氢化可的松-d_3
雌三醇	estradiol	50-27-1	雌二醇-$^{13}C_2$
雌二醇	estriol	50-28-2	雌二醇-$^{13}C_2$
炔雌醇	ethinylestradiol	57-63-6	雌酮-d_2
雌酮	estrone	53-16-7	雌酮-d_2
己烯雌酚	diethylstilbestrol	6898-97-1	己烯雌酚-d_6
己烷雌酚	hexestrol	84-16-2	己二烯雌酚-d_2
己二烯雌酚	dienestrol	84-17-3	己烷雌酚-d_4

附表B：参考液相色谱条件

表 B.1 雄激素、孕激素、皮质醇激素参考液相色谱条件

时间（min）	A：0.1%甲酸水（%）	B：甲醇（%）
0	50	50
8	36	64
11	16	84
12.5	0	100
14.5	0	100
15	50	50
17	50	50

表 B.2 雌激素参考液相色谱条件

时间（min）	A：水	B：乙腈
0	65	35
4	50	50
4.5	0	100
5.5	0	100
5.6	65	35
9	65	35

附表C：参考质谱条件

表 C.1 雄激素参考质谱条件

化合物	母离子（*m/z*）	子离子（*m/z*）	碎裂电压（V）	碰撞能量（eV）
去甲雄烯二酮	273.4	108.9* 197.3	42	25 18
群勃龙	271.4	253.3* 199.3	33	18 24
勃地酮	287.6	121.0* 135	22	22 15
氟甲睾酮	337. 7	241.0* 131	33	22 30
诺龙	275.6	109.1* 257.4	35	26 15
雄烯二酮	287.6	96.9* 108.9	25	20 23
美雄酮	301	149.0* 121	22	15 26
睾酮	289.4	97. 1* 109.1	38	22 20
普拉雄酮	289.5	271. 0* 253. 1	13	10 10
甲睾酮	303. 5	109.1* 97.1	20	27 25
异睾酮	289.3	187. 0* 205. 1	30	18 15
美雄醇	287.4	269.1* 159. 1	16	11 21
表雄酮	291.4	273.5* 255.2	15	16 8
康力龙	329.5	81. 1* 91.1	60	42 40
17β-羟基雄烷-3-酮	291.5	159. 1* 255.1	25	20 15
美睾酮	305.7	269. 3* 173.1	35	16 20
达那唑	338.7	120.0* 148	33	29 25
美雄诺龙	305.6	269.0* 229.2	33	16 19
氯睾酮乙酸酯-d_3	368.4	143*	35	24
氯睾酮-d_3	326.3	142.8*	35	23
16β-羟基司坦唑醇-d_3	348.4	81*	52	30
甲睾酮-d_3	306.4	109*	24	26
勃地酮-d_3	290.1	123*	22	22
睾酮-$^{13}C_2$	291.4	111.2*	38	22

注：* 表示定量离子。

表 C.2 孕激素参考质谱条件

化合物	母离子（*m/z*）	子离子（*m/z*）	碎裂电压（V）	碰撞能量（eV）
炔诺酮	299.3	109.1* 231.4	35	27 17
21α-羟基孕酮	331.5	96.91* 108.9	35	21 21
17α-羟基孕酮	331.5	96.9* 108.9	35	22 22
甲基炔诺酮	313.4	108.9* 245.4	38	26 20
甲羟孕酮	345.5	123.0* 97	35	24 24
乙酸甲地孕酮	385.5	267.3* 325.6	30	16 16
乙酸氯地孕酮	405.4	345.6* 309.6	28	12 16
孕酮	315.5	97.0* 297.5	35	20 35
甲羟孕酮乙酸酯	387.5	327.3* 285.4	30	16 16
炔诺孕酮-d_6	319.4	251.4*	35	21
孕酮-d_9	324.6	100*	35	20
甲地孕酮乙酸酯-d_3	388.4	270.7*	30	18
甲羟孕酮-d_3	348. 5	126.1*	35	24
美仑孕酮-d_3	358. 5	282.1*	36	23
炔诺酮-$^{13}C_2$	301.5	231.5*	35	25

注：* 表示定量离子。

表 C.3 皮质醇激素参考质谱条件

化合物	母离子（*m/z*）	子离子（*m/z*）	碎裂电压（V）	碰撞能量（eV）
曲安西龙	439.3	363.0* 329.9	25	14 10
醛固酮	405.3	359.3* 331.4	26	10 22
泼尼松	403.7	327.5* 357.2	18	14 9
可的松	405.6	329.5* 359.4	19	16 16
氢化可的松	407.5	331.5* 361.7	25	16 13
泼尼松龙	405. 4	329.5* 359.4	26	26 16

续表

化合物	母离子（m/z）	子离子（m/z）	碎裂电压（V）	碰撞能量（eV）
氟米松	455.4	379.7* 409.2	22	18 12
地塞米松	437.4	361.5* 391.3	30	16 12
乙酸氟氢可的松	467.4	421.2* 349	20	12 24
甲基泼尼松龙	419.7	313.6* 373.3	20	19 12
倍氯米松	453. 3	377.3* 407.3	20	15 12
曲安奈德	479.4	413.3* 337.6	25	25 19
氟轻松	497.4	431.5* 355.4	25	20 20
氟米龙	421.4	355.4* 254.6	20	16 25
布地奈德	475. 1	357.3* 339.3	22	14 18
丙酸氯倍他索	511.4	465.4* 429.4	25	13 18
氢化可的松-d_3	410.5	334.5*	25	16

注：* 表示定量离子。

表 C.4 雌激素参考质谱条件

化合物	母离子（m/z）	子离子（m/z）	碎裂电压（V）	碰撞能量（eV）
雌三醇	287.3	145.2* 171.1	56	44 47
雌二醇	271.4	183.1* 145.2	45	40 45
炔雌醇	295.4	145.2* 159.2	45	41 35
雌酮	269.4	145.2* 159.2	49	41 41
己烯雌酚	267.3	251.3* 237.3	43	25 28
己烷雌酚	269.5	133.9* 119.1	30	16 40
己二烯雌酚	265.2	92.9* 171.2	40	25 25
雌酮	271.4	147.2*	49	41
雌二醇-$^{13}C_2$	273.2	147.1*	45	40
己烯雌酚-d_6	273. 3	136*	30	25

续表

化合物	母离子（*m/z*）	子离子（*m/z*）	碎裂电压（V）	碰撞能量（eV）
己二烯雌酚-d_2	267.3	92.8*	43	25
己烷雌酚-d_4	273.3	136.1*	30	20

注：* 表示定量离子。

第 9 节
抗病毒类药物残留量的测定方法

1. 安全提示

前处理及上机过程中用到的有机试剂，应注意防护，避免接触到皮肤或吸入，如果接触到皮肤应用大量清水冲洗，前处理过程应戴防护口罩。

2. 方法提要

本标准操作程序是本实验室参照有关文献的样品前处理方法及测定方法，按《残留检测质量控制指南》的有关要求，进行周密验证后，将某些关键步骤进行细化。

本规程适用于动物源性食品中抗病毒类药物残留量的测定。

3. 原理

试样经甲醇 -1% 三氯乙酸提取，离心过滤后，过阳离子固相萃取柱净化，目标物经 5% 氨水 - 甲醇 - 异丙醇（5+70+25）洗脱，氮气吹干洗脱液，残渣用流动相溶液溶解，样液供液相色谱 - 串联质谱仪测定，内标法定量。

4. 检测限、定量限、线性范围、回收率范围和精密度

液质检测方法抗病毒类药物检测限为 1.0μg/kg。添加水平为 1.0μg/kg、2.0 μg/kg、5.0μg/kg，回收率为 70% ~ 110%，相对标准偏差（RSD）小于 10%。

5. 仪器和设备

液相色谱 - 串联质谱仪：Agilent 1200-6430；分析天平：感量 0.1mg 和 0.01g 各一台，梅特勒；离心机：5810 型，Eppendorf 公司；均质器：T25 型，18G 刀，IKA 公司；氮吹仪：N-EVAPTM，Organomation Associates，Jnc.；涡流混匀器：IKA MS basic；移液枪：1 000μL、5 000μL，Eppendorf 公司；具塞塑料离心管：50mL、100mL；微量注射器：10μL；具塞玻

璃离心管：5mL；固相萃取柱：Oasis MCX 固相萃取柱或相当者（3mL，60mg）。

6. 试剂与溶液

除另有说明外，所用试剂均为分析纯，水为 GB/T 6682 规定的一级水。

6.1 试剂

6.1.1 乙腈　高纯，FISHER。

6.1.2 甲醇　高纯，FISHER。

6.1.3 甲酸　优级纯，TEDIA。

6.1.4 异丙醇　色谱纯，FISHER。

6.1.5 氨水　分析纯，天津科密欧。

6.2 溶液

6.2.1 甲醇 -1% 三氯乙酸（50+50，*V*+*V*）

6.2.2 5% 氨水 - 甲醇 - 异丙醇（5+70+25，*V*+*V*）

6.2.3 2% 的甲酸水（2+98，*V*+*V*）

6.3 标准溶液配制

6.3.1 标准物质

金刚烷胺、金刚乙胺、美金刚、阿昔洛韦、咪喹莫特、吗啉胍、奥司他韦标准物质来源于 DR. 公司，纯度 ≥99%。金刚烷胺 -D15 标准物质来源于 DR. 公司。

6.3.2 标准储备液（100mg/mL）

准确称取适量标准物质，用甲醇溶解定容，配成 100mg/mL 的标准储备液。（在 -18℃条件下保存，可使用 6 个月。）

7. 实验方法

7.1 试样制备

从所取原始样品中取出部分有代表性样品，经高速组织捣碎机捣碎均匀，充分混匀。用四分法缩分出不少于 200g 试样。装入清洁容器内，加封后，标明标记，放入待测样品冰箱内。

7.2 分析步骤

7.2.1 提取步骤

称取 5g（精确至 0.01g）试样，放入 50mL 离心管中，加入 15mL 甲醇 -1% 三氯乙酸（6.2.1）溶液，混匀后，超声 30min，在 4℃条件下以 10 000r/min 离心

10min，上清液过滤备用。

7.2.2 净化步骤

7.2.2.1 阳离子固相萃取柱先用 3mL 甲醇、3mL 水活化，将滤液（7.2.1）移入阳离子固相萃取中，待样液全部流出后，用 3mL 2% 的甲酸水（6.2.3）、3mL 甲醇淋洗固相萃取柱，真空抽干。

7.2.2.2 用 5mL 氨水 - 甲醇 - 异丙醇（6.2.2）将金刚烷胺洗脱至管内，在 45℃用氮气浓缩仪吹干。准确加入 1mL 流动相溶解残渣，过 0.2μm 滤膜，供液相色谱 - 串联质谱仪测定。

7.2.3 仪器参数与测定条件

液相色谱质谱测定

7.2.3.1 色谱测定条件

色谱柱：ZORBAX Eclipse Plus C_{18}，1.8μm，3.0mm × 100mm；柱温：40℃；流动相：液相色谱梯度洗脱条件见表 4-19；进样量：10μL。

表 4-19　液相色谱梯度洗脱条件

时间（min）	流速（μL/min）	10mmol/L甲酸水（%）	乙腈（%）
0.00	400	90	10
2.00	400	60	40
5.00	400	20	80
5.01	400	90	10
7.50	400	90	10

7.2.3.2 质谱条件

离子源：电喷雾离子源；扫描方式：正离子扫描；检测方式：多重反应监测；GAS Temp：350℃；GAS Flow：10L/min；Nebulizer：40psi；选择离子监测：8 种抗病毒类药物母离子、子离子、碎裂电压和碰撞能量见表（4-20）。

表 4-20　8 种抗病毒类药物母离子、子离子、碎裂电压和碰撞能量

化合物名称	母离子（*m/z*）	子离子（*m/z*）	碎裂电压（V）	碰撞能量（eV）
金刚烷胺	152.1	135.1	110	18
		93.1		13

续表

化合物名称	母离子（m/z）	子离子（m/z）	碎裂电压（V）	碰撞能量（eV）
金刚乙胺	180	163.2	100	15
		121.2		10
美金刚	180.1	163.1	90	15
		107.1		10
阿昔洛韦	226.1	152.1	110	15
		135.0		12
咪喹莫特	241.9	185.3	100	36
		168.2		50
吗啉胍	313.2	166.0	100	15
		225.1		11
奥司他韦	171.9	130.1	100	30
		113.1		20
金刚烷胺-D15	158.1	141.1	110	23

7.2.4 定性测定

通过样品溶液色谱图的保留时间、各色谱峰特征离子与相应标准溶液的保留时间、各色谱峰的特征离子相对照定性。样品溶液与浓度相当的标准溶液保留时间的偏差在 ±2.5%；样品溶液中特征离子相对离子丰度比与浓度相当的标准溶液的相对离子丰度比相对偏差不超过表 4-21 的规定，则可判定样品中存在抗病毒类药物。

表 4-21 定性确证时相对离子丰度的最大允许偏差

相对离子丰度	＞50%	＞20%至50%	＞10至20%	≤10%
允许的相对偏差	±20%	±25%	±30%	±50%

7.2.5 定量方法

取样品溶液和标准溶液各 10μL 注入液相色谱 - 串联质谱仪，在上述色谱 - 质谱条件下进行测定，记录特征离子质量色谱图，内标法定量。

8. 结果计算

采用内标法定量，用色谱数据处理软件或按式（4-9）计算样品中待测物残留量。

计算结果需扣除空白值。

$$X=\frac{C\times C_{i}\times A\times A_{si}\times V}{C_{si}\times A_{i}\times A_{s}\times W}\cdots\cdots(4\text{-}9)$$

式中：

X——样品中待测组分残留量，单位为微克每千克（μg/kg）；

C——标准工作溶液的浓度，单位为微克每升（μg/L）；

C_{si}——标准工作溶液中内标物的浓度，单位为微克每升（μg/L）；

C_{i}——样液中内标物的浓度，单位为微克每升（μg/L）；

A——样液中待测组分的峰面积；

A_{s}——标准工作溶液的峰面积；

A_{si}——标准工作溶液中内标物的峰面积；

A_{i}——样液中内标物的峰面积；

V——样品定容体积，单位为毫升（mL）；

W——样品称样量，单位为克（g）。

每个试样取两份进行平行测定，以两次平行测定结果的算术平均值为测定结果，结果保留三位有效数字。

第10节
卡巴氧和喹乙醇及代谢物残留量的测定方法

1. 安全提示

前处理及上机过程中用到的乙酸乙酯、甲醇等有机试剂，应注意防护，避免接触到皮肤或吸入，如果接触到皮肤应用大量清水冲洗，前处理过程应戴防护口罩。

2. 方法提要

本标准操作程序是本实验室参照有关文献的样品前处理方法及测定方法，按有关要求，进行周密验证后，将某些关键步骤进行细化。

本规程适用于牛、猪的肝脏和肌肉中卡巴氧和喹乙醇及代谢物残留量的测定。

3. 原理

用甲酸溶液消化试样，使组织中天然存在的酶失活，然后加入蛋白酶水解，盐酸酸化，离心过滤后，过 Oasis MAX 固相萃取柱或相当者净化。先用二氯甲烷洗脱脱氧卡巴氧，再用 2% 甲酸乙酸乙酯溶液洗脱喹噁啉 -2- 羧酸和 3- 甲基喹噁啉 -2- 羧酸，氮气吹干洗脱液，残渣用流动相溶液溶解，样液供液相色谱 - 串联质谱仪测定，内标法定量。

4. 检测限、定量限、线性范围、回收率范围和精密度

液质检测方法脱氧卡巴氧、喹噁啉 -2- 羧酸和 3- 甲基喹噁啉 -2- 羧酸的检测限为 1.0μg/kg。添加水平为 1.0μg/kg、5.0μg/kg、10.0μg/kg，回收率为 76% ~ 106%，相对标准偏差（RSD）小于 15%。

5. 仪器和设备

液相色谱 - 串联质谱仪：Agilent 1200-6430；分析天平：感量 0.1mg 和 0.01g 各一台，梅特勒；离心机：5810 型，Eppendorf 公司；均质器：T25 型，18G 刀，IKA 公司；水浴恒温振荡器:SHA-CA,荣华公司;振荡器:MMV-1000W,ETELA 公司;氮吹仪:N-EVAPTM，Organomation Associates，Jnc.；涡流混匀器：IKA MS basic；移液枪：1 000μL、5 000μL，Eppendorf 公司；具塞塑料离心管：50mL、100mL；微量注射器：10μL；具塞玻璃离心管：5mL；固相萃取柱：Oasis MAX 固相萃取柱或相当者（3mL，60mg）。

6. 试剂与溶液

除另有说明外，所用试剂均为分析纯，水为 GB/T 6682 规定的一级水。

6.1 试剂

6.1.1 乙腈　高纯，FISHER。

6.1.2 甲醇　高纯，FISHER。

6.1.3 甲酸　优级纯，TEDIA。

6.1.4 正己烷　色谱纯，天津科密欧。

6.1.5 乙酸乙酯　高纯，FISHER。

6.1.6 乙酸　优级纯，天津科密欧。

6.1.7 浓盐酸　分析纯，天津科密欧。

6.1.8 氨水　分析纯，天津科密欧。

6.1.9 乙酸钠

6.1.10 二甲基甲酰胺

6.1.11 中性氧化铝 200 ~ 300 目。

6.2 溶液

6.2.1 乙腈 + 乙酸乙酯（1+1）

6.2.2 甲酸溶液（0.6%）

量取 6.0mL 甲酸，用水溶解，定容至 1L。

6.2.3 甲酸溶液（0.1%）

量取 1.0mL 甲酸，用水溶解，定容至 1L。

6.2.4 甲酸 + 甲醇溶液（19+1）

用 190mL 甲酸溶液（6.2.3）与 10mL 甲醇混合。

6.2.5 盐酸溶液（0.1mol/L）

量取 8.3mL 浓盐酸，用水溶解，定容至 1L。

6.2.6 盐酸溶液（0.3mol/L）

量取 25mL 浓盐酸，用水溶解，定容至 1L。

6.2.7 Protease 蛋白酶 Sigma P5147 或相当者，−18℃以下保存。

6.2.8 蛋白酶水溶液（0.01g/mL）

称取 1.00g Protease 蛋白酶用水溶解，定容至 100mL，4℃条件下保存。

6.2.9 乙酸溶液（10%）

量取 100mL 乙酸，用水溶解，定容至 1L。

6.2.10 乙酸钠溶液（0.05mol/L，pH 至 7）

称取 6.8g 乙酸钠用 800mL 水溶解，再滴加 10% 乙酸溶液以调节溶液 pH 至 7，用水定容至 1L。

6.2.11 乙酸钠 + 甲醇溶液（19+1）

用 190mL 乙酸钠溶液（6.2.10）与 10mL 甲醇混合。

6.2.12 甲醇 + 水溶液（1+4）

6.2.13 甲酸乙酸乙酯溶液（2%）

向 400mL 乙酸乙酯中加入 10mL 甲酸，用乙酸乙酯定容至 500mL。

6.2.14 Tris 碱 Sigma T1503 或相当者。

6.2.15 Tris 溶液（1.0mol/L）

称取 121gTris 碱，用水溶解，定容至 1L，4℃条件下保存。

6.2.16 阴离子交换柱 Oasis MAX 固相萃取柱或相当者（3mL，60mg）。

用前分别用 3mL 甲醇和 3mL 水活化，保持柱体湿润。

6.3 标准物质和标准溶液

6.3.1 标准物质

脱氧卡巴氧、喹噁啉 -2- 羧酸、3- 甲基喹噁啉 -2- 羧酸标准物质来源于 DR. 公司，喹噁啉 -2- 羧酸 -D4 标准物质来源于 Witega 公司，纯度 ≥99%。

6.3.2 标准储备液（100mg/mL）

准确称取适量标准物质，用甲醇溶解定容，配成 100mg/mL 的标准储备液。（在 -18℃条件下保存，可使用 1 年。）

6.3.3 基质混合标准工作溶液

根据灵敏度和使用需要，用空白样品提取液配成不同浓度（μg/L）的基质混合标准工作溶液。（在 4℃条件下保存，可使用一周。）

6.3.4 内标工作溶液

准确称取适量标准物质，用甲醇溶解定容，配成 100μg/L 的标准工作溶液。（在 4℃条件下保存，可使用一周。）

7. 实验方法

7.1 试样制备

从所取原始样品中取出部分有代表性样品，经高速组织捣碎机捣碎均匀，充分混匀。用四分法缩分出不少于 200g 试样。装入清洁容器内，加封后，标明标记，放入待测样品冰箱内。

7.2 分析步骤

7.2.1 提取步骤

称取 5g（精确至 0.01g），放入 50mL 离心管中，准确加入内标使用液和 15mL 0.6% 甲酸溶液，混匀后，置于（47 ± 3）℃振荡水浴中酶解 1h，先加入 3mL Tris 溶液（6.2.15）混匀，再加入 0.3mL 蛋白酶水溶液（6.2.8），充分混匀后，置于（47 ± 3）℃振荡水浴中酶解 16 ~ 18h。加入 20mL 0.3mol/L 盐酸溶液，振荡 5min，在 4℃以 10 000r/min 离心 10min，上清液过滤备用。

7.2.2 净化步骤

7.2.2.1 将滤液（7.2.1）移入 Oasis MAX 固相萃取柱中，待样液全部流出后，用 30mL 乙酸钠 - 甲醇溶液（6.2.11）淋洗固相萃取柱，真空抽干。

7.2.2.2 用 4 × 3mL 二氯甲烷将脱氧卡巴氧洗脱至管内，在 45℃用氮气浓缩仪吹干。

7.2.2.3 固相萃取柱再用 3 × 3mL 甲醇、3mL 水、3 × 3mL 0.1mol/L 盐酸溶液

（6.2.5）和 2×3mL 甲醇 - 水溶液（6.2.12）分别淋洗，真空抽干 15min，然后用 2mL 乙酸乙酯再淋洗固相萃取柱，弃去全部淋洗液，最后用 6mL 甲酸乙酸乙酯溶液（6.2.13）洗脱喹噁啉 -2- 羧酸和 3- 甲基喹噁啉 -2- 羧酸到（7.2.2.2）所用试管中，在 45℃条件下用氮气浓缩仪吹干。准确加入 1mL 流动相溶解残渣，过 0.2μm 滤膜，供液相色谱 - 串联质谱仪测定。

7.2.3 仪器参数与测定条件

液相色谱质谱测定

7.2.3.1 色谱测定条件

色谱柱：ZORBAX Eclipse Plus C_{18}，1.8μm，3.0mm×100mm；柱温：40℃；流动相：液相色谱梯度洗脱条件见表 4-22；进样量：20μL。

表 4-22 液相色谱梯度洗脱条件

时间（min）	流速（μL/min）	10mmol/L甲酸（%）	乙腈（%）
0.00	400	85	15
2.00	400	60	40
5.00	400	60	40
5.01	400	85	15
7.00	400	85	15

7.2.3.2 质谱条件

离子源：电喷雾离子源；扫描方式：正离子扫描；检测方式：多重反应监测；GAS Temp：320℃；GAS Flow：10L/min；Nebulizer：35psi；选择离子监测：母离子、子离子、碎裂电压和碰撞能量见表 4-23。

表 4-23 母离子、子离子、碎裂电压和碰撞能量

化合物名称	母离子（*m/z*）	子离子（*m/z*）	碎裂电压（V）	碰撞能量（V）
脱氧卡巴氧	230.9	142.9* 198.9	110 110	5 20
3-甲基喹噁啉-2-羧酸	189.1	145.1* 143.1	70 70	10 10
喹噁啉-2-羧酸	175.1	131.1* 129	70 70	15 10
内标	179	133	70	15

注：*表示定量离子。

7.2.4 定性标准

通过样品溶液色谱图的保留时间、各色谱峰特征离子与相应标准溶液的保留时间、各色谱峰的特征离子相对照定性。样品溶液与浓度相当的标准溶液保留时间的偏差在 ±2.5%；样品溶液中特征离子相对离子丰度比与浓度相当的标准溶液的相对离子丰度比相对偏差不超过最大允许偏差的规定，则可判定样品中存在目标物。

7.2.5 定量方法

取样品溶液和标准溶液各 10μL 注入液相色谱 - 串联质谱仪，在上述色谱 - 质谱条件下进行测定，记录特征离子质量色谱图，内标法定量。

8. 结果计算

采用内标法定量，用色谱数据处理软件或按式（4-10）计算样品中待测物残留量。计算结果需扣除空白值。

$$X=\frac{C\times C_{i}\times A\times A_{si}\times V}{C_{si}\times A_{i}\times A_{s}\times W} \quad (4\text{-}10)$$

式中：

X——样品中待测组分残留量，单位为微克每千克（μg/kg）；

C——标准工作溶液的浓度，单位为微克每升（μg/L）；

C_{si}——标准工作溶液中内标物的浓度，单位为微克每升（μg/L）；

C_{i}——样液中内标物的浓度，单位为微克每升（μg/L）；

A——样液中待测组分的峰面积；

A_{s}——标准工作溶液的峰面积；

A_{si}——标准工作溶液中内标物的峰面积；

A_{i}——样液中内标物的峰面积；

V——样品定容体积，单位为毫升（mL）；

W——样品称样量，单位为克（g）。

每个试样取两份进行平行测定，以两次平行测定结果的算术平均值为测定结果，结果保留三位有效数字。

9. 检测质量控制标准

液质检测方法脱氧卡巴氧、喹噁啉 -2- 羧酸和 3- 甲基喹噁啉 -2- 羧酸的检测限为 1.0μg/kg，样品检验时质量控制实验的回收率数值应落在精密度实验的 3 倍标准偏差以内。

第 11 节
大环内酯类药物残留量的测定方法

1. 安全提示

本标准操作程序中使用的正己烷是中等毒性物质，可通过呼吸、皮肤接触对神经系统造成麻醉，故建议实验人员在实验过程中佩戴防毒口罩和一次性手套。

2. 方法提要

本标准操作程序是本实验室参照有关文献的样品前处理方法及测定方法，按《残留检测质量控制指南》的有关要求，进行周密验证后，将某些关键步骤进行细化。

本标准操作程序适用于畜肉、禽肉、鸡蛋、鱼肉等动物源性食品中竹桃霉素、红霉素、克拉霉素、阿奇霉素、交沙霉素、螺旋霉素、替米考星、泰乐菌素、罗红霉素、吉他霉素、泰妙菌素、林可霉素和氯林可霉素残留量的检测。

3. 原理

本标准操作规程采用乙腈提取，氮吹浓缩，定容液经正己烷脱脂后，用液相色谱 - 串联质谱仪进行测定，内标法定量。

4. 检测限、定量限、线性范围、回收率范围和精密度

竹桃霉素、红霉素、克拉霉素、阿奇霉素、交沙霉素、螺旋霉素、替米考星、泰乐菌素、罗红霉素、吉他霉素、泰妙菌素、林可霉素和氯林可霉素定量限为 1.0μg/kg。添加水平为 1.0μg/kg 时，回收率为 80% ~ 120.0%；添加水平为 2.0μg/kg 时，回收率为 80% ~ 110.0%；添加水平为 10.0μg/kg 时，回收率为 80% ~ 110.0%。

5. 仪器和设备

液相色谱 - 串联质谱仪：Agilent 1290-6460，配 ESI 源；均质器：T25 型，18G 刀，IKA 公司；涡流混匀器：IKA MS basic；移液枪：1 000μL、5 000μL，Eppendorf 公司；

高速台式离心机：5810 型，Eppendorf 公司；气流加热快速浓缩装置（氮吹仪）：N-EVAPTM，Organomation Associates，Jnc.；分析天平：感量 0.1mg 和 0.01g 各一台，梅特勒；具塞塑料离心管：50mL、100mL；微量注射器：10μL；具塞玻璃离心管：5mL。

6. 试剂与溶液

6.1 试剂

6.1.1 乙腈　高纯，FISHER。

6.1.2 甲酸　色谱纯，天津科密欧。

6.1.3 正己烷　色谱纯，FISHER。

6.1.4 水　GB/T 6682规定的一级水。

6.2 溶液

甲酸水溶液：0.1% 甲酸水溶液（V ：V），取 1mL 甲酸和 999mL 水混合均匀。

6.3 标准物质与标准溶液

6.3.1 标准物质

6.3.1.1 竹桃霉素、红霉素、克拉霉素、阿奇霉素、交沙霉素、螺旋霉素、替米考星、泰乐菌素、罗红霉素、泰妙菌素、林可霉素和氯林可霉素的纯度大于 92.0%；吉他霉素的纯度大于 72%。

6.3.1.2 阿奇霉素 -d3，纯度为 98.0%；红霉素 -d3，纯度为 98.0%。

6.3.2 标准溶液

6.3.2.1 标准储备液的配制

标准外标储备溶液：100μg/mL。分别准确称取适量标准物质，用乙腈溶解定容，配成 100μg/mL 的标准储备液。（在 -18℃条件下保存，可使用 6 个月。）

标准内标储备溶液：100μg/mL。分别准确称取适量标准物质，用乙腈溶解定容，配成 100μg/mL 的标准储备液。（在 -18℃条件下保存，可使用 6 个月。）

6.3.2.2 标准中间液的配制

竹桃霉素、红霉素、克拉霉素、阿奇霉素、交沙霉素、螺旋霉素、替米考星、泰乐菌素、罗红霉素、吉他霉素、泰妙菌素、林可霉素和氯林可霉素标准储备液 1.0mL，置于 100mL 棕色容量瓶中，用乙腈稀释至刻度，浓度为 1.0μg/mL。（该溶液可在冰箱 0 ~ 4℃条件下保存 3 个月。）

移取阿奇霉素 -d3 和红霉素 -d3 标准储备液 1.0mL，置于 100mL 棕色容量瓶中，用乙腈稀释至刻度，浓度为 1.0μg/mL。（该溶液可在冰箱 0 ~ 4℃条件下保存 3 个月。）

6.3.2.3 混合标准工作液的配制

用标准中间液分别配制浓度系列为 0.25ng/mL、0.50ng/mL、1.00ng/mL、2.00ng/mL、5.00ng/mL、10.00ng/mL、15.00ng/mL 的混合标准工作液，用甲醇 - 水（30+70）稀释定容（需当日新配）。

7. 实验方法

7.1 试样制备

从原始样品中取出部分有代表性样品，经研磨机均匀捣碎，用四分法缩分出不少于 100g 试样，装入清洁样品袋中，加封并贴上样品标签。经制备好的样品需在冰箱冷冻室冷藏。

7.2 分析步骤

7.2.1 提取步骤

称取约 5g（精确至 0.05g）均匀试样入 50mL 离心管内，加入内标，加入 5mL 氯化钠、30mL 乙腈在均质机上均质提取 1 ~ 2min。

7.2.2 净化步骤

离心 10min（10 000r/min），将上清液移入 50mL 离心管中，置于气流加热快速浓缩装置内（氮吹仪），于 40℃蒸发至干，加入 2.0mL 甲醇 - 水（30+70）溶解残渣，加入 10mL 正己烷，涡流混匀，取下层离心后，过 0.2μm 滤膜，待检测。

7.2.3 液相色谱 - 串联质谱仪器参数与测定条件

7.2.3.1 液相色谱测定条件

色谱柱：ZORBAX Eclipse Plus C_{18}，1.8μm，2.1mm × 100mm；柱温：40℃；流动相：液相色谱梯度洗脱条件见表 4-24；进样量：20μL。

表 4-24 液相色谱梯度洗脱条件

时间（min）	流速（μL/min）	0.1%甲酸水（%）	甲醇（%）
0.00	300	80	20
3.00	300	60	40
5.00	300	90	10
7.00	300	90	10
7.01	300	20	80

7.2.3.2 质谱条件

离子源：电喷雾离子源；扫描方式：正离子扫描；检测方式：多重反应监测；GAS Temp：350℃；GAS Flow：10L/min；Nebulizer：40psi；选择离子监测：大环内酯类化合物母离子、子离子、去簇电压、碰撞能量见表 4-25。

表 4-25　大环内酯类化合物母离子、子离子、去簇电压、碰撞能量

化合物	母离子（*m/z*）	子离子（*m/z*）	去簇电压（V）	碰撞气能量（V）
竹桃霉素	688.6	158.4* 544.6	65	40 23
红霉素	734.6	158.5* 576.5	80	40 27
克拉霉素	425.2	126.1 377.3	76	40 36
阿奇霉素	749.3	158.3* 591.1	90	30 50
交沙霉素	828.8	174.3* 229.3	105	45 42
螺旋霉素	843.6	174.3* 318.5	110	50 40
替米考星	869.7	174.4* 156.6	120	58 68
泰乐菌素	916.5	174.2* 772.7	96	53 41
罗红霉素	837.6	/679.6* 158.4	90	48 30
吉他霉素	772.7	174. 3* 109.0	115	47 63
泰妙菌素	494.3	192.5* 119.2	60	26 54
林可霉素	407.2	126. 3* 359. 4	90	26 28
氯林可霉素	425.9	126. 1* 378.2	90	48 28
阿奇霉素-d3	752.4	594.5	90	30
红霉素-d3	738.5	580.3	110	30

注：* 表示定量离子。

7.2.4 仪器测定

标准曲线浓度：0.25ng/mL、0.50ng/mL、1.00ng/mL、2.00ng/mL、5.00ng/mL、10.00ng/mL、15.00ng/mL。

标准品和样品各进样 20μL。

7.2.5 定性标准

按照上述条件测定样品和建立标准工作曲线，如果样品中化合物质量色谱峰的保留时间与标准溶液的保留时间相比允许偏差在 ±2.5%；待测化合物定性离子对的重构离子色谱峰的信噪比大于等于 3（S/N≥3），定量离子对的重构离子色谱峰的信噪比大于等于 10（S/N≥10）；定性离子对的相对丰度与浓度相当的标准溶液相比，扣除本底后如果判别标准全部符合，则可判定为样品中存在该残留。

7.2.6 定量方法

按照液相色谱 - 串联质谱条件测定样品和混合标准工作溶液，以色谱峰面积按内标法定量。

8. 结果计算

$$X=\frac{C\times C_i\times A\times A_{si}\times V}{C_{si}\times A_i\times A_s\times W} \quad \cdots\cdots（4\text{-}10）$$

式中：

X——样品中待测组分残留量，单位为微克每千克（μg/kg）；

C——标准工作溶液的浓度，单位为微克每升（μg/L）；

C_{si}——标准工作溶液中内标物的浓度，单位为微克每升（μg/L）；

C_i——样液中内标物的浓度，单位为微克每升（μg/L）；

A——样液中待测组分的峰面积；

A_s——标准工作溶液的峰面积；

A_{si}——标准工作溶液中内标物的峰面积；

A_i——样液中内标物的峰面积；

V——样品定容体积，单位为毫升（mL）；

W——样品称样量，单位为克（g）。

第 12 节
喹诺酮类药物残留量的测定方法

1. 范围

本方法规定了动物源性食品中喹诺酮类药物的液相色谱 - 串联质谱测定方法。

本方法适用于动物源性食品中喹诺酮类药物的测定。

2. 规范性引用文件

下列文件对于本文件的应用是必不可少的。凡是注日期的引用文件，仅所注日期的版本适用于本文件。凡是不注日期的引用文件，其最新版本（包括所有的修改单）适用于本文件。

《分析实验室用水规格和试验方法》(GB/T 6682)。

3. 原理

试样中喹诺酮类药物，用2%甲酸-乙腈溶液提取，提取液用正己烷净化。液相色谱-串联质谱仪测定，外标法定量。

4. 试剂、溶液与材料

除非另有规定，所用试剂均为色谱纯。

4.1 水 符合GB/T 6682中一级水的规定。

4.2 乙腈（CH_3CN）

4.3 甲酸（HCOOH）

4.4 冰醋酸

4.5 正己烷

4.6 乙腈饱和正己烷

量取正己烷溶液80mL于100mL分液漏斗中，加入适量乙腈后，剧烈振摇，待分配平衡后，弃去乙腈层即得。

4.7 流动相：甲酸-水溶液（1+999，体积比）

吸取甲酸（4.3）1.0mL，加水稀释至1 000mL，过0.22μm微孔滤膜，备用。

4.8 2%甲酸-乙腈溶液

98mL乙腈中加入2mL甲酸，混匀。

4.9 标准物质

依诺沙星、氧氟沙星、诺氟沙星、培氟沙星、环丙沙星、洛美沙星、丹诺沙星、恩诺沙星、沙拉沙星、双氟沙星、司帕沙星、麻保沙星、奥比沙星、萘啶酸、氟甲喹、噁喹酸，纯度>99%。

4.10 混合标准储备液

准确称取喹诺酮类标准物质（4.9）10mg（准确至0.000 1g），用乙腈（4.2）

配制成 100μg/mL 的标准储备液。（避光 -20℃保存，有效期 3 个月。）

4.11 混合标准中间液

分别移取喹诺酮类标准储备液（4.10）适量，用乙腈稀释成 1.0μg/mL 的标准中间液。（避光 -20℃保存，有效期 3 个月。）

4.12 初始流动相：乙腈 - 甲酸水溶液（1+9，体积比）

量取乙腈（4.2）50mL 与 0.1% 的甲酸水溶液 450mL，混匀，备用。

4.13 有机微孔滤膜 0.22μm。

5. 仪器设备

液相色谱 - 串联质谱仪：电喷雾离子源（ESI）；分析天平：感量 0.000 01g，感量 0.000 1g；超声波清洗器。

6. 试样制备与保存

样品经高速组织捣碎机均匀捣碎，用四分法缩分出适量试样，均分成两份，装入清洁容器内，加封后作出标记。一份作为试样，一份作为留样。试样应在 -20℃条件下保存。

7. 测定步骤

7.1 提取

准确称取待测样品 5g（精确到 0.001g）于 100mL 离心管中，加入 20mL 2% 甲酸 - 乙腈溶液（4.8）均质提取 1min，10 000r/min 离心 10min。转移至 100mL 离心管中，残渣加入 10mL 2% 甲酸 - 乙腈溶液（4.8）涡混提取 1min，10 000r/min 离心 5min，合并两次提取液。

7.2 净化

准确移取 15mL 提取液，加入 10mL 正己烷，涡混 1min，静置后取下层氮气吹干，加入 1.0mL 定容液（4.7），涡混溶解，滤膜过滤，过滤液待测。同时按上述步骤做样品空白试验。

7.3 标准曲线的制备

准确吸取 1.0μg/mL 的标准溶液（4.11）适量，用空白试样溶液稀释，得 5ng/mL、10ng/mL、25ng/mL、50ng/mL、100ng/mL、125ng/mL、250ng/mL 的标准物质系列工作液。

7.4 仪器参考条件

7.4.1 高效液相色谱参考条件

色谱柱：C_{18}，100mm × 3.0mm，粒径 2.7μm，或性能相当者；流动相 A：乙腈；流动相 B：0.1% 甲酸水溶液；流速：0.3mL/min；进样量：10μL；柱温：40℃。

液相色谱梯度洗脱条件见表 4-26。

表 4-26　液相色谱梯度洗脱条件

时间（min）	A（%）	B（%）
0.00	10	90
2.00	90	10
5.00	90	10
5.30	10	90
9.00	10	90

7.4.2 质谱参考条件

电离方式：电喷雾电离（ESI）；干燥气温度：350℃；干燥气流量：10.0L/min；碰撞气：40psi；毛细管电压：4kV；扫描方式：正离子扫描；检测方式：多重反应监测（MRM）。

化合物名称、母离子、子离子、碎裂电压和碰撞能量见表 4-27。

表4-27　化合物名称、母离子、子离子、碎裂电压和碰撞能量

化合物名称	母离子（*m/z*）	子离子（*m/z*）	碎裂电压（V）	碰撞能量（V）
恩诺沙星	360	342.1	120	20
	360	316.2	120	20
诺氟沙星	320	302.1	130	20
	320	276.1	130	15
沙拉沙星	386.1	368.1	130	20
	386.1	342.1	130	15
环丙沙星	332.1	314.1	135	20
	332.1	231	135	42
麻保沙星	363	345.1	120	20
	363	320.1	120	10

续表

化合物名称	母离子（m/z）	子离子（m/z）	碎裂电压（V）	碰撞能量（V）
双氟沙星	400	382.1	140	20
	400	356.1	140	20
氧氟沙星	362	318.1	130	15
	362	261.1	130	26
洛美沙星	352.1	308.1	130	10
	352.1	265.1	130	20
丹诺沙星	358.1	340.1	140	25
	358.1	255	140	46
奥比沙星	396.1	352.1	130	15
	396.1	295.1	130	22
培氟沙星	334.1	316.2	130	20
	334.1	290.2	130	16
萘啶酸	233	215	100	10
	233	187	100	20
氟甲喹	262	126	100	50
	262	202	100	30
噁喹酸	262.1	160	90	40
	262.1	216	90	30
依诺沙星	321	303.2	125	20
	321	232.1	125	36
司帕沙星	393.1	349	130	20
	393.1	292	130	36

7.5 测定

7.5.1 定性测定

通过样品溶液色谱图的保留时间、各色谱峰特征离子与相应标准溶液的保留时间、各色谱峰的特征离子相对照定性。样品溶液与浓度相当的标准溶液保留时间的偏差在 ±2.5%；样品溶液中特征离子相对离子丰度比与浓度相当的标准溶液的相对离子丰度比相对偏差不超过“定性确证时相对离子丰度的最大允许偏差”的规定，则可判定样品中存在目标物。

7.5.2 定量测定

取样品溶液和标准溶液各 10μL 注入液相色谱 - 串联质谱仪，在上述色谱 - 质谱条件下进行测定，记录特征离子质量色谱图，外标法定量。

8. 试验数据处理

采用外标法定量，用色谱数据处理软件或按式（4-11）计算样品中待测物残留量。计算结果需扣除空白值。

$$X = \frac{A \times C \times V}{A_s \times m \times 1\,000} \qquad (4\text{-}11)$$

式中：

X——试样中喹诺酮类药物的含量，单位为微克每千克（μg/kg）；

A——试样中喹诺酮类的峰面积；

C——从标准工作曲线得到的喹诺酮类溶液浓度，单位为纳克每毫升（ng/mL）；

V——试样溶液总定容体积，单位为毫升（mL）；

A_s——标准工作溶液中喹诺酮类的峰面积；

m——试样的取样量，单位为克（g）。

每个试样取两份进行平行测定，以两次平行测定结果的算术平均值为测定结果，结果保留三位有效数字。

9. 检测方法的灵敏度

本方法喹诺酮类药物检出限为 0.5μg/kg，定量限为 1.0μg/kg。

10. 检测方法的精密度

在重复性条件下两次独立测定结果的绝对差值不得超过算术平均值的 10%。

第 13 节
苯并咪唑类药物残留量的测定方法

1. 范围

本方法规定了动物源性食品苯并咪唑类药物的液相色谱 - 串联质谱测定方法。

本方法适用于动物源性食品苯并咪唑类药物的测定。

2. 规范性引用文件

《分析实验室用水规格和试验方法》(GB/T 6682)。

3. 原理

样品在碱性条件下经乙酸乙酯提取，经固相萃取柱净化，经液相色谱仪分离后，串联质谱检测，外标法定量。

4. 试剂或材料

除非另有规定，所用试剂均为色谱纯，水符合 GB/T 6682 中一级水的规定。

4.1 乙酸乙酯

4.2 正己烷

4.3 甲醇

4.4 乙腈

4.5 无水硫酸镁　经 650℃灼烧 4h，置于干燥器内备用。

4.6 BHT（2，6- 二叔丁基对甲酚）

4.7 盐酸

4.8 氢氧化钠

4.9 25% 氨水

4.10 甲酸　优级纯。

4.11 乙酸铵

4.12 1% BHT 溶液　称取 1.0g BHT，乙酸乙酯溶解并稀释至 100mL，临用前配制。

4.13 0.1mol/L 盐酸　量取浓盐酸 8.3mL，加水稀释至 1 000mL。

4.14 0.005mol/L 甲酸　准确吸取 188μL 甲酸，加水稀释至 1 000mL。

4.15 50% 氢氧化钠溶液　50g 氢氧化钠溶解于 100mL 水中，冷却至室温待用。

4.16 10% 氨水乙腈溶液　量取 10mL 25% 氨水，用乙腈稀释至 100mL，临用前配制。

4.17 0.025mol/L 乙酸铵　1.93g 乙酸铵溶于 1 000mL 水中。

4.18 标准物质　奥芬达唑、芬苯达唑、奥芬达唑砜、阿苯达唑、阿苯达唑 -2- 氨基砜、阿苯达唑亚砜、阿苯达唑砜、甲苯咪唑、氨基甲苯咪唑、羟基甲苯咪唑、氟苯咪唑、2- 氨基氟苯咪唑、噻苯咪唑、噻苯咪唑酯、奥苯达唑，含量均在 95% 以上，5- 羟基噻苯咪唑标准溶液浓度为 10mg/L。

4.19 标准储备液　准确称取标准物质（4.18）10mg（准确至 0.000 1g），用甲醇配制成 100μg/mL 的标准储备液。（避光 -20℃保存，有效期 3 个月。）

4.20 标准中间液　移取标准储备液（4.19）适量，用乙腈稀释成 1.0μg/mL 的标准中间液。（避光 -20℃保存，有效期 3 个月。）

4.21 有机微孔滤膜　0.22μm。

4.22 固相萃取柱　MCX 固相萃取柱或相当者，150mg，6mL，使用前用 5mL 甲醇、5mL 0.1mol/L 盐酸活化。

5. 仪器设备

液相色谱 - 串联质谱仪：电喷雾离子源（ESI）；分析天平：感量 0.000 01g，感量 0.000 1g；均质器；涡流混匀器；离心机；氮吹仪；超声波清洗器。

6. 试样制备与保存

6.1 试样制备

样品经高速组织捣碎机均匀捣碎，用四分法缩分出适量试样，均分成两份，装入清洁容器内，加封后作出标记。一份作为试样，一份作为留样。

6.2 试样保存

试样应在 -20℃条件下保存。

7. 测定步骤

7.1 提取

准确称取待测样品 5g（精确到 0.001g）于 100mL 离心管中，加入 20mL 乙酸乙酯、0.15mL 50% 氢氧化钠溶液和 1mL 1%BHT 溶液（4.12）置超声波水浴中振荡 5min，1g 无水硫酸钠，均质 1min，10 000r/min 离心 10min，残渣加入上述提取液 10mL 再次提取，合并两次提取液，45℃氮气吹干，加入 1mL 乙腈，4mL 0.1mol/L 盐酸溶解。

7.2 净化

加入 5mL 正己烷于上述溶解的液体中，涡混，弃去上层，下层液体过 MCX 固相萃取柱，依次用 5mL 0.1mol/L 盐酸、5mL 甲醇淋洗，15mL 10% 氨水乙腈（4.16）洗脱，洗脱液氮气吹干，1mL 初始流动相，涡混溶解，滤膜过滤，过滤液待测。

同时按上述步骤做样品空白试验。

7.3 标准曲线的制备

准确吸取 1.0μg/mL 的标准中间液（4.20）适量，用空白试样溶液稀释，得 0.25μg/L、0.5μg/L、1.0μg/L、5.0μg/L、10.0μg/L、50μg/L、200μg/L 的标准物质系列工作液。

7.4 仪器参考条件

7.4.1 高效液相色谱参考条件

色谱柱：C_{18}，100mm × 3.0mm，粒径 2.7μm，或性能相当者；流动相 A：乙腈；流动相 B：0.1% 甲酸水溶液；流速：0.3mL/min；进样量：10μL；柱温：40℃。

液相色谱梯度洗脱条件见表 4-28。

表 4-28　液相色谱梯度洗脱条件

时间（min）	A（%）	B（%）
0.00	15	85
3.00	50	50
5.00	90	10
8.00	90	10
8.10	15	85
10.00	15	85

7.4.2 质谱参考条件

电离方式：电喷雾电离（ESI）；干燥气温度：350℃；干燥气流量：10.0L/min；碰撞气：40psi；毛细管电压：4kV；扫描方式：正离子扫描；检测方式：多重反应监测（MRM）。

苯并咪唑类药物和代谢物母离子、子离子、去簇电压和碰撞能量见表 4-29。

表 4-29　苯并咪唑类药物和代谢物母离子、子离子、去簇电压和碰撞能量

化合物名称	母离子（m/z）	子离子（m/z）	去簇电压（V）	碰撞能量（V）
奥芬达唑	316	159* 191	38	55 35
芬苯达唑	300	268* 159	37	50 35

续表

化合物名称	母离子（*m/z*）	子离子（*m/z*）	去簇电压（V）	碰撞能量（V）
奥芬达唑砜	332	159* 300	31	60 35
阿苯达唑	266	234* 191	32	50 30
阿苯达唑-2-氨基砜	240	133* 198	35	45 35
阿苯达唑亚砜	282	208* 191	31	55 35
阿苯达唑砜	298	159* 224	50	55 40
甲苯咪唑	296	264* 105	40	50 35
氨基甲苯咪唑	238	105* 133	70	37 51
羟基甲苯咪唑	298	266* 160	50	50 31
噻苯咪唑	202	175* 131	48	50 40
2-氨基氟苯咪唑	256	95* 123	47	60 40
氟苯咪唑	314	123* 283	43	55 40
噻苯咪唑酯	303	217* 261	45	45 30
奥苯达唑	250	218* 176	40	40 30
5-羟基噻苯咪唑	218	191* 147	41	40 30

注：* 表示定量离子。

7.5 测定

7.5.1 定性测定

通过样品溶液色谱图的保留时间、各色谱峰特征离子与相应标准溶液的保留时间、各色谱峰的特征离子相对照定性。样品溶液与浓度相当的标准溶液保留时间的偏差在 ±2.5%；样品溶液中特征离子相对离子丰度比与浓度相当的标准溶液的相对离子丰度比相对偏差不超过“定性确证时相对离子丰度的最大允许偏差”的规定，则可判定样品中存在苯并咪唑类药物。

7.5.2 定量测定

取样品溶液和标准溶液各 10μL 注入液相色谱 - 串联质谱仪，在上述色谱 - 质谱条件下进行测定，记录特征离子质量色谱图，外标法定量。

8. 试验数据处理

采用外标法定量，用色谱数据处理软件或按式（4-12）计算样品中待测物残留量。计算结果需扣除空白值。

$$X=\frac{A\times C\times V}{A_s\times m\times 1\,000} \qquad (4\text{-}12)$$

式中：

X——试样中苯并咪唑类药物的含量，单位为微克每千克（μg/kg）；

A——试样中苯并咪唑类药物的峰面积；

C——从标准工作曲线得到的苯并咪唑类药物溶液浓度，单位为纳克每毫升（ng/mL）；

V——试样溶液总定容体积，单位为毫升（mL）；

A_s——标准工作溶液中苯并咪唑类药物的峰面积；

m——试样的取样量，单位为克（g）。

每个试样取两份进行平行测定，以两次平行测定结果的算术平均值为测定结果，结果保留三位有效数字。

9. 灵敏度

本方法苯并咪唑类药物检出限为 5μg/kg，定量限为 10μg/kg。

10. 精密度

在重复性条件下两次独立测定结果的绝对差值不得超过算术平均值的 15%。

第14节
四环素类药物残留量的测定方法

1. 范围

本方法规定了动物源性食品四环素类药物的液相色谱 - 串联质谱测定方法。

本方法适用于动物源性食品四环素类药物的测定。

2. 规范性引用文件

下列文件中的内容通过文中的规范性引用而构成本文件必不可少的条款。其中，注日期的引用文件，仅该日期对应的版本适用于本文件；不注日期的引用文件，其最新版本（包括所有的修改单）适用于本文件。

《分析实验室用水规格和试验方法》（GB/T 6682）。

3. 原理

样品经0.1mol/L Na_2EDTA-Mcllvaine缓冲液（pH至4.0 ± 0.05）条件下提取，经固相萃取柱净化，经液相色谱仪分离后，串联质谱检测，外标法定量。

4. 试剂或材料

除非另有规定，所用试剂均为色谱纯，水符合GB/T 6682中一级水的规定。

4.1 甲醇

4.2 乙腈

4.3 乙酸乙酯

4.4 乙二胺四乙酸二钠（$Na_2EDTA \cdot 2H_2O$）

4.5 三氟乙酸

4.6 柠檬酸（$C_5H_8O_7 \cdot H_2O$）

4.7 磷酸氢二钠（$Na_2HPO_4 \cdot 12H_2O$）

4.8 柠檬酸溶液（0.1mol/L）

称取21.01g柠檬酸（4.6），用水溶解，定容至1 000mL。

4.9 磷酸氢二钠溶液（0.2mol/L）

称取28.41g磷酸氢二钠（4.7），用水溶解，定容至1 000mL。

4.10 Mcllvaine 缓冲溶液

将 1 000mL 0.1mol/L 柠檬酸溶液（4.8）与 625mL 0.2mol/L 磷酸氢二钠溶液（4.9）混合，必要时用氢氧化钠或盐酸调节 pH 至 4.0 ± 0.05。

4.11 Na_2EDTA-Mcllvaine 缓冲溶液（0.1mol/L）

称取 60.5g 乙二胺四乙酸二钠（4.4）放入 1 625mL Mcllvaine 缓冲溶液（4.10），使其溶解，摇匀。

4.12 甲醇 + 水（1+19）

量取 5mL 甲醇（4.1）与 95mL 水混合。

4.13 甲醇 + 乙酸乙酯（1+9）

量取 10mL 甲醇（4.1）与 90mL 乙酸乙酯（4.3）混合。

4.14 OasisHLB 固相萃取柱

60mg，3mL，或相当者。使用前分别用 5mL 甲醇和 5mL 水预处理，保持柱体湿润。

4.15 三氟乙酸水溶液（10mmol/L）

准确吸取 0.765mL 三氟乙酸于 1 000mL 容量瓶中，用水溶解并定容至刻度。

4.16 甲醇 + 三氟乙酸水溶液（1+19）

量取 50mL 甲醇（4.1）与 950mL 三氟乙酸水溶液（4.15）混合。

4.17 标准物质

二甲胺四环素、土霉素、四环素、去甲金霉素、金霉素、甲烯土霉素、强力霉素、差向四环素、差向土霉素、差向金霉素，纯度均大于等于 95%。

4.18 标准储备液

准确称取按其纯度折算为 100% 质量的二甲胺四环素、土霉素、四环素、去甲金霉素、金霉素、甲烯土霉素、强力霉素、差向四环素、差向土霉素和差向金霉素各 10.0mg，分别用甲醇溶解并定容至 100mL，浓度相当于 100mg/L，储备液在 -18℃以下贮存于棕色瓶中，可稳定 12 个月以上。

4.19 混合标准工作溶液

根据需要，用甲醇 + 三氟乙酸（4.16）将标准储备溶液（4.18）配制为适当浓度的混合标准工作溶液。混合标准工作溶液应使用前配制。

5. 仪器

液相色谱 - 串联质谱仪：电喷雾离子源（ESI）；高效液相色谱仪：配二极管阵列检测器或紫外检测器；分析天平：感量 0.1mg，感量 0.01g；涡流混匀器；低温离心机：最高转速 5 000r/min，控温范围为 -40℃至室温；氮吹仪；固相萃取真空装置；pH 计：测量精度 ±0.02；组织捣碎机；超声提取仪。

6. 样品制备与保存

制样操作过程中应防止样品受到污染或残留含量发生变化。

6.1 动物肌肉、肝脏、肾脏和水产品

从所取全部样品中取出约 500g，用组织捣碎机充分捣碎，装入洁净容器中，密封，并标明标记，于 -18℃以下冷冻存放。

6.2 牛奶样品

从所取全部样品中取出约 500g，充分混匀，装入洁净容器中，密封，并标明标记，于 -18℃以下冷冻存放。

7. 测定步骤

7.1 提取

准确称取待测样品 5.0g（精确到 0.01g）于 50mL 离心管中，分别加入 20mL、20mL、10mL 0.1mol/L Na_2EDTA-Mcllvaine 缓冲溶液（4.11）冰水浴超声提取 3 次，每次旋涡混合 1min，超声提取 10min，3 000r/min 离心 5min（温度低于 15℃），合并上清液（注意控制总提取液的体积不超过 50mL），并定容至 50mL，混匀，5 000r/min 离心 10min（温度低于 15℃），用快速滤纸过滤，待净化。

7.2 净化

准确吸取 10mL 提取液，以 1 滴 /s 的速度过 HLB 小柱，待样液完全流出后，依次用 5mL 水和 5mL 甲醇 + 水淋洗，弃去全部流出液。2.0kPa 以下减压抽干 5min，最后用 10mL 甲醇 + 乙酸乙酯洗脱。将洗脱液用氮气吹干，用 1.0mL 甲醇 + 三氟乙酸溶液溶解残渣，过 0.45μm 膜，待测定。

7.3 测定

7.3.1 液相色谱条件

色谱柱：Inertsil C_{18}，150mm × 2.1mm，粒径 3.5μm，或性能相当者；流动相 A：甲醇；流动相 B：10mmol/L 三氟乙酸；流速：0.3mL/min；进样量：30μL；柱温：30℃。

液相色谱梯度洗脱条件见表 4-30。

表 4-30　液相色谱梯度洗脱条件

时间（min）	A（%）	B（%）
0.0	5.0	95.0
5.0	30.0	70.0
10.0	33.5	66.5
12.0	65.0	35.0
17.5	65.0	35.0
18.0	5.0	95.0
25.0	5.0	95.0

7.3.2 质谱参考条件

电离方式：电喷雾电离（ESI）；雾化气：6.00L/min（氮气）；气帘气：10.00L/min（氮气）；喷雾电压：4 500V；去溶剂温度：500℃；去溶剂气流：7.00L/min；碰撞气：6.00mL/min（氮气）；扫描方式：正离子扫描；检测方式：多重反应监测（MRM）。

四环素类药物的母离子、子离子、碎裂电压和碰撞能量见表 4-31。

表 4-31　四环素类药物的母离子、子离子、碎裂电压和碰撞能量

化合物名称	母离子（m/z）	子离子（m/z）	碎裂电压（V）	碰撞能量（V）
二甲胺四环素	458	352	110	45
		441*		27
差向土霉素	461	426	120	50
		444*		35
土霉素	461	426	110	27
		443*		21
差向四环素	445	410*	100	29
		427		19
四环素	445	410*	120	29
		427		19
去甲金霉素	465	430	110	31
		448*		25

续表

化合物名称	母离子（m/z）	子离子（m/z）	碎裂电压（V）	碰撞能量（V）
差向金霉素	479	444	130	31
		462*		27
金霉素	479	444	110	33
		462*		27
甲烯土霉素	443	381	110	33
		426*		25
强力霉素	445	154	100	37
		428*		29

注：* 表示定量离子

7.3.3 测定

7.3.3.1 定性测定

通过样品溶液色谱图的保留时间、各色谱峰特征离子与相应标准溶液的保留时间、各色谱峰的特征离子相对照定性。样品溶液与浓度相当的标准溶液保留时间的偏差在 ±2.5%；样品溶液中特征离子相对离子丰度比与浓度相当的标准溶液的相对离子丰度比相对偏差不超过表 4-32 的规定，则可判定样品中存在四环素类药物。

表4-32　定性确证时相对离子丰度的最大允许偏差

相对离子丰度	>50%	>20%至50%	>10%至20%	≤10%
允许的相对偏差	±20%	±25%	±30%	±50%

7.3.3.2 定量测定

取样品溶液和标准溶液各 30μL 注入液相色谱 - 串联质谱仪，在上述色谱 - 质谱条件下进行测定，记录特征离子质量色谱图，外标法定量。

8. 试验数据处理

采用外标法定量，用色谱数据处理软件或按式（4-13）计算样品中待测物残留量。计算结果需扣除空白值。

$$X = \frac{A \times C \times V}{A_s \times m \times 1\,000} \quad \cdots\cdots（4-13）$$

式中：

X——试样中四环素类药物的含量，单位为微克每千克（μg/kg）；

A——试样中四环素类药物的峰面积；

C——从标准工作曲线得到的四环素类药物溶液浓度，单位为纳克每毫升（ng/mL）；

V——试样溶液总定容体积，单位为毫升（mL）；

A_s——标准工作溶液中四环素类药物的峰面积；

m——试样的取样量，单位为克（g）。

每个试样取两份进行平行测定，以两次平行测定结果的算术平均值为测定结果，结果保留三位有效数字。

9. 检测方法的灵敏度

本方法四环素检出限为 5.0μg/kg，定量限为 10μg/kg。

10. 检测方法的精密度

在重复性条件下两次独立测定结果的绝对差值不得超过算术平均值的 15%。

第 15 节
硝基咪唑类药物残留量的测定方法

1. 范围

本方法规定了动物源性食品硝基咪唑及其代谢物的液相色谱 - 串联质谱测定方法。

本方法适用于动物源性食品硝基咪唑及其代谢物的测定。

2. 规范性引用文件

下列文件中的内容通过文中的规范性引用而构成本文件必不可少的条款。其中，注日期的引用文件，仅该日期对应的版本适用于本文件;不注日期的引用文件，其最新版本（包括所有的修改单）适用于本文件。

《分析实验室用水规格和试验方法》（GB/T 6682）。

3. 原理

试样中残留的硝基咪唑及其代谢物用乙腈提取，经固相萃取柱净化，经液相色谱仪分离后，串联质谱检测，内标法定量。

4. 试剂或材料

除非另有规定，所用试剂均为色谱纯，水符合 GB/T 6682 中一级水的规定。

4.1 乙腈（CH_3CN）

4.2 甲酸（HCOOH）

4.3 正己烷

4.4 甲醇

4.5 0.1% 甲酸水溶液：甲酸 - 水溶液（1+999）

量取甲酸（4.2）1.0mL，加水稀释至 1 000mL，过 0.22μm 微孔滤膜，备用。

4.6 甲醇水溶液：甲醇 - 水（1+9）

量取甲醇（4.4）1.0mL 与 9.0mL 水溶液，混匀，备用。

4.7 乙腈 - 甲酸水溶液（2+3）

量取乙腈（4.1）40mL 与 0.1% 甲酸水溶液（4.5）60mL，混匀，备用。

4.8 标准物质

二甲硝咪唑、甲硝唑、异丙硝唑、2- 甲硝咪唑、4- 硝基咪唑、洛硝哒唑、氯甲硝咪唑、苯硝咪唑、甲硝唑代谢物、羟甲基甲硝咪唑、异丙硝唑代谢物、替硝唑，纯度≥97%；二甲硝咪唑 -d3、羟甲基甲硝咪唑 -d3、异丙硝唑 -d3、异丙硝唑代谢物 -d3、洛硝哒唑 -d3，纯度≥95%。

4.9 标准外标储备液

准确称取标准物质（4.8）10mg（准确至 0.000 1g），用甲醇配制成 100μg/mL 的标准储备液。（避光 -20℃保存，有效期 3 个月。）

4.10 标准内标储备液

准确称取标准物质（4.8）10mg（准确至 0.000 1g），用甲醇配制成 100μg/mL 的标准储备液。（避光 -20℃保存，有效期 3 个月。）

4.11 标准外标中间液

移取标准外标储备液（4.9）适量，用乙腈稀释成 1.0μg/mL 的标准中间液。（避光 -20℃保存，有效期 3 个月。）

4.12 标准内标中间液

移取标准内标储备液（4.10）适量，用乙腈稀释成 1.0μg/mL 的标准中间液。（避光 -20℃保存，有效期 3 个月。）

4.13 有机微孔滤膜 0.22μm。

4.14 固相萃取柱

HLB 固相萃取柱或相当者，150mg，6mL，使用前用 5mL 甲醇、5mL 水活化。

5. 仪器设备

液相色谱 - 串联质谱仪：电喷雾离子源（ESI）；分析天平：感量 0.000 01g，感量 0.000 1g；均质器；涡流混匀器；离心机；氮吹仪；超声波清洗器。

6. 试样制备与保存

6.1 试样制备

样品经高速组织捣碎机均匀捣碎，用四分法缩分出适量试样，均分成两份，装入清洁容器内，加封后作出标记。一份作为试样，一份作为留样。

6.2 试样保存

试样应在 -20℃条件下保存。

7. 测定步骤

7.1 提取

准确称取待测样品 5g（精确到 0.001g）于 100mL 离心管中，加入 1.0g 氯化钠、2.0g 无水硫酸镁、20mL 乙腈，均质 1min，10 000r/min 离心 10min，残渣加入上述提取液 10mL 再次提取，合并两次提取上清液，45℃氮气吹干，加入 1mL 乙腈，5mL 水溶解。

7.2 净化

加入 5mL 正己烷于上述溶解的液体中，涡混，弃去上层，下层液体过 HLB 固相萃取柱，依次用 5mL 水、5mL 甲醇水溶液（4.6）淋洗，8mL 甲醇洗脱，洗脱液氮气吹干，1mL 初始流动相，涡混溶解，滤膜过滤，过滤液待测。

7.3 标准曲线的制备

准确吸取 1.0μg/mL 的标准中间液（4.11）（4.12）适量，用初始流动相稀释，得 0.25μg/L、0.50μg/L、1.00μg/L、5.00μg/L、10.00μg/L、50.00μg/L、200.00μg/L 的标准物质系列工作液。

7.4 仪器参考条件

7.4.1 高效液相色谱参考条件

色谱柱：C_{18}，100mm × 3.0mm，粒径 2.7μm，或性能相当者；流动相 A：乙腈；

流动相 B：0.1% 甲酸水溶液；流速：0.3mL/min；进样量：10μL；柱温：40℃。

液相色谱梯度洗脱条件见表 4-33。

表 4-33 液相色谱梯度洗脱条件

时间（min）	A（%）	B（%）
0.00	10	90
3.00	60	40
5.00	90	10
7.00	90	10
7.10	10	90
9.00	10	90

7.4.2 质谱参考条件

电离方式：电喷雾电离（ESI）；干燥气温度：350℃；干燥气流量：10.0L/min；碰撞气：40psi；毛细管电压：4kV；扫描方式：正离子扫描；检测方式：多重反应监测（MRM）。

硝基咪唑类药物和代谢物的母离子、子离子、碎裂电压和碰撞能量见表 4-34。

表 4-34　硝基咪唑类药物和代谢物的母离子、子离子、碎裂电压和碰撞能量

化合物名称	母离子（*m/z*）	子离子（*m/z*）	碎裂电压（V）	碰撞能量（V）
地美硝唑/DMZ 二甲硝咪唑	142.1	96	90	14
	142.1	81	90	30
甲硝唑MTZ	172.1	128	90	12
	172.1	82	90	26
异丙硝唑IPZ	170.1	124	90	16
	170.1	109	90	26
2-甲硝咪唑	128.1	82	90	16
	128.1	42	90	36
4-硝基咪唑	114.1	97	90	15
	114.1	68	90	25

续表

化合物名称	母离子（*m/z*）	子离子（*m/z*）	碎裂电压（V）	碰撞能量（V）
洛硝哒唑RNZ	201.1	140	90	4
	201.1	55	90	18
氯甲硝咪唑	162.1	145	90	16
	162.1	116	90	18
苯硝咪唑	164.1	118	90	22
	164.1	91	90	40
甲硝唑代谢物	188.1	126	90	15
	188.1	123	90	10
羟甲基甲硝咪唑	158.1	140	90	10
	158.1	55	90	18
异丙硝唑代谢物	186.1	168	90	10
	186.1	122	90	20
替硝唑	248	121	100	15
	248	93	100	20
二甲硝咪唑-d3	145	99	90	16
羟甲基甲硝咪唑-d3	161.1	143	90	10
异丙硝唑-d3	173.1	127	90	18
异丙硝唑代谢物-d3	189.1	171.1	90	12
洛硝哒唑-d3	204.2	143.1	90	5

7.5 测定

7.5.1 定性测定

通过样品溶液色谱图的保留时间、各色谱峰特征离子与相应标准溶液的保留时间、各色谱峰的特征离子相对照定性。样品溶液与浓度相当的标准溶液保留时间的偏差在 ±2.5%；样品溶液中特征离子相对离子丰度比与浓度相当的标准溶液的相对离子丰度比相对偏差不超过表 4-35 的规定，则可判定样品中存在硝基咪唑类及其代谢物。

表 4-35　定性确证时相对离子丰度的最大允许偏差

相对离子丰度	>50%	>20%至50	>10%至20%	≤10%
允许的相对偏差	± 20%	± 25%	± 30%	± 50%

7.5.2 定量测定

取样品溶液和标准溶液各 10μL 注入液相色谱 - 串联质谱仪，在上述色谱 - 质谱条件下进行测定，记录特征离子质量色谱图，外标法定量。

8. 试验数据处理

采用外标法定量，用色谱数据处理软件或按式（4-14）计算样品中待测物残留量。计算结果需扣除空白值。

$$X = \frac{A \times C \times V}{A_s \times m \times 1\,000} \quad \text{（4-14）}$$

式中：

X——试样中硝基咪唑类及其代谢物的含量，单位为微克每千克（μg/kg）；

A——试样中硝基咪唑类及其代谢物的峰面积；

C——从标准工作曲线得到的硝基咪唑类及其代谢物溶液浓度，单位为纳克每毫升（ng/mL）；

V——试样溶液总定容体积，单位为毫升（mL）；

A_s——标准工作溶液中硝基咪唑类及其代谢物的峰面积；

m——试样的取样量，单位为克（g）。

每个试样取两份进行平行测定，以两次平行测定结果的算术平均值为测定结果，结果保留三位有效数字。

9. 检测方法的灵敏度

本方法硝基咪唑类及其代谢物检出限为 2.5μg/kg，定量限为 5μg/kg。

10. 检测方法的精密度

在重复性条件下两次独立测定结果的绝对差值不得超过算术平均值的 15%。

第16节
氨基糖苷类药物残留量的测定方法

1. 范围

本方法规定了氨基糖苷类药物的液相色谱-串联质谱测定方法。

本方法适用于氨基糖苷类药物的测定。

2. 规范性引用文件

下列文件中的内容通过文中的规范性引用而构成本文件必不可少的条款。其中，注日期的引用文件，仅该日期对应的版本适用于本文件；不注日期的引用文件，其最新版本（包括所有的修改单）适用于本文件。

《分析实验室用水规格和试验方法》（GB/T 6682）。

3. 原理

试样中氨基糖苷类药物残留，采用磷酸盐缓冲液提取，经过HLB固相萃取柱净化，浓缩后，高效液相色谱-质谱/质谱测定，外标法定量。

4. 试剂或材料

除非另有规定，所用试剂均为色谱纯，水符合GB/T 6682中一级水的规定。

4.1 甲醇　液相色谱级。

4.2 冰乙酸　液相色谱级。

4.3 甲酸　液相色谱级。

4.4 七氟丁酸　纯度≥99%。

4.5 浓盐酸

4.6 氢氧化钠

4.7 三氯乙酸　纯度≥99%。

4.8 乙二胺四乙酸二钠（Na_2EDTA）　纯度>99%。

4.9 磷酸二氢钾

4.10 七氟丁酸溶液（HFBA）（100mmol/L）

准确量取6.5mL七氟丁酸（4.4），用水稀释至500mL。（4℃避光可保存6个月。）

4.11 七氟丁酸溶液（20mmol/L）

准确量取 100mmol/L 七氟丁酸溶液 50mL（4.10），用水稀释至 250mL。（4℃避光可保存 6 个月。）

4.12 磷酸盐缓冲液（含 0.4mmol/L Na_2EDTA 和 2% 三氯乙酸溶液）

准确称取磷酸二氢钾（4.9）1.36g，用 980mL 水溶解，用 1.0mol/L 的盐酸调 pH 至 4.0，分别加入乙二胺四乙酸二钠（4.8）0.15g 和三氯乙酸（4.7）20g，溶解混匀并定容至 1 000mL。（4℃避光可保存 1 个月。）

4.13 甲酸（0.1%，体积分数）

准确吸取 1.0mL 甲酸（4.3）于 1 000mL 容量瓶中，用水稀释至刻度，混匀。

4.14 标准物质

链霉素、双氢链霉素、庆大霉素、卡那霉素、新霉素、壮观霉素、潮霉素 B、丁胺卡那霉素、安普霉素、妥布霉素，纯度 ≥96%。

4.15 标准储备液

准确称取标准物质（4.14）10mg（准确至 0.000 1g），用甲醇配制成 1 000μg/mL 的标准储备液。（避光 -20℃保存，有效期 3 个月。）

4.16 标准中间液

移取标准储备液（4.15）适量，用乙腈稀释成 10.0μg/mL 的标准中间液。（避光 -20℃保存，有效期 3 个月。）

4.17 固相萃取柱

HLB 固相萃取柱或相当者，150mg，6mL，使用前用 5mL 甲醇、5mL 水活化。

4.18 有机微孔滤膜　0.22μm。

5. 仪器设备

液相色谱 - 串联质谱仪：电喷雾离子源（ESI）；分析天平：感量 0.000 01g，感量 0.000 1g；均质器；涡流混匀器；离心机；氮吹仪；超声波清洗器。

6. 试样制备与保存

6.1 试样制备

样品经高速组织捣碎机均匀捣碎，用四分法缩分出适量试样，均分成两份，装入清洁容器内，加封后作出标记。一份作为试样，一份作为留样。

6.2 试样保存

试样应在 -20℃条件下保存。

7. 测定步骤

7.1 提取

准确称取待测样品 5.0g（精确到 0.001g）于 100mL 离心管中，加入 15mL 磷酸盐缓冲液（4.12），均质 1min，10 000r/min 离心 10min，残渣加入上述提取液 10mL 再次提取，合并两次提取液，调节 pH 至 7.0。

7.2 净化

加入 5mL 正己烷于上述溶解的液体中，涡混，弃去上层，下层液体过 HLB 固相萃取柱，依次用 5mL 磷酸盐缓冲液、5mL 水淋洗，抽干后，8mL 甲醇洗脱，洗脱液氮气吹干，1mL 七氟丁酸溶液（4.11），涡混溶解，滤膜过滤，过滤液待测。同时按上述步骤做样品空白试验。

7.3 标准曲线的制备

准确吸取 10.0μg/mL 的标准中间液适量，用空白试样定容液稀释，制备混合标准浓度系列，壮观霉素、双氢链霉素、链霉素、丁胺卡那霉素、卡那霉素、妥布霉素、庆大霉素分别为 50ng/mL、100ng/mL、250ng/mL、500ng/mL、1 000ng/mL，新霉素、潮霉素 B、安普霉素分别为 300ng/mL、500ng/mL、1 000ng/mL、1 500ng/mL、2 000ng/mL 的标准物质系列工作液。

7.4 仪器参考条件

7.4.1 高效液相色谱参考条件

色谱柱：C_{18}，100mm × 3.0mm，粒径 1.8μm，或性能相当者；流动相 A：乙腈；流动相 B：0.1% 甲酸水溶液；流速：0.3mL/min；进样量：10μL；柱温：40℃。

液相色谱梯度洗脱条件见表 4-36。

表 4-36　液相色谱梯度洗脱条件

时间（min）	A（%）	B（%）
0.00	20	80
3.00	50	50
5.00	90	10
8.00	90	10

续表

时间（min）	A（%）	B（%）
8.10	20	80
10.00	20	80

7.4.2 质谱参考条件

电离方式：电喷雾电离（ESI）；干燥气温度：350℃；干燥气流量：10.0L/min；碰撞气：40psi；毛细管电压：4kV；扫描方式：正离子扫描；检测方式：多重反应监测（MRM）。

氨基糖苷类的母离子、子离子、碎裂电压和碰撞能量见表4-37。

表4-37　氨基糖苷类母离子、子离子、碎裂电压和碰撞能量

化合物名称	母离子（*m/z*）	子离子（*m/z*）	碎裂电压（V）	碰撞能量（V）
链霉素	582.3	263.2	220	35
	582.3	246.1	220	45
双氢链霉素	584.3	263.2	200	32
	584.3	246.2	200	43
庆大霉素	478.3	322.2	120	9
	478.3	157.1	120	19
卡那霉素	485.3	324	130	13
	485.3	163	130	24
新霉素/硫酸新霉素	615.3	293.1	160	23
	615.3	161	160	32
壮观霉素	351.2	333.2	170	15
	351.2	207.1	170	20
潮霉素B	528.3	177.1	170	25
	528.3	352	170	20
丁胺卡那霉素	586.4	163.1	170	30
	586.4	425.2	170	15
安普霉素	540.3	217.1	140	25
	540.3	378.2	140	12
妥布霉素	468.3	163.2	125	20
	468.3	324.2	125	8

7.5 测定

7.5.1 定性测定

通过样品溶液色谱图的保留时间、各色谱峰特征离子与相应标准溶液的保留时间、各色谱峰的特征离子相对照定性。样品溶液与浓度相当的标准溶液保留时间的偏差在 ±2.5%；样品溶液中特征离子相对离子丰度比与浓度相当的标准溶液的相对离子丰度比相对偏差不超过表 4-38 的规定，则可判定样品中存在氨基糖苷类药物。

表 4-38　定性确证时相对离子丰度的最大允许偏差

相对离子丰度	＞50%	＞20%至50%	＞10%至20%	≤10%
允许的相对偏差	±20%	±25%	±30%	±50%

7.5.2 定量测定

取样品溶液和标准溶液各 10μL 注入液相色谱 - 串联质谱仪，在上述色谱 - 质谱条件下进行测定，记录特征离子质量色谱图，外标法定量。

8. 试验数据处理

采用外标法定量，用色谱数据处理软件或按式（4-15）计算样品中待测物残留量。计算结果需扣除空白值。

$$X = \frac{A \times C \times V}{A_s \times m \times 1\,000} \quad \text{（4-15）}$$

式中：

X——试样中氨基糖苷类药物的含量，单位为微克每千克（μg/kg）；

A——试样中氨基糖苷类药物的峰面积；

C——从标准工作曲线得到的氨基糖苷类药物溶液浓度，单位为纳克每毫升（ng/mL）；

V——试样溶液总定容体积，单位为毫升（mL）；

A_s——标准工作溶液中氨基糖苷类药物的峰面积；

m——试样的取样量，单位为克（g）。

每个试样取两份进行平行测定，以两次平行测定结果的算术平均值为测定结果，结果保留三位有效数字。

9. 检测方法的灵敏度

本方法的壮观霉素、双氢链霉素、链霉素、丁胺卡那霉素、卡那霉素、妥布霉素、庆大霉素定量限为 20μg/kg，新霉素、潮霉素 B、安普霉素定量限为 100μg/kg。

10. 检测方法的精密度

在重复性条件下两次独立测定结果的绝对差值不得超过算术平均值的 15%。

第 17 节
青霉素类药物残留量的测定方法

1. 范围

本方法规定了动物源性食品青霉素类药物的液相色谱 - 串联质谱测定方法。

本方法适用于动物源性食品青霉素类药物的测定。

2. 规范性引用文件

下列文件中的内容通过文中的规范性引用而构成本文件必不可少的条款。其中，注日期的引用文件，仅该日期对应的版本适用于本文件；不注日期的引用文件，其最新版本（包括所有的修改单）适用于本文件。

《分析实验室用水规格和试验方法》（GB/T 6682）。

3. 原理

样品中青霉素族抗生素残留物用乙腈 - 水溶液提取，提取液经浓缩后，用缓冲溶液溶解，固相萃取小柱净化，洗脱液经氮气吹干后，用液相色谱 - 质谱 / 质谱测定，外标法定量。

4. 试剂或材料

除非另有规定，所用试剂均为色谱纯，水符合 GB/T 6682 中一级水的规定。

4.1 乙腈

4.2 甲醇

4.3 甲酸

4.4 氯化钠

4.5 氢氧化钠

4.6 磷酸二氢钾

4.7 磷酸氢二钾

4.8 0.1mol/L 氢氧化钠

称取 4g 氢氧化钠，并用水稀释至 1 000mL。

4.9 乙腈 + 水（15+2，体积比）

4.10 乙腈 + 水（30+70，体积比）

4.11 0.05mol/L 磷酸盐缓冲溶液（pH 至 8.5）

称取 8.7g 磷酸氢二钾，超纯水溶解，稀释至 1 000mL，用磷酸二氢钾调节 pH 至 8.5 ± 0.1。

4.12 0.025mol/L 磷酸盐缓冲溶液（pH 至 7.0）

称取 3.4g 磷酸二氢钾,超纯水溶解,稀释至 1 000mL,用氢氧化钠调节 pH 至 7.0 ± 0.1。

4.13 0.01mol/L 乙酸铵溶液（pH 至 4.5）

称取 0.77g 乙酸铵，纯水溶解，稀释至 1 000mL，用甲酸调节 pH 至 4.5 ± 0.1。

4.14 青霉素族抗生素标准品

阿莫西林、氨苄青霉素、邻氯青霉素、双氯青霉素、乙氧萘胺青霉素、苯唑青霉素、苄青霉素、苯氧甲基青霉素、苯咪青霉素、甲氧苯青霉素、苯氧乙基青霉素，纯度均 ≥95%。

4.15 青霉素族抗生素混合标准储备溶液（100μg/mL）

称取适量标准品（4.14），分别用乙腈水溶液（4.10）溶解并定容至 100mL，各种青霉素族抗生素浓度为 100μg/mL，置于 -18℃冰箱避光保存，保存期 5 天。

4.16 青霉素族抗生素混合标准中间溶液（10μg/mL）

分别吸取 10mL 的标准储备液（4.15）于 100mL 容量瓶中准确定容。置于 -4℃冰箱避光保存，保存期 5 天。

4.17 有机微孔滤膜 0.22μm。

4.18 固相萃取柱

HLB 固相萃取柱或相当者，500mg，6mL，使用前用 5mL 甲醇、5mL 水活化。

5. 仪器设备

液相色谱 - 串联质谱仪：电喷雾离子源（ESI）；分析天平：感量 0.000 01g，感量 0.000 1g；均质器；涡流混匀器；离心机；氮吹仪；超声波清洗器。

6. 试样制备与保存

6.1 试样制备

样品经高速组织捣碎机均匀捣碎，用四分法缩分出适量试样，均分成两份，装入清洁容器内，加封后作出标记。一份作为试样，一份作为留样。

6.2 试样保存

试样应在 -20℃条件下保存。

7. 测定步骤

7.1 提取

准确称取待测样品 5g（精确到 0.001g）于 100mL 离心管中，加入 20mL 乙腈水（4.9），均质 1min，10 000r/min 离心 10min，残渣加入上述提取液 10mL 再次提取，合并两次提取液，45℃氮气吹干，加入 5mL 磷酸盐缓冲液溶解并调节 pH 至 8.5。

7.2 净化

加入 5mL 正己烷于上述溶解的液体中，涡混，弃去上层，下层液体过 HLB 固相萃取柱，依次用 2mL 磷酸盐缓冲液、1mL 水淋洗，5mL 乙腈（4.1）洗脱，洗脱液氮气吹干，1mL 初始流动相，涡混溶解，滤膜过滤，过滤液待测。同时按上述步骤做样品空白试验。

7.3 标准曲线的制备

准确吸取 10.0μg/mL 的标准中间液（4.16）适量，用空白试样溶液稀释，得 0.25μg/L、0.50μg/L、1.00μg/L、5.00μg/L、10.00μg/L、50.00μg/L、200.00μg/L 的标准物质系列工作液。

7.4 仪器参考条件

7.4.1 高效液相色谱参考条件

色谱柱：C_{18}，100mm × 3.0mm，粒径 2.7μm，或性能相当者；流动相 A：乙腈；流动相 B：0.01mol/L 乙酸铵溶液（甲酸调节 pH 至 4.5）；流速：0.3mL/min；进样量：10μL；柱温：40℃。

液相色谱梯度洗脱条件见表 4-39。

表 4-39　液相色谱梯度洗脱条件

时间（min）	A（%）	B（%）
0.00	5	95

续表

时间（min）	A（%）	B（%）
5.00	30	70
8.00	90	10
8.10	5	95
10.00	5	95

7.4.2 质谱参考条件

电离方式：电喷雾电离（ESI）；干燥气温度：350℃；干燥气流量：10.0 L/min；碰撞气：40psi；毛细管电压：4kV；扫描方式：正离子扫描；检测方式：多重反应监测（MRM）。

11种青霉素类药物和代谢物的母离子、子离子、碎裂电压和碰撞能量见表4-40。

表4-40　11种青霉素类药物和代谢物母离子、子离子、碎裂电压和碰撞能量

化合物名称	母离子（*m/z*）	子离子（*m/z*）	碎裂电压（V）	碰撞能量（V）
阿莫西林	366	349* 208	110	20 10
氨苄青霉素	350	106* 192	120	5 15
邻氯青霉素	436	277* 160	110	20 10
双氯青霉素	492	182* 333	100	10 30
乙氧萘胺青霉素	415	199* 256	130	15 15
苯唑青霉素	402	160* 243	120	10 15
苄青霉素	335	160* 175	110	15 15
苯氧甲基青霉素	351	160* 192	100	15 15
苯咪青霉素	462	218* 246	130	10 20
甲氧苯青霉素	381	165* 222	100	10 20
苯氧乙基青霉素	387	182* 228	100	10 20

注：* 表示定量离子。

7.5 测定

7.5.1 定性测定

通过样品溶液色谱图的保留时间、各色谱峰特征离子与相应标准溶液的保留时

间、各色谱峰的特征离子相对照定性。样品溶液与浓度相当的标准溶液保留时间的偏差在 ±2.5%；样品溶液中特征离子相对离子丰度比与浓度相当的标准溶液的相对离子丰度比相对偏差不超过表 4-41 的规定，则可判定样品中存在青霉素类药物。

表 4-41　定性确证时相对离子丰度的最大允许偏差

相对离子丰度	＞50%	＞20%至50%	＞10%至20%	≤10%
允许的相对偏差	±20%	±25%	±30%	±50%

7.5.2 定量测定

取样品溶液和标准溶液各 10μL 注入液相色谱 - 串联质谱仪，在上述色谱 - 质谱条件下进行测定，记录特征离子质量色谱图，外标法定量。

8. 试验数据处理

采用外标法定量，用色谱数据处理软件或按式（4-16）计算样品中待测物残留量。计算结果需扣除空白值。

$$X=\frac{A\times C\times V}{A_s\times m\times 1\,000} \qquad (4\text{-}16)$$

式中：

X——试样中青霉素类药物的含量，单位为微克每千克（μg/kg）；

A——试样中青霉素类药物的峰面积；

C——从标准工作曲线得到的青霉素类药物溶液浓度，单位为纳克每毫升（ng/mL）；

V——试样溶液总定容体积，单位为毫升（mL）；

A_s——标准工作溶液中青霉素类药物的峰面积；

m——试样的取样量，单位为克（g）。

每个试样取两份进行平行测定，以两次平行测定结果的算术平均值为测定结果，结果保留三位有效数字。

9. 检测方法的灵敏度

本方法青霉素检出限为 5μg/kg，定量限为 10μg/kg。

10. 检测方法的精密度

在重复性条件下两次独立测定结果的绝对差值不得超过算术平均值的15%。

第18节
头孢类药物残留量的测定方法

1. 范围

本方法规定了动物源性食品头孢类药物的液相色谱-串联质谱测定方法。

本方法适用于动物源性食品头孢类药物的测定。

2. 规范性引用文件

下列文件中的内容通过文中的规范性引用而构成本文件必不可少的条款。其中，注日期的引用文件，仅该日期对应的版本适用于本文件；不注日期的引用文件，其最新版本（包括所有的修改单）适用于本文件。

《分析实验室用水规格和试验方法》（GB/T 6682）。

3. 原理

试样中头孢类药物残留，用磷酸二氢钠缓冲溶液提取，固相萃取柱净化，液相色谱-串联质谱仪测定，外标法定量。

4. 试剂或材料

除非另有规定，所用试剂均为色谱纯，水符合GB/T 6682中一级水的规定。

4.1 甲醇

4.2 乙腈

4.3 磷酸二氢钠（NaH_2PO_4）

4.4 氢氧化钠

4.5 乙酸

4.6 5mol/L氢氧化钠溶液

称取20g氢氧化钠（4.4），用水溶解，定容至100mL。

4.7 0.15mol/L 磷酸二氢钠缓冲溶液

称取 18.0g 磷酸二氢钠（4.3），用水溶解，定容至 1 000mL，然后用氢氧化钠溶液调节 pH 至 8.5。

4.8 标准物质：

头孢唑林、头孢匹林、头孢氨苄、头孢洛宁、头孢喹肟，纯度 ≥99%。

4.9 1.0mg/mL 五种头孢类标准储备液

准确称取每种标准物质(4.8),分别用水配制成浓度为 1.0mg/mL 的标准储备液。（避光 4℃保存，有效期 7 天。）

4.10 标准中间液

移取标准储备液（4.9）适量,用水稀释成 10.0μg/mL 的标准中间液。（避光 4℃保存，有效期 7 天。）

4.11 有机微孔滤膜 0.22μm。

4.12 固相萃取柱

HLB 固相萃取柱或相当者，500mg，6mL，使用前用 5mL 甲醇、5mL 水、5mL 磷酸盐缓冲液（4.7）活化。

5. 仪器设备

液相色谱 - 串联质谱仪：电喷雾离子源（ESI）；分析天平：感量 0.000 01g，感量 0.000 1g；均质器；涡流混匀器；离心机；氮吹仪；超声波清洗器。

6. 试样制备与保存

6.1 试样制备

样品经高速组织捣碎机均匀捣碎，用四分法缩分出适量试样，均分成两份，装入清洁容器内，加封后作出标记。一份作为试样，一份作为留样。

6.2 试样保存

试样应在 -20℃条件下保存。

7. 测定步骤

7.1 提取

称取 5g（精确到 0.01g）试样置于 100mL 离心管中，加入 25mL 磷酸二氢钠缓冲溶液（4.7）均质提取 1min，用氢氧化钠溶液，调节 pH 至 8.50。

7.2 净化

加入 5mL 正己烷于上述溶解的液体中，涡混，弃去上层，下层液体过 HLB 固相萃取柱，依次用 5mL 磷酸二氢钠缓冲液（4.7）、5mL 水淋洗，5mL 乙腈（4.2）洗脱，洗脱液氮气吹干，1mL 初始流动相，涡混溶解，滤膜过滤，过滤液待测。同时按上述步骤做样品空白试验。

7.3 标准曲线的制备

准确吸取 10.0μg/mL 的标准中间液（4.10）适量，用空白试样溶液稀释，得 0.25μg/L、0.5μg/L、1.0μg/L、5.0μg/L、10.0μg/L、50μg/L、200μg/L 的标准物质系列工作液。

7.4 仪器参考条件

7.4.1 高效液相色谱参考条件

色谱柱：C_{18}，100mm × 3.0mm，粒径 2.7μm，或性能相当者；流动相 A：乙腈；流动相 B：0.1% 甲酸水溶液；流速：0.3mL/min；进样量：10μL；柱温：40℃。

液相色谱梯度洗脱条件见表 4-42。

表 4-42　液相色谱梯度洗脱条件

时间（min）	A（%）	B（%）
0.00	15	85
3.00	50	50
5.00	90	10
8.00	90	10
8.10	15	85
10.00	15	85

7.4.2 质谱参考条件

电离方式：电喷雾电离（ESI）；干燥气温度：350℃；干燥气流量：10.0L/min；碰撞气：40psi；毛细管电压：4kV；扫描方式：正离子扫描；检测方式：多重反应监测（MRM）。

五种头孢类药物的母离子、子离子、去簇电压和碰撞能量见表 4-43。

表 4-43　五种头孢类药物的母离子、子离子、去簇电压和碰撞能量

化合物名称	母离子（*m/z*）	子离子（*m/z*）	去簇电压（V）	碰撞能量（V）
头孢唑林	456	324* 156	50	17 24

续表

化合物名称	母离子（m/z）	子离子（m/z）	去簇电压（V）	碰撞能量（V）
头孢匹林	424	292* 152	45	23 34
头孢氨苄	348	158* 174	40	14 22
头孢洛宁	459	152* 123	35	29 18
头孢喹肟	529	134* 396	49	21 19

注：*表示定量离子。

7.5 测定

7.5.1 定性测定

通过样品溶液色谱图的保留时间、各色谱峰特征离子与相应标准溶液的保留时间、各色谱峰的特征离子相对照定性。样品溶液与浓度相当的标准溶液保留时间的偏差在 ±2.5%；样品溶液中特征离子相对离子丰度比与浓度相当的标准溶液的相对离子丰度比相对偏差不超过表 4-44 的规定，则可判定样品中存在头孢类药物。

表 4-44　定性确证时相对离子丰度的最大允许偏差

相对离子丰度	＞50%	＞20%至50%	＞10%至20%	≤10%
允许的相对偏差	±20%	±25%	±30%	±50%

7.5.2 定量测定

取样品溶液和标准溶液各 10μL 注入液相色谱 - 串联质谱仪，在上述色谱 - 质谱条件下进行测定，记录特征离子质量色谱图，外标法定量。

8. 试验数据处理

采用外标法定量，用色谱数据处理软件或按式（4-17）计算样品中待测物残留量。计算结果需扣除空白值。

$$X = \frac{A \times C \times V}{A_s \times m \times 1\,000} \quad \text{（4-17）}$$

式中：

X——试样中头孢类药物的含量，单位为微克每千克（μg/kg）；

A——试样中头孢类药物的峰面积；

C——从标准工作曲线得到的头孢类药物溶液浓度，单位为纳克每毫升（ng/mL）；

V——试样溶液总定容体积，单位为毫升（mL）；

A_s——标准工作溶液中头孢类药物的峰面积；

m——试样的取样量，单位为克（g）。

每个试样取两份进行平行测定，以两次平行测定结果的算术平均值为测定结果，结果保留三位有效数字。

9. 检测方法的灵敏度

本方法头孢类药物检出限为 5μg/kg，定量限为 10μg/kg。

10. 检测方法的精密度

在重复性条件下两次独立测定结果的绝对差值不得超过算术平均值的 15%。

第五章　动物源性食品中兽药残留检测应用实例

第1节
高效液相色谱-串联质谱法测定猪肉中的阿维菌素类、地克珠利、妥曲珠利及其代谢物残留

阿维菌素类药物是从链霉菌的发酵产物中分离出来的大环内酯类杀虫剂，对动植物的寄生线虫和节肢动物均有高效的驱杀作用。这类药物包括阿维菌素、伊维菌素、多拉菌素、莫西菌素、乙酰氨基阿维菌素等，对大鼠的半致死量为10 mg/kg，与有机磷农药的毒性相仿，属高毒农药。美国、欧盟、日本等均制定了阿维菌素类药物的最高残留限量。20世纪80年代出现的均三嗪类抗球虫药因其高效、广谱、毒性低，在畜牧业生产中受到了广泛的重视。目前生产中使用的均三嗪类药物主要有地克珠利和妥曲珠利，地克珠利和妥曲珠利可有效杀灭包括球虫在内的多种原虫，属高效抗球虫药物。妥曲珠利在动物体内的主要代谢产物为妥曲珠利砜和妥曲珠利亚砜。

采用QuEChERS技术进行样品前处理，然后利用高效液相色谱-串联质谱法（HPLC-MS/MS）进行检测，建立了动物源性食品中阿维菌素、伊维菌素、多拉菌素、莫西菌素、乙酰氨基阿维菌素、地克珠利、妥曲珠利、妥曲珠利砜、妥曲珠利亚砜等两类9种化合物的同时检测方法。方法步骤简单，可操作性强，具有良好的准确度和精密度，9种化合物的化学结构式见图5-1。

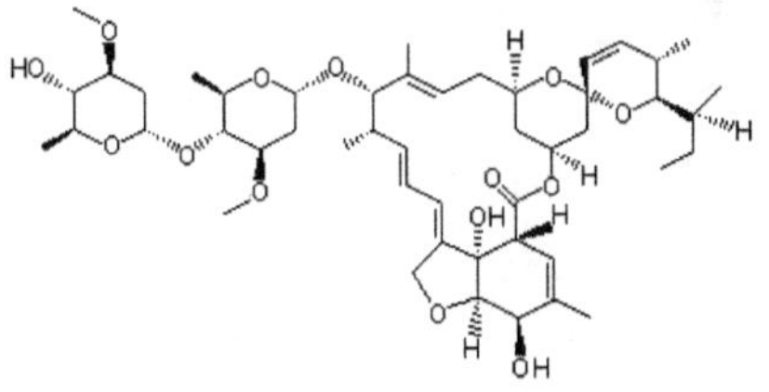

（1）阿维菌素（Avermectin） 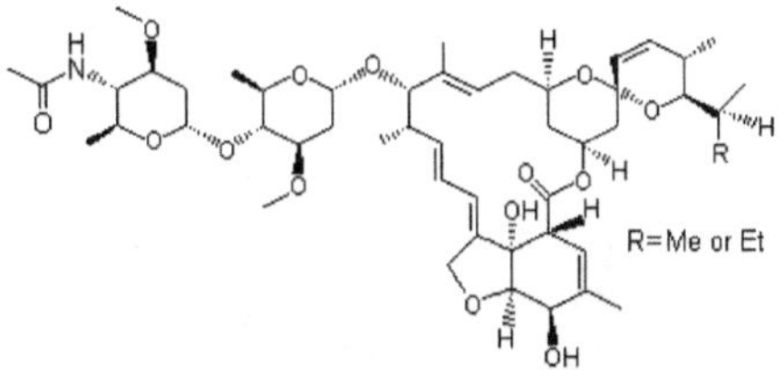　　（2）乙酰氨基阿维菌素（Eprinomectin）

R=Me or Et

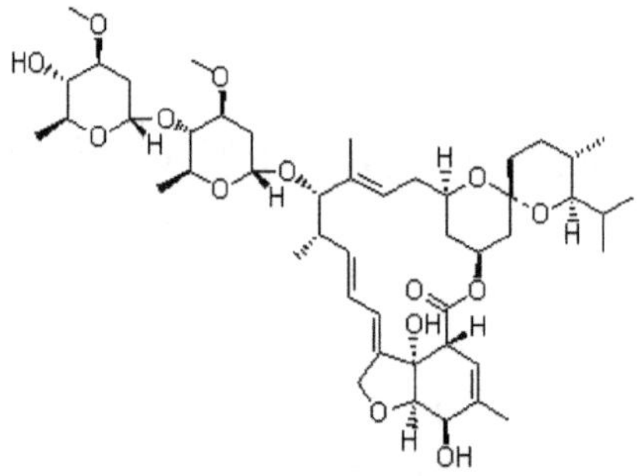

（3）伊维菌素（Ivermectin）

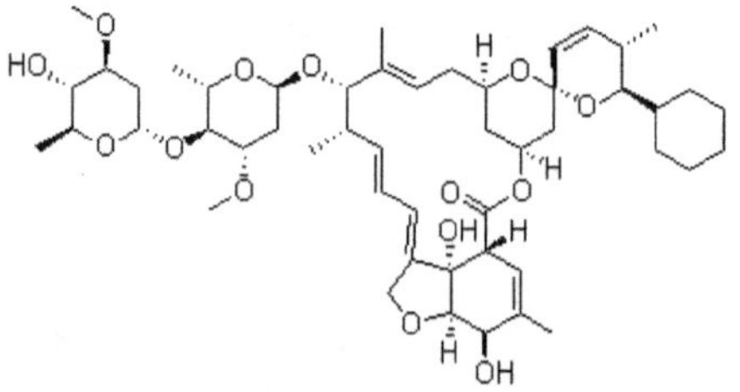

（4）多拉菌素（Doramectin）

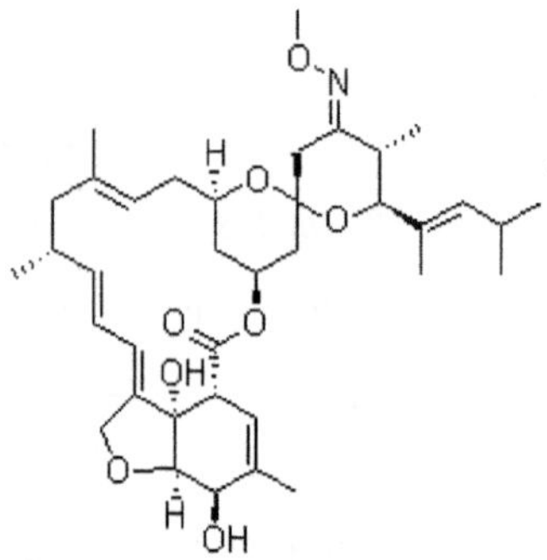

（5）莫西菌素（Moxidectin）

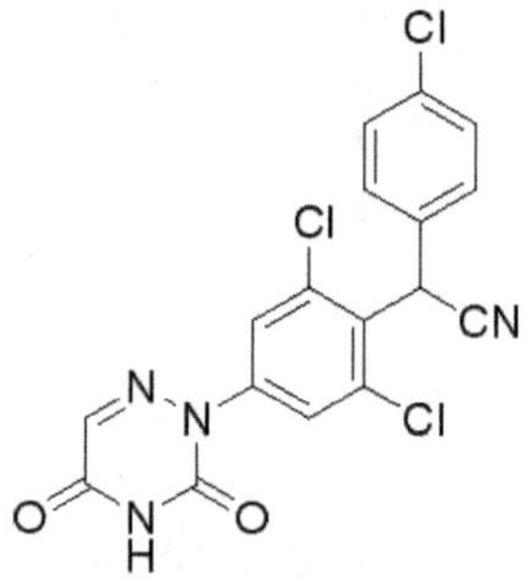

（6）地克珠利（Diclazuril）

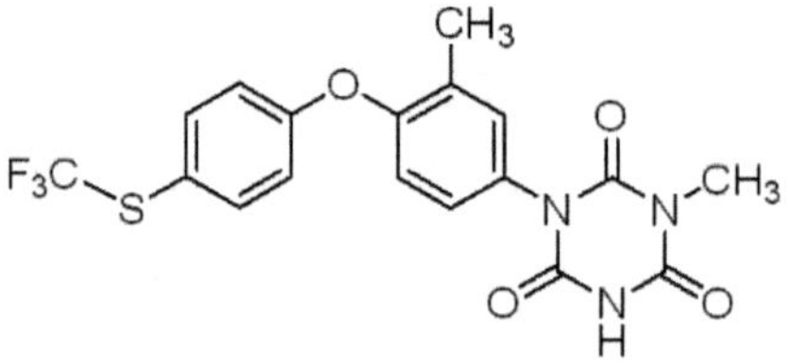

（7）妥曲珠利（Toltrazuril）

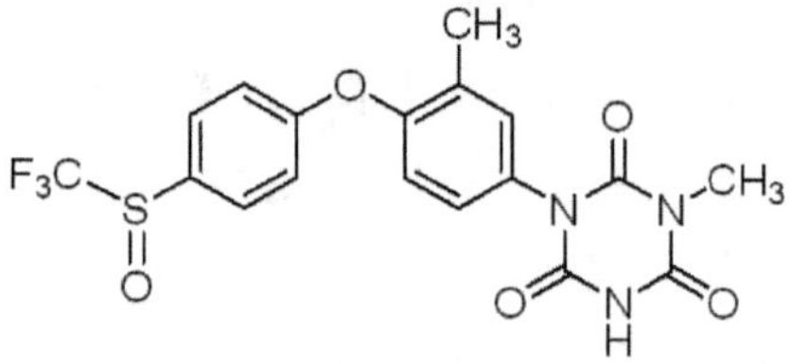

（8）妥曲珠利亚砜（Toltrazuril sulfoxide）

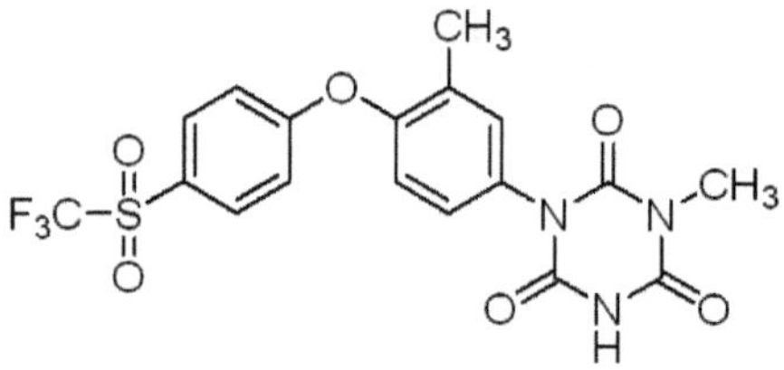

（9）妥曲珠利砜（Toltrazuril sulfone）

图 5-1 9 种化合物的分子结构

1. 实验部分

1.1 仪器、试剂与材料

Agilent 1200-6430 液相色谱 - 串联质谱仪（Agilent 公司）；Mettler AE163 万分之一天平（Mettler 公司）；IKA T25 均质器、IKA MS1 振荡器（IKA 公司）；Eppendorf 5810R 高速冷冻离心机（Eppendorf 公司）；N-EVAP-111 氮吹仪（美国 Organomation 公司）。

阿维菌素、伊维菌素、多拉菌素、莫西菌素、乙酰氨基阿维菌素、地克珠利、妥曲珠利、妥曲珠利砜、妥曲珠利亚砜标准品均购自 Sigma-Aldrich 公司；乙腈、甲醇、甲酸（色谱纯），水为 Milli-Q 超纯水，使用前过 0.45μm 滤膜；无水硫酸镁、中性 Al_2O_3（分析纯）；N- 丙基乙二胺粉（PSA）、二甲基十八碳硅烷粉（ODS）、石墨化炭黑粉（GCB）、氨丙基粉（NH_2）均购自 Agela Technologies 公司。

1.2 标准溶液的配制

准确称取阿维菌素、伊维菌素、多拉菌素、莫西菌素、乙酰氨基阿维菌素、地克珠利、妥曲珠利、妥曲珠利砜、妥曲珠利亚砜各 10mg，用乙腈溶解，准确定容至 100mL，得到质量浓度为 100mg/L 的单标准储备液，避光于 4℃下保存。使用时用基质空白提取液稀释成适当浓度的标准工作液。为避免分析物分解，应采用棕色器皿保存，现用现配。

1.3 样品处理

准确称取 5.0g 样品，置于 100mL 塑料离心管中，加入 5.0g 无水硫酸镁，加入乙腈 15mL，于均质机上高速均质 2min 左右，于 10 000r/min 下离心 10min，取上清液 9mL，氮吹浓缩后，用乙腈定容到 1.5mL，将定容后的溶液加入含有 150mg ODS 吸附剂的玻璃试管中，于 1 400r/min 涡旋混匀 2min，离心后取 1mL 上清液，氮吹至近干，用初始流动相定容至 1mL，供测定。

1.4 HPLC-MS/MS 条件

1.4.1 HPLC 条件

色谱柱：Venusil ASB C_{18} 柱（150mm×2.1mm，3.0μm）。柱温：40℃。流速：0.4mL/min。进样量：10μL。流动相：A 相为 5mmol/L 乙酸铵 +0.1% 甲酸水，B 相为乙腈。梯度洗脱程序：0 ~ 3.0min，75% ~ 90%B；3.0 ~ 7.0min，90%B；7.0 ~ 8.0min，90% ~ 75%B，平衡 2min。

1.4.2 MS/MS 条件

电离源：电喷雾离子源（ESI）；扫描方式：多重反应监测（MRM）模式；干燥气温度：350℃；干燥气流速：6L/min；喷雾针压力：210Pa（30psi）；电子倍增器电压：

4 000V；碰撞气：高纯氮（纯度为 99.999%）。9 种化合物的质谱检测参数见 5-1 表。

表 5-1 9 种药物的质谱检测参数

分析物	母离子（*m/z*）	子离子（*m/z*）	毛细管电压（V）	碰撞能量（eV）
Doramectin（多拉菌素）	916.4	331.0*，593.3	135	16，10
Avermectin（阿维菌素）	890.5	305.2*，567.1	135	18，10
Ivermectin（伊维菌素）	892.4	569.1*，306.9	135	10，25
Moxidectin（莫西菌素）	640.4	528.3*，498.3	135	6，6
Eprinomectin（乙酰氨基阿维菌素）	914.4	330.2*，185.9	135	7，9
Diclazuril（地克珠利）	404.9	333.8*，335.0	110 110	15 15
Toltrazuril（妥曲珠利）	423.9	423.9*	130	0
Toltrazuril sulfone（妥曲珠利砜）	455.9	455.9*	100	0
Toltrazuril sulfoxide（妥曲珠利亚砜）	439.9	370.9*	100	5

注：* 表示定量离子。

2. 结果与讨论

2.1 提取溶剂的选择

阿维菌素类药物和均三嗪类药物属于弱极性物质，易溶于甲苯、乙酸乙酯、丙酮、甲醇、乙腈等有机溶剂，微溶于正已烷和石油醚，在水中的溶解度极低。本文分别以甲醇、乙酸乙酯、乙腈作为提取溶剂进行提取，均得到了良好的提取效果，其中乙腈能更有效地沉淀蛋白，减少杂质干扰，同时也利于下一步用 QuEChERS 技术进行净化，因此选择乙腈作为提取溶剂。

2.2 净化条件的选择

2.2.1 正已烷液 - 液萃取净化对回收率的影响

在兽药残留分析中经常用正已烷通过液 - 液萃取去除样品中的脂肪等杂质。由于阿维菌素类药物微溶于正已烷，为了考察液 - 液萃取净化法对回收率的影响，取 2mL 乙腈溶解的质量浓度为 0.05mg/L 的 9 种药物的混合标准溶液，加入 2mL 正已烷，涡旋混匀，取乙腈层上机检测，计算回收率，结果见表 5-2。由表 5-2 可以看出正已烷对阿维菌素、莫西菌素、乙酰氨基阿维菌素等几种药物均有一定的溶解，因而影响了这些药物的回收率。

2.2.2 各种吸附剂粉净化对回收率的影响

由于正己烷在与乙腈液-液萃取过程对几种目标物均有一定的溶解，影响最终的回收率，因此我们考虑采用其他的净化方式。QuEChERS 技术是 2003 年由美国化学家 Steven J. Lehotay 和德国的 Michelangelo Anastassiades 提出的一种快速、简单、低成本的样品处理方法，该方法采用分散固相萃取（dispersive-SPE）净化法，即提取液中直接加入吸附剂粉进行净化，经离心后取上清液进行检测。

为了选择合适的吸附剂，首先考察了各种吸附剂粉对回收率的影响。取 2mL 乙腈溶解的质量浓度为 0.05mg/L 的 9 种药物的混合标准溶液，分别加入 150mg 不同的吸附剂，经振荡、离心后，取上清液 1mL 进行测定，重复 6 次试验，计算平均回收率，结果见表 5-2。由表 5-2 可以看出，ODS 对目标物的吸附较少，同时又可以很好地吸附脂肪酸、维生素、色素、甾醇等杂质，因此选择 ODS 作为最终的吸附剂。

表 5-2　9 种药物混合标准溶液分别经 ODS、PSA、NH_2、GCB、中性 Al_2O_3、正己烷净化处理后的回收率（n=6）

分析物	ODS（%）	PSA（%）	NH_2（%）	GCB（%）	中性Al_2O_3（%）	正己烷（%）
Avermectin（阿维菌素）	77.6	33.9	33.1	0.2	7.5	63.1
Ivermectin（伊维菌素）	80.3	50.9	50.2	0.9	10.8	75.5
Doramectin（多拉菌素）	88.5	45.8	43.3	0.9	10.9	89.5
Moxidectin（莫西菌素）	88.9	68.4	72.2	12.7	58.1	70.1
Eprinomectin（乙酰氨基阿维菌素）	79.2	56.9	52.4	0.5	18.5	62.1
Diclazuril（地克珠利）	88.5	0.7	1.1	4.2	19.6	83.5
Toltrazuril（妥曲珠利）	96.6	2.6	15.2	47.4	7.7	90.2
Toltrazuril sulfone（妥曲珠利砜）	98.2	2.0	13.6	54.9	7.6	86.7
Toltrazuril sulfoxide（妥曲珠利亚砜）	95.3	0	12.9	49.5	7.3	87.4

2.2.3 QuEChERS 的净化效果

采用 LC-MS 进行药物残留分析时常用的电喷雾电离源（ESI 源）分析的主要是极性化合物。分散固相萃取的原理是通过吸附粉末的吸附作用达到净化的效果，此种净化方法恰恰可以去除对液质联用分析干扰最严重的极性中小分子杂质。因此二者相互结合可以发挥最大的检测效力。我们利用质谱在全扫描方式下对净化效果进行了考察，图 5-2 是猪肉基质提取液 QuEChERS 净化前后的全扫描图，从图 5-2 中可以看出，吸附剂对杂质有着非常强烈的吸附作用，通过吸附净化后主要杂质峰大大降低。

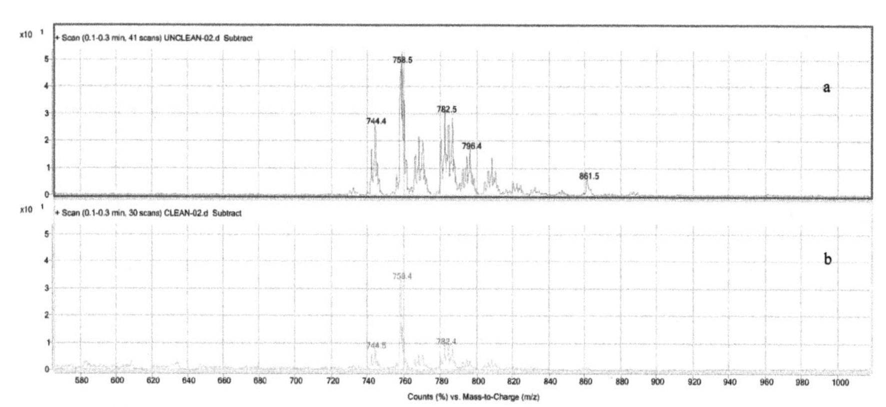

图 5-2　猪肉基质 QuEChERS（a）净化前和（b）净化后的质谱全扫描图

2.3 HPLC-MS/MS 条件的优化

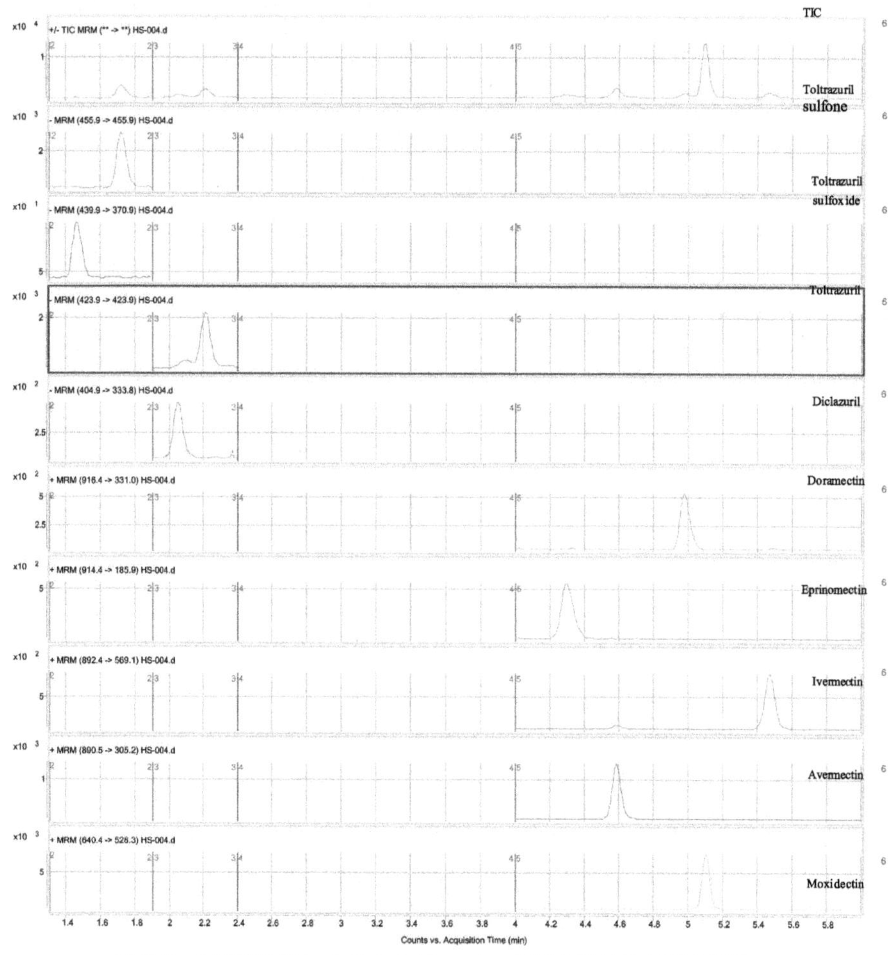

图 5-3　9 种药物添加水平为 0.02 mg/kg 的猪肉样品的 MRM 谱图

阿维菌素类药物和均三嗪类药物的极性较弱，在反相色谱柱上的保留较强，因此选择较高比例的乙腈作为强洗脱溶剂。母离子扫描显示：阿维菌素类药物在正离子模式下，目标物监测离子以 $[M+NH_4]^+$ 形式存在的量较多；均三嗪类药物在负离子模式下，目标物监测离子以 $[M-H]^-$ 形式存在的量较多。在流动相中加入甲酸和乙酸铵可以同时兼顾正、负两种模式下的灵敏度，并且可以有效地改善峰形。实验结果表明，以 5mmol/L 乙酸铵 +0.1% 甲酸水和乙腈为流动相最为合适。在寻找化合物子离子的过程中，由于分子结构的原因，妥曲珠利和妥曲珠利砜在 ESI$^-$ 模式下，无论在何种碰撞能量下都无法得到合适的子离子，故只能利用选择离子扫描（SIM）模式对母离子进行检测，其信噪比可以满足要求。9 种药物添加水平均为 0.02mg/kg 的猪肉样品和猪肉空白样品的 MRM 谱图分别见图 5-3 和图 5-4。

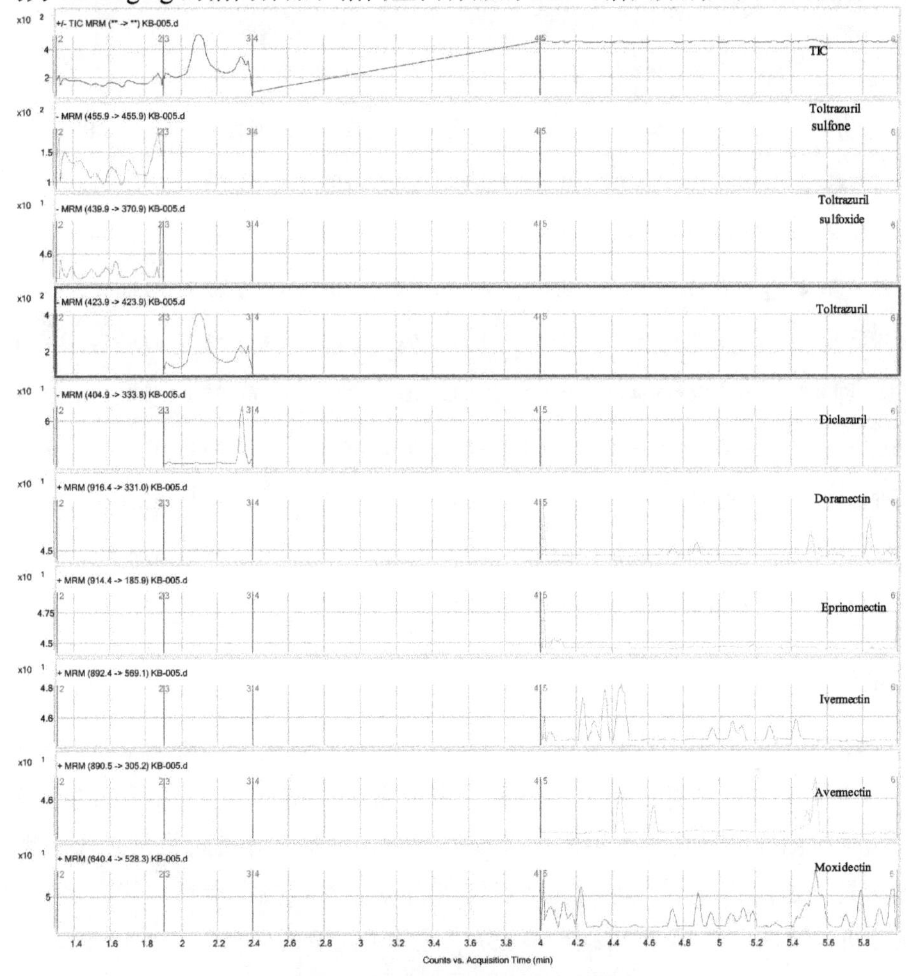

图 5-4　空白猪肉样品的 MRM 谱图

2.4 线性范围、定量限、回收率和精密度

用基质提取液配制一系列不同质量浓度的 9 种药物混合标准溶液，依次进样分析，以峰面积 y 为纵坐标、质量浓度 x（mg/L）为横坐标制作校准曲线，结果见表 5-3。9 种分析物在 0.005 ～ 0.1mg/L 范围线性关系良好。根据 10 倍信噪比计算定量限，9 种药物的定量限均为 0.005mg/kg，能满足日本、欧盟等国家规定的最大残留限量的检测要求。

用空白样品加标方法进行回收率和精密度实验。分别对猪肉进行 3 个不同加标水平的回收率测定，每个水平平行测定 7 次，计算回收率和相对标准偏差，结果见表 5-3。9 种药物在 0.005mg/kg、0.01mg/kg、0.02mg/kg 加标水平的回收率为 73.2% ～ 91.5%，相对标准偏差（RSD）为 12% ～ 17%。

表 5-3　9 种药物的回归方程、相关系数、回收率与相对标准偏差

分析物	线性方程	r	添加水平（mg/kg）	回收率（%）	RSD（%）
阿维菌素	y=179.10x+198.49	0.993	0.005，0.01，0.02	76.7，78.6，77.2	17，12，12
多拉菌素	y=81.98x-23.37	0.994	0.005，0.01，0.02	87.5，87.1，88.2	16，13，12
莫西菌素	y=380.87x+107.66	0.997	0.005，0.01，0.02	80.7，82.3，84.8	13，13，13
伊维菌素	y=101.50x+75.60	0.991	0.005，0.01，0.02	79.6，81.7，82.4	14，14，12
乙酰氨基阿维菌素	y=124.86x+124.06	0.993	0.005，0.01，0.02	75.6，75.8，75.4	15，13，13
地克珠利	y=811.39x-660.88	0.999	0.005，0.01，0.02	86.3，86.4，87.8	16，15，14
妥曲珠利	y=1 494.40x+7 734.48	0.994	0.005，0.01，0.02	88.9，89.5，91.5	16，14，14
妥曲珠利砜	y=2 458.71x-8 231.40	0.999	0.005，0.01，0.02	88.7，88.5，89.6	17，16，16
妥曲珠利亚砜	y=43.08x+66.8	0.997	0.005，0.01，0.02	73.4，73.2，74.2	17，16，15

3. 结论

将最先应用于农药多残留分析的 QuEChERS 技术引入阿维菌素及均三嗪两类兽药残留分析的样品前处理过程，采用高效液相色谱法 - 串联四极杆质谱法同时检测确证猪肉中 5 种阿维菌素类药物 4 种均三嗪类药物及其代谢物。该方法具有适用性强、简单快速、经济等特点，各项技术指标均能满足日常检测分析的要求，应用于实际样品检测，得到了满意的效果。

第2节
高效液相色谱-串联质谱法检测鸡肉中8种镇静剂残留

镇静剂类药物对动物中枢神经系统有抑制作用，在畜禽饲养和运输过程中可作为麻醉剂和止痛剂减轻或消除动物的狂躁不安、兴奋，达到减少死亡率、增重催肥及缩短出栏时间的目的。此类药物潜伏在动物体内，被人食用后会损害人的中枢神经系统，引起体位性低血压、心悸、运动障碍、肝损害、恶性综合征，甚至诱变致癌。因此，许多国家将此类药物列为禁药，并对动物源性食品中镇静剂类药物残留量有严格的限量要求。国际食品法典委员会（CAC）规定畜肉中阿扎哌醇、咔唑心安在畜肉中的最高残留限量值分别为肌肉、脂肪中60μg/kg和5.0μg/kg，肝脏、肾脏中100μg/kg和25μg/kg。我国农业部235号公告已明确规定阿扎哌隆、阿扎哌醇在猪肉、脂肪、肝脏和肾脏中的最高残留限量值分别为60μg/kg、60μg/kg、100μg/kg、100μg/kg，氯丙嗪只允许治疗使用，不得在动物源性食品中检出。

目前，国内外对镇静剂的检测方法有酶联免疫法（ELISA）、高效液相色谱法（HPLC）、气相色谱-质谱法（GC-MS）、高效液相色谱-串联质谱法（HPLC-MS/MS）等。ELISA法检测后需要其他方法验证，高效液相色谱法灵敏度低，气相色谱-质谱法虽灵敏度高，但在兽残样品检测时样品需衍生，步骤烦琐且费时长，目前较为常用的为高效液相色谱-串联质谱法。本研究选择的目标物为乙酰丙嗪、氯丙嗪、氟哌啶醇等8种镇静剂，利用HPLC-MS/MS法对鸡肉中8种镇静剂同时检测，以酸化乙腈提取，采用PCX固相萃取柱净化简单快速，与国标GB/T 20763—2006《猪肾和肌肉组织中乙酰丙嗪、氯丙嗪、氟哌啶醇、丙酰二甲氨基丙吩噻嗪、甲苯噻嗪、阿扎哌隆、阿扎哌醇、咔唑心安残留量的测定 液相色谱-串联质谱法》、行标SN/T 2113—2008《进出口动物源性食品中镇静剂类药物残留量的检测方法 液相色谱-质谱/质谱法》、孙雷等报道使用的叔丁基甲醚提取、调pH酶解及液-液萃取的前处理方法相比毒性小、耗时短、操作简单，采用内标法（氯丙嗪-D6）定量，具有良好的准确度和精密度，能够满足要求，检出限为0.5μg/kg，定量限为1.0μg/kg，可为动物源性食品中镇静剂类药物残留检测提供有力帮助。

1. 实验部分

1.1 仪器、试剂与材料

Agilent 1290-6460液相色谱-串联质谱仪（Agilent公司）；Mettler AE163万

分之一天平（Mettler 公司）；IKA T25 均质器、IKA MSI 振荡器（IKA 公司）；Eppendorf 5810R 高速冷冻离心机（Eppendorf 公司）；Supelco 固相萃取装置（Supelco 公司）；N-EVAP-111 氮吹仪（美国 Organomation 公司）。

甲苯噻嗪标准品购于 Sigma-Aldrich 公司，氟哌啶醇购于上海安谱公司，乙酰丙嗪、丙酰二甲氨基丙吩噻嗪、阿扎哌醇、氯丙嗪、咔唑心安、阿扎哌隆标准品均购于 Dr. Ehrenstorfer 公司；乙腈、甲醇、甲酸（色谱纯）购于 Merk 公司，HCl 三氯乙酸（分析纯）购于科密欧公司，水为 Milli-Q 超纯水，使用前过 0.45μm 滤膜；Waters Oasis HLB SPE 柱（酸性、中性和碱性化合物固相萃取小柱）购于 Waters 公司，Agela Cleanert PCX SPE 柱（混合型阳离子交换固相萃取小柱）购于 Agela 公司。

1.2 标准溶液的配制

准确称取 8 种标准品 10mg，用甲醇溶解，准确定容至 100mL，得到质量浓度为 100μg/mL 的单标准储备液避光于 4℃下保存；将 1mg 包装的内标氯丙嗪 -D6，用甲醇溶解，定容至 100mL，得到质量浓度为 10μg/mL 的单标准储备液；将上述储备液稀释成 100μg/L 中间液，避光于 4℃下保存。为避免分析物分解，应采用棕色容量瓶保存。用初始流动相（见 1.4.1）分别配制浓度为 0.5μg/L、1.0μg/L、2.0μg/L、5.0μg/L、10.0μg/L、20.0μg/L 的标准溶液（内标氯丙嗪 -D6 的浓度为 5.0μg/L），用于质谱检测分析，现用现配。8 种镇静剂的分子结构式见图 5-5。

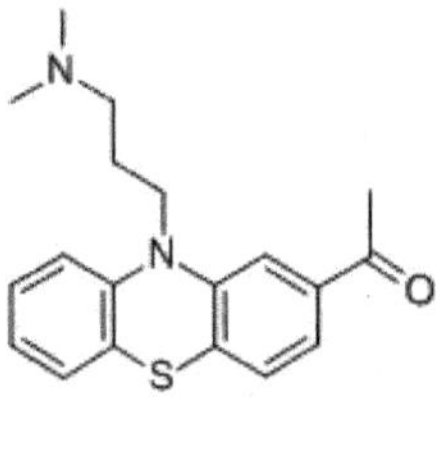

（1）Acepromazine（乙酰丙嗪）

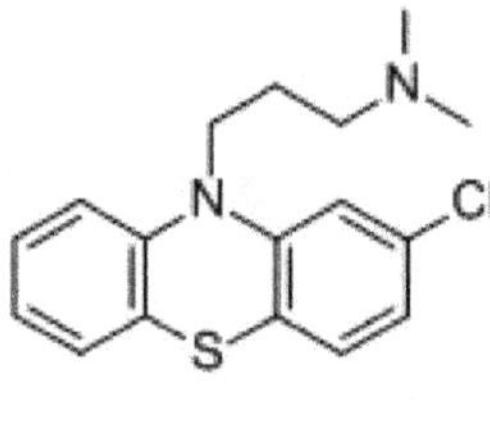

（2）Chlorpromazine（氯丙嗪）

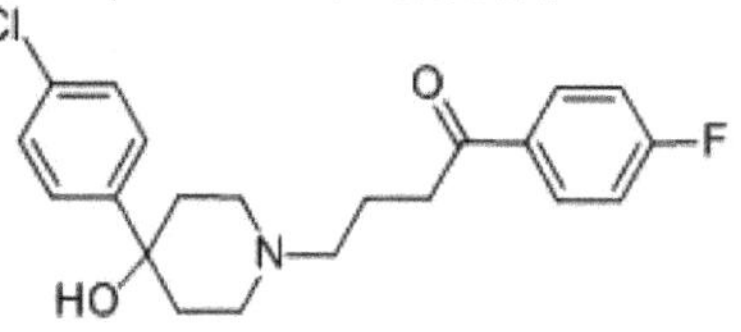

（3）Haloperidol（氟哌啶醇）

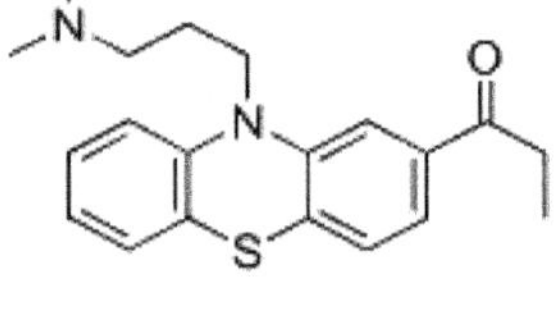

（4）Propionylpromazine（丙酰二甲氨基丙吩噻嗪）

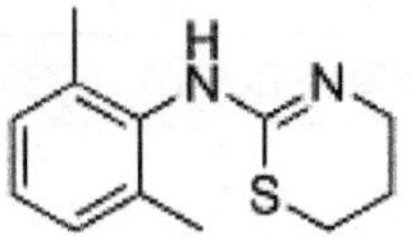

（5）Xylazine（甲苯噻嗪）

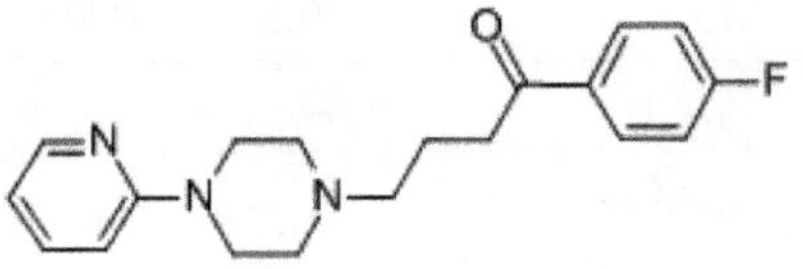

（6）Azaperone（阿扎哌隆）

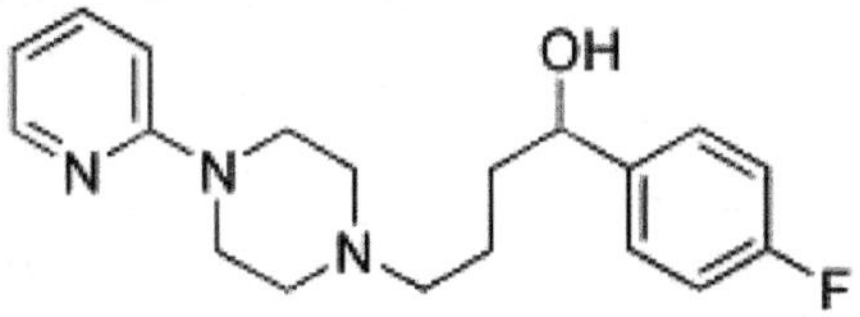

（7）Azaperol（阿扎哌醇）

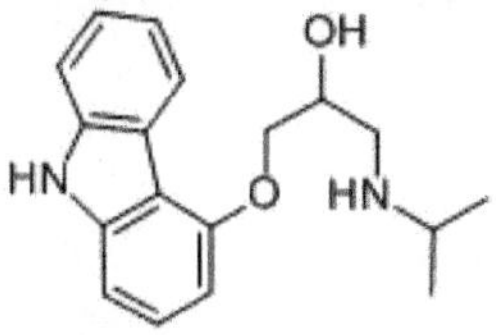

（8）Carazolol（咔唑心安）

图 5-5　8 种镇静剂的分子结构式

1.3 样品处理

1.3.1 样品提取

准确称取 2.0g 样品，置于 50mL 塑料带盖离心管中，加入 10mL 乙腈 -0.1mol/L 盐酸（90/10，*V*/*V*）提取溶液，于均质机上高速均质 2min 左右，于 10 000r/min 下离心 10min，用塑料小漏斗、脱脂棉过滤上清液，待净化。

1.3.2 样品净化

采用混合型阳离子 PCX 固相萃取柱净化，经过 3mL 甲醇、3mL 水活化；将上述样品提取液（约 10mL）全部过柱，弃去流出液；再用 3mL 水、3mL 甲醇淋洗除去杂质和脂肪，抽真空后，用 5mL 5% 氨水 - 甲醇溶液洗脱，收集洗脱液，氮气吹干，用初始流动相（见 1.4.1）定容至 1mL，0.22μm 膜过滤待质谱检测。

1.4 HPLC-MS/MS 条件

1.4.1 HPLC 条件

色谱柱：Agilent ZORBAX RRHD Eclipse Plus C_{18} column（100mm×3.0mm，1.8μm）。柱温：40℃。进样量：10μL。流动相：A 相为 0.1% 甲酸水，B 相为乙腈。梯度洗脱顺序：0 ~ 2min，20%B；2 ~ 4min，20% ~ 30%B；4 ~ 8min，30% ~ 60%B；8 ~ 8.2min，60% ~ 20%B；8.2 ~ 10min，20%B。流速：0.4mL/min。

1.4.2 MS/MS 条件

电离源：电喷雾离子源（ESI）；扫描方式：多重反应监测（MRM）模式；干燥器温度：350℃；干燥器流速 9L/min；喷雾针压力：40psi；电子倍增器电压：4 000V；碰撞气：高纯氮（纯度为 99.999%）。8 种镇静剂的质谱参数见表 5-4。

表 5-4 8 种镇静剂的质谱检测参数

镇静剂	母离子（*m/z*）	子离子（*m/z*）	碎裂电压（V）	碰撞能量（eV）
乙酰丙嗪	327.0	86.1* 58.2	115.0	15.0 45.0
氯丙嗪	319.0	86.1* 58.1	115.0	15.0 40.0
氟哌啶醇	375.9	122.9 165.0*	145.0	40.0 20.0
丙酰二甲氨基丙吩噻嗪	341.0	86.1* 58.2	115.0	17.0 45.0
甲苯噻嗪	220.9	90.1* 164.0	135.0	20.0 25.0
阿扎哌隆	328.1	121.0* 165.0	130.0	20.0 15.0
阿扎哌醇	330.0	121.0* 149.0	120.0	20.0 25.0
咔唑心安	299.1	116.0* 221.9	130.0	15.0 15.0
氯丙嗪-D6	324.9	92.1* 64.8	120.0	16.0 40.0

注：* 表示定量离子。

2. 结果与讨论

2.1 HPLC-MS/MS 条件的优化

本研究考察不同流动相对 8 种镇静剂的 HPLC-MS/MS 检测的影响，分别就有机相选择甲醇或乙腈及 0.1% 甲酸 - 水溶液是否加入乙酸铵进行分析。图 5-6（a）、（b）、（c）中峰 1 ~ 8 分别代表 8 种镇静剂在不同流动相中的定量离子色谱图，其中 x 轴为峰保留时间，y 轴为峰面积响应值。如图 5-6（a）、（b）所示 8 种镇静剂在乙腈 - 甲酸水系统和甲醇 - 甲酸水系统中的出峰时间段分别在 1.5 ~ 7.4min 和 4.5 ~ 9.5min，并且氯丙嗪（8 峰）、乙酰丙嗪（5 峰）在甲醇 - 甲酸水系统中峰面积响应值明显降低。图 5-6（a）、（c）所示 8 种镇静剂在 0.1% 甲酸水溶液中不加乙酸铵与加入 10mmol/L 乙酸铵出峰时间段分别为 1.5 ~ 7.4min 和 3.2 ~ 7.5min，各目标物峰面积响应值没有影响。由于 8 种镇静剂的化学性质不同，不同流动相系统中出峰顺序也有所不同。综上所述，本研究选择出峰时间早、响应值高的乙腈和 0.1% 甲酸 - 水溶液作为流动相。

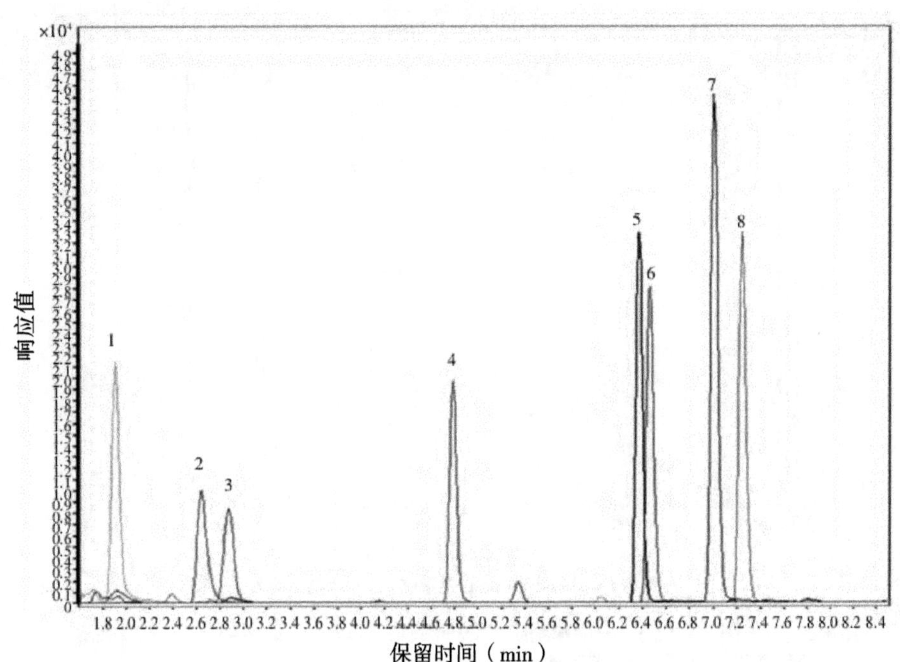

（a）乙腈 - 0.1% 甲酸水系统

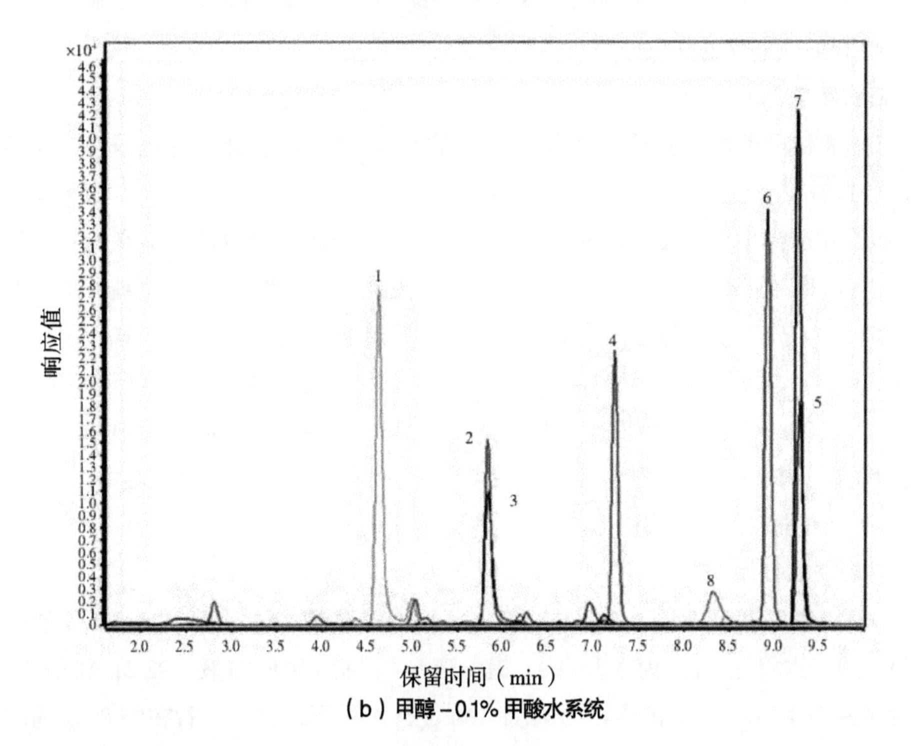

（b）甲醇 - 0.1% 甲酸水系统

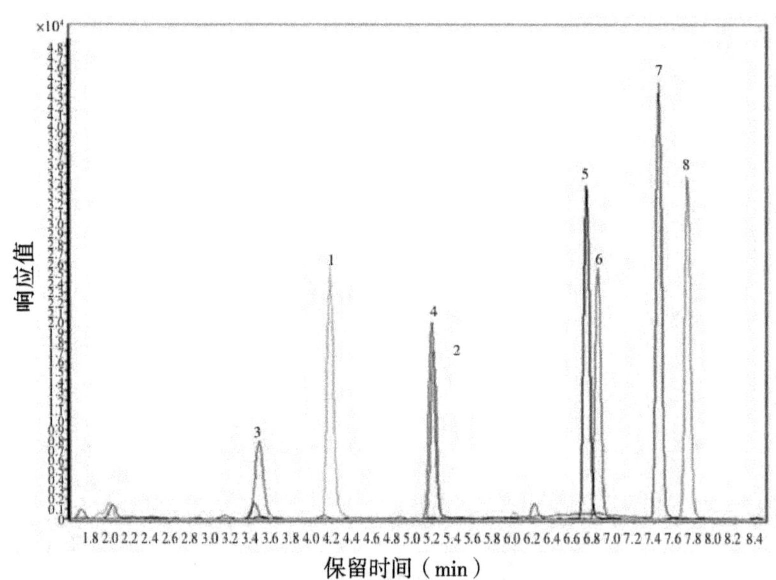

（c）乙腈-10mmol/L 乙酸铵 0.1% 甲酸水系统

1—阿扎哌醇；2—阿扎哌隆；3—甲苯噻嗪；4—咔唑心安；5—乙酰丙嗪；6—氟哌啶醇；7—丙酰二甲氨基丙吩噻嗪；8—氯丙嗪

图 5-6 不同流动相中 8 种镇静剂添加水平 1.0μg/L 的鸡肉样品定量离子叠加色谱图

2.2 样品前处理条件的优化

2.2.1 固相萃取柱的选择

已知 8 种目标物为弱碱性化合物，在前处理过程中应选择中性或阳离子固相萃取柱进行样品净化。

本研究选择中性 HLB 和混合型阳离子 PCX 两种固相萃取柱，就它们对 8 种目标物回收率的影响进行如下实验。将 8 种镇静剂 1.0μg/L 的混合标准液分别经上述两种小柱，分别收集每步流出液，氮吹后经质谱检测，结果表明经 HLB 固相萃取柱在上样和淋洗过程中都有检测到目标物，洗脱过程中得到 8 种目标物回收率为 50% ~ 60%；而经 PCX 固相萃取柱的回收率 90% 以上，其他过程均未检测到目标物。说明 PCX 固相萃取柱更能有效地结合目标物，保证在去除样品中的脂肪、蛋白等杂质的过程中目标物不损失，达到净化目的。

2.2.2 提取试剂的优化

本研究考察两种不同 pH 提取试剂，分别为提取液 a：乙腈 -0.1mol/L 盐酸溶液（90/10，体积比，pH 为 3 左右）；提取液 b：乙腈 - 甲酸溶液（98/2，体积比，pH 为 4 左右）。在空白鸡肉样品中添加 1.0μg/kg 水平下，比较二者在经 PCX 固相萃取柱净化后的回收率。检测结果表明8种目标物经提取液a的回收率在80%以上，提取液b的回收率仅为50%左右，说明不同提取试剂的pH对8种目标物经PCX固相萃取柱的净化有影响，故本实验选择乙腈-0.1mol/L盐酸溶液作为提取试剂。

2.3 线性关系、检出限和定量限

本研究采用内标法定量，按照“1.3”配制一系列不同质量浓度的8种镇静剂混合标准溶液（内标氯丙嗪-D6的浓度为5.0μg/L）作标准曲线进行分析，各目标物的线性范围及回归方程见表5-5，相关系数（r）均≥0.9980。以3倍信噪比（S/N）对应的加标水平为检出限（LOD），以10倍信噪比（S/N）对应的加标水平为定量限（LOQ）。结果得出，8种目标物的检出限为0.5μg/kg，定量限为1.0μg/kg（见表5-5）。

表5-5　8种镇静剂的线性范围、回归方程、相关系数及检出限与定量限

镇静剂	线性范围（μg/L）	回归方程	r	检出限（μg/kg）	定量限（μg/kg）
乙酰丙嗪	0.5 ~ 20.0	y=0.871 290x+0.001 209	0.998 0	0.5	1.0
氯丙嗪	0.5 ~ 20.0	y=0.955 688x+0.001 356	0.999 6	0.5	1.0
氟哌啶醇	0.5 ~ 20.0	y=0.737 786x+0.019 038	0.999 9	0.5	1.0
丙酰二甲氨基丙吩噻嗪	0.5 ~ 20.0	y=1.171 941x+0.010 344	0.999 8	0.5	1.0
甲苯噻嗪	0.5 ~ 20.0	y=0.363 283x-0.013 695	0.998 8	0.5	1.0
阿扎哌隆	0.5 ~ 20.0	y=0.543 153x+0.005 880	0.999 9	0.5	1.0
阿扎哌醇	0.5 ~ 20.0	y=0.659 452x+0.016 378	0.998 9	0.5	1.0
咔唑心安	0.5 ~ 20.0	y=0.490 578x+0.008 293	0.998 9	0.5	1.0

2.4 准确度和精密度

对空白样品中进行加标回收实验。以回收率结果表示检测方法的准确度，以回收率的相对标准偏差（RSD）表示方法的精密度。在空白鸡肉样品中添加1.0μg/kg、5.0μg/kg、10.0μg/kg 这3个水平回收，每个水平平行测定6个样品，测定结果见表5-6。

表5-6　8种镇静剂的回收率和相对标准偏差

镇静剂	回收率（%）			相对标准偏差（%）		
	1.0μg/kg	5.0μg/kg	10.0μg/kg	1.0μg/kg	5.0μg/kg	10.0μg/kg
乙酰丙嗪	93.0	89.7	94.0	2.98	2.45	2.33
氯丙嗪	92.3	95.3	95.0	5.00	2.42	1.96

续表

镇静剂	回收率（%）			相对标准偏差（%）		
	1.0μg/kg	5.0μg/kg	10.0μg/kg	1.0μg/kg	5.0μg/kg	10.0μg/kg
氟哌啶醇	96.7	91.5	89.9	2.50	1.52	2.89
丙酰二甲氨基丙吩噻嗪	85.3	91.7	95.5	2.33	1.63	1.76
甲苯噻嗪	95.0	90.3	92.3	3.13	1.67	3.02
阿扎哌隆	89.3	92.0	89.2	3.33	1.52	2.91
阿扎哌醇	89.0	90.2	90.5	2.89	2.81	2.07
咔唑心安	93.7	92.8	93	2.34	0.81	4.30

8 种镇静剂在 3 个加标水平的平均回收率为 85.3% ~ 96.7%，相对标准偏差（RSD）为 0.81% ~ 5.00%。

2.5 实际样品的检测

利用本方法对采购于本地区农贸市场和超市的 10 份鸡肉样品进行分析，未发现有镇静剂残留。

3. 结语

本研究建立了 8 种镇静剂的高效液相色谱 - 串联质谱的多残留同时检测方法，采用内标法定量，准确性强、灵敏度高。本研究前处理方法简单快速、可操作性强，重现性强，各项指标均能满足兽药残留检测分析的要求，可用于鸡肉中镇静剂类药物多残留检测，可为动物源性食品中镇静剂的常规检测提供有力帮助。

第 3 节
液相色谱 - 高分辨质谱测定贝类中的 4 种毒素及 16 种兽药残留

双壳贝类生长位置比较固定且具有非选择性滤食的习性，在海域生长过程中极易受到生物毒素、重金属、农兽药、放射性物质等的污染。人类食用贝类所引起的中毒事件在国内外早有记载。而近年来，随着海洋环境的恶化，赤潮频繁暴发，人们陆续发现了一批新型贝类毒素，米氏裸甲藻贝毒素（GYM）、螺环内酯毒素（SPX1）是 20 世纪 90 年代在检测腹泻性贝毒素过程中新发现的脂溶性贝毒素。按 FAO/IOC/WHO 在 2004 年 3 月都柏林贝类生物毒素会议以化学结构将贝类生物毒素分为 8 组的分类方法，GYM 和 SPX 属于环亚胺毒素组，大田软骨酸贝毒素（OA-C）属于软海绵酸毒素组，PTX2 属于蛤毒素组。欧盟对 OA 的安全限量均为 160μg/kg；对环亚胺类毒素尚未规定安全限量；PTX 的安全限量为 150μg/kg。伴随着人类社会的发展，农兽药、抗生素被广泛使用，这些物质最终很大一部分进入了海洋，并且容易在贝类中富集，此类人工合成的药物以氯霉素、磺胺类等带来的危害最为常见。

液相色谱 - 串联四级杆质谱是痕量有机物检测的常用方法，但此方法必须依赖目标化合物的标准物质对仪器方法进行优化，在多残留检测和未知化合物的分析应用中受到限制。轨道阱高分辨质谱仪具有较高的分辨率、扫描速度和灵敏度，可以实现高通量的目标物或非目标物筛选以及高可靠性的确证定量分析。本文利用 Exactive 液相色谱 - 质谱联用系统，建立了贝类毒素、抗生素等有害物质的同时分析方法。

1. 实验部分

1.1 仪器、试剂与材料

静电场轨道阱高分辨质谱仪（Thermofisher Exactive）；Mettler AE163 万分之一天平（瑞士 Mettler）；IKA T25 均质器（德国 IKA）；IKA MS1 振荡器（德国 IKA）；Eppendorf 5810 离心机（德国 Eppendorf）；N-EVAP-111 氮吹仪（美国 Organomation）。

磺胺嘧啶（CAS 68-35-9）、磺胺噻唑（CAS 72-14-0）、磺胺吡啶（CAS 144-83-2）、磺胺甲基嘧啶（CAS 127-79-7）、磺胺 -5- 甲氧嘧啶（CAS 651-06-9）、磺胺甲噻二唑（CAS 144-82-1）、磺胺甲氧哒嗪（CAS 80-35-3）、磺胺氯哒嗪（CAS 80-32-0）、磺胺 -6- 甲氧嘧啶（CAS 1220-83-3）、磺胺甲基异噁唑（CAS 127-69-5）、磺胺二甲氧嘧啶（CAS 122-11-2）、磺胺喹噁啉（CAS 59-40-5）、磺胺二甲基嘧啶（CAS 57-68-1）、磺胺醋酰（CAS 144-80-9）、氯霉素（CAS 56-75-7）、氟甲砜霉素（CAS 73231-34-2）标准品均购自 Sigma-Aldrich 公司；米氏裸甲藻贝毒素（GYM）（CAS 173792-58-0）、螺环内酯毒素（SPX1）（CAS 334974-07-1）、大田软骨酸贝毒素（OA-C）（CAS 78111-17-8）、蛤毒素（PTX2）（CAS 97564-91-75）4 种腹泻型贝类毒素标准品购自加拿大海洋生物科学研究所，浓度分别为 5.073mg/L、7.053mg/L、14.249mg/L、8.591mg/L；乙腈、甲醇、甲酸（色谱纯）；实验用水为 Milli-Q 超纯水，使用前过 0.45μm 滤膜；氯化钠、中性氧化铝（分析纯）；N- 丙基乙二胺粉（PSA）、二甲基十八碳硅烷粉（ODS）均购自 Agela Technologies 公司。

1.2 标准溶液的配制

准确称取磺胺嘧啶、磺胺噻唑、磺胺吡啶、磺胺甲基嘧啶、磺胺 -5- 甲氧嘧啶、磺胺甲噻二唑、磺胺甲氧哒嗪、磺胺氯哒嗪、磺胺-6-甲氧嘧啶、磺胺甲基异噁唑、磺胺二甲氧嘧啶、磺胺喹噁啉、磺胺二甲基嘧啶、磺胺醋酰、氯霉素、氟甲砜霉素标准品各10mg，分别用乙腈溶解，准确定容至100mL，得到浓度为100μg/mL的标准储备液16种，于4℃下避光保存。使用时用乙腈稀释成适当浓度的标准工作液。为避免分析物分解，应采用棕色器皿保存，现用现配。螺环内酯毒素（SPX1）、大田软骨酸贝毒素（OA-C）、米氏裸甲藻贝毒素（GYM）、蛤毒素（PTX2）4种贝类毒素标准储备液用甲醇稀释至相应浓度的标准工作液，采用棕色器皿保存，现用现配。

1.3 样品处理

取扇贝组织100g，以10 000r/min均质2min。准确称取均质后的样品2.0g于15mL离心管中，加入6mL甲醇，涡旋振荡1min，超声提取10min，以10 000r/min离心5min，将上清液转移至试管中。重复上述操作，合并上清液于15mL玻璃管中，40℃氮气吹至少于1mL，加入2mL正己烷，2 000r/min涡旋混合2min，移去正己烷层，加入2mL乙酸乙酯，2 000r/min涡旋混合2min，将上清液转移至10mL试管中。重复上述操作，合并上清液，加入200mg ODS吸附剂至玻璃试管中，2 000r/min涡旋混合2min，取2mL氮吹，甲醇-水（3 ∶ 7）定容至0.5mL，过0.22μm微孔滤膜，上机检测。

1.4 液相色谱-串联质谱条件

1.4.1 液相色谱条件

色谱柱：Agilent ZORBAX SB-C_{18}柱（3.0mm×100mm，1.8μm）；柱温：35℃。流速：0.3mL/min。进样量：10μL。流动相：A为0.1%甲酸水，B为甲醇。梯度洗脱程序：0 ~ 2.0min，10%B；2.0 ~ 6.0min，10% ~ 90%B；6.0 ~ 9.0min，90%B；9.0 ~ 10.0min，90% ~ 10%B；10.0 ~ 12.0min，10%B，平衡3min。

1.4.2 质谱条件

全扫描正/负离子模式，扫描质量范围*m/z* 200 ~ 1 000；分辨率：25 000；扫描速度：4Hz；自动增益控制（AGC）目标值：$10e^6$；喷雾电压：3 500V；离子传输管温度：320℃；鞘气气压：35au；辅助气压：10au；离子源温度：300℃。其他信息见表（5-7）。

表5-7　20种化合物的名称、分子式及部分LC-MS参数

化合物	分子式	理论质量数（*m/z*）	实际质量数（*m/z*）	偏差（ppm）	解离模式	保留时间（min）
米氏裸甲藻贝毒素	$C_{32}H_{45}NO_4$	508.342 14	508.343 26	2.3	$[M+H]^+$	5.36

续表

化合物	分子式	理论质量数（m/z）	实际质量数（m/z）	偏差（ppm）	解离模式	保留时间（min）
螺环内酯毒素	$C_{42}H_{61}NO_7$	692.452 08	692.453 92	2.5	$[M+H]^+$	5.82
蛤毒素	$C_{47}H_{70}O_{14}$	876.510 38	876.514 59	4.7	$[M+NH_4]^+$	7.93
大田软骨酸贝毒素	$C_{44}H_{68}O_{13}$	803.458 7	803.459 6	1.1	$[M-H]^-$	7.96
磺胺嘧啶	$C_{10}H_{10}N_4O_2S$	251.059 72	251.060 07	1.4	$[M+H]^+$	4.24
磺胺噻唑	$C_9H_9N_3O_2S_2$	256.020 9	256.021 21	1.2	$[M+H]^+$	4.34
磺胺吡啶	$C_{11}H_{11}N_3O_2S$	250.064 48	250.064 83	1.2	$[M+H]^+$	4.49
磺胺甲基嘧啶	$C_{11}H_{12}N_4O_2S$	265.075 37	265.075 78	1.9	$[M+H]^+$	4.65
磺胺二甲基嘧啶	$C_{12}H_{14}N_4O_2S$	279.091 02	279.090 94	0.4	$[M+H]^+$	4.95
磺胺-5-甲氧嘧啶	$C_{11}H_{12}N_4O_3S$	281.070 29	281.069 95	1.1	$[M+H]^+$	5.24
磺胺甲噻二唑	$C_9H_{10}N_4O_2S_2$	271.031 8	271.032 41	2.2	$[M+H]^+$	4.84
磺胺甲氧哒嗪	$C_{11}H_{12}N_4O_3S$	281.070 29	281.069 95	1.1	$[M+H]^+$	4.83
磺胺氯哒嗪	$C_{10}H_9ClN_4O_2S$	285.020 75	285.020 91	0.7	$[M+H]^+$	5.15
磺胺-6-甲氧嘧啶	$C_{11}H_{12}N_4O_3S$	281.070 29	281.069 95	1.1	$[M+H]^+$	4.98
磺胺甲基异噁唑	$C_{10}H_{11}N_3O_3S$	254.059 39	254.059 72	2.4	$[M+H]^+$	5.15
磺胺二甲氧嘧啶	$C_{12}H_{14}N_4O_4S$	311.080 85	311.081 12	0.9	$[M+H]^+$	5.67
磺胺喹噁啉	$C_{14}H_{12}N_4O_2S$	301.075 37	301.075 62	0.8	$[M+H]^+$	5.78
磺胺醋酰	$C_8H_{10}N_2O_3S$	215.048 49	215.048 89	1.9	$[M+H]^+$	3.95
氯霉素	$C_{11}H_{12}Cl_2N_2O_5$	321.005 1	321.004 58	1.6	$[M-H]^-$	5.83
氟甲砜霉素	$C_{12}H_{14}Cl_2FNO_4S$	355.993 2	355.992 46	2.1	$[M-H]^-$	5.29

2. 结果与讨论

2.1 提取条件的选择

用于提取目标组分的试剂一般有甲醇、80% 甲醇水溶液等。本实验通过上机检测比较了提取前添加和提取后添加目标化合物的方法，分别对甲醇、80% 甲醇水溶液两种经常报道的贝类毒素提取剂的提取效果进行考察。结果发现，采用甲醇和 80% 甲醇水溶液分别作提取剂时，两者对 GYM、OA-C、SPX1 和 PTX2 等 4 种贝类毒素的提取率均能达到 90% 左右，并且甲醇相比 80% 甲醇水溶液在含水量较高的贝类样品中对磺胺类、氯霉素、氟甲砜霉素可以达到更好的提取效果，且较易浓缩，故本实验选用甲醇作为提取剂。

2.2 净化条件的选择

贝类样品中因含有大量的蛋白质、脂肪、色素等杂质，需对粗提液作进一步净化处理。正己烷是一种很好的脂溶性溶剂，在兽药残留分析中常被用来液 - 液萃取去除样品中的脂肪等杂质。本实验选用正己烷反提取 2 次后，可有效去除大部分脂肪，便于后续净化。

在液 - 液萃取实验中，分别以二氯甲烷和乙酸乙酯为萃取剂，发现两种试剂均可将毒素从水中萃取出，同时能去除部分脂质。但由于乙酸乙酯对各目标物的萃取效果均优于二氯甲烷，同时乙酸乙酯也是下一步分散固相萃取理想的溶剂。因此本研究选择乙酸乙酯为萃取剂。

目前，对贝类毒素检测的相关报道很多。净化方面均采取固相萃取技术，主要有 C_{18}、OasisHLB、MCX、Strata TM-X 等，以上技术可达到对一种或几种贝类毒素的净化富集效果，但无法满足多残留检测的需要。

QuEChERS 技术是 2003 年由美国化学家 Steven J. Lehotay 和德国化学家 Michelangelo Anastassiades 提出的一种快速、简单、低成本的样品处理方法，该方法采用分散固相萃取（Dispersive-SPE）净化法，即提取液中直接加入吸附剂粉进行净化，经离心后取上清液进行检测。分散固相萃取的原理是通过吸附粉末的吸附作用达到净化效果，此种净化方法主要去除极性中小分子杂质，本实验前两次液 - 液萃取去除了脂肪、蛋白质等大分子杂质，因此二者相互结合，可以起到良好的净化效果。

2.2.1 吸附剂粉种类对回收率的影响

为了选择合适的吸附剂，首先考察了各种吸附剂粉对回收率的影响。取 2mL 乙酸乙酯溶解 20 种标准品，分别加入 200mg 不同的吸附剂，经振荡、离心后，取上清液 1mL 进行测定，重复 6 次实验，计算平均回收率，结果见表（5-8）。由表（5-8）可以看出，ODS 对目标物的吸附较少，同时可以很好地吸附脂肪酸、维生素、色素、甾醇等杂质，因此最终选择 ODS 为吸附剂。

表 5-8　不同吸附剂对目标化合物回收率的影响

化合物	浓度（μg/L）	回收率（%）		
		ODS	Alumina-N	PSA
米氏裸甲藻贝毒素	10.0	90.0	58.0	80.0
螺环内酯毒素	30.0	91.0	66.2	96.0
蛤毒素	50.0	93.0	56.5	105.0
大田软骨酸贝毒素	71.0	93.0	89.1	23.0
磺胺嘧啶	50.0	114.0	22.3	31.2
磺胺噻唑	50.0	105.0	6.71	3.65
磺胺吡啶	50.0	113.0	81.3	80.3
磺胺甲基嘧啶	50.0	111.0	28.6	24.1
磺胺二甲基嘧啶	50.0	113.0	63.7	78.8
磺胺-5-甲氧嘧啶	50.0	105.0	46.3	48.3
磺胺甲噻二唑	50.0	138.0	1.32	1.45
磺胺甲氧哒嗪	50.0	112.0	48.7	50.3
磺胺氯哒嗪	50.0	121.0	3.76	4.68
磺胺-6-甲氧嘧啶	50.0	112.0	48.7	50.3
磺胺甲基异噁唑	50.0	114.0	19.4	20.3
磺胺二甲氧嘧啶	50.0	117.0	19.1	21.1
磺胺喹噁啉	50.0	124.0	9.44	10.8
磺胺醋酰	50.0	97.1	7.69	10.8
氯霉素	5.0	93.1	32.4	83.7
氟甲砜霉素	5.0	86.6	84.6	87.3

2.2.2 净化效果的研究

由图 5-7 可以看出，氮吹后的液体（图 5-7A）很黏稠，含有大量的蛋白质和脂肪并且颜色较深，加入正己烷涡混两次后（图 5-7B）能除去大部分的蛋白质和脂肪杂质；再经乙酸乙酯反提取两次后（图 5-7C）能够除去部分脂质和色素并将目标化合物提取出来;最后由 ODS 粉末吸附净化（图 5-7D），去除了极性中小分子杂质和部分色素，几步结合起到良好的净化效果。

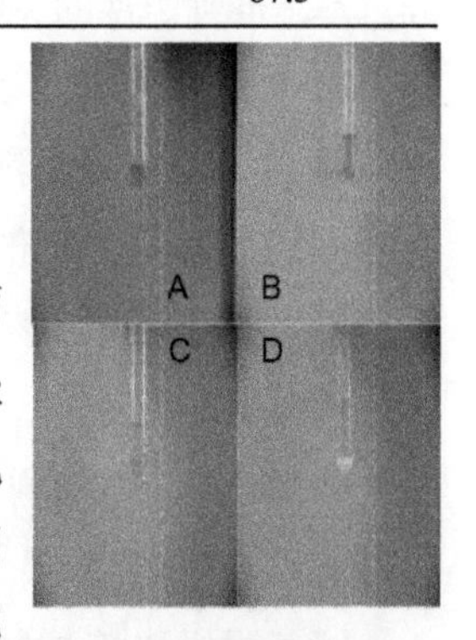

图 5–7　扇贝样品经不同前处理步骤处理后的效果图

2.3 色谱 - 质谱条件的优化

待测物中磺胺 -5- 甲氧嘧啶、磺胺甲氧哒嗪、磺胺 -6- 甲氧嘧啶 3 种化合物为同分异构体，其精确分子质量完全相同，只能从保留时间上进行分离。采用乙腈 - 甲酸水作为流动相时，3 种物质无法完全分离，采用甲醇 - 甲酸水为流动相时分离效果良好，并且由于甲醇的极性比乙腈低，其离子化效果优于乙腈，灵敏度也更高，见图 5-8。因此，本实验采用甲醇 - 甲酸水为流动相。

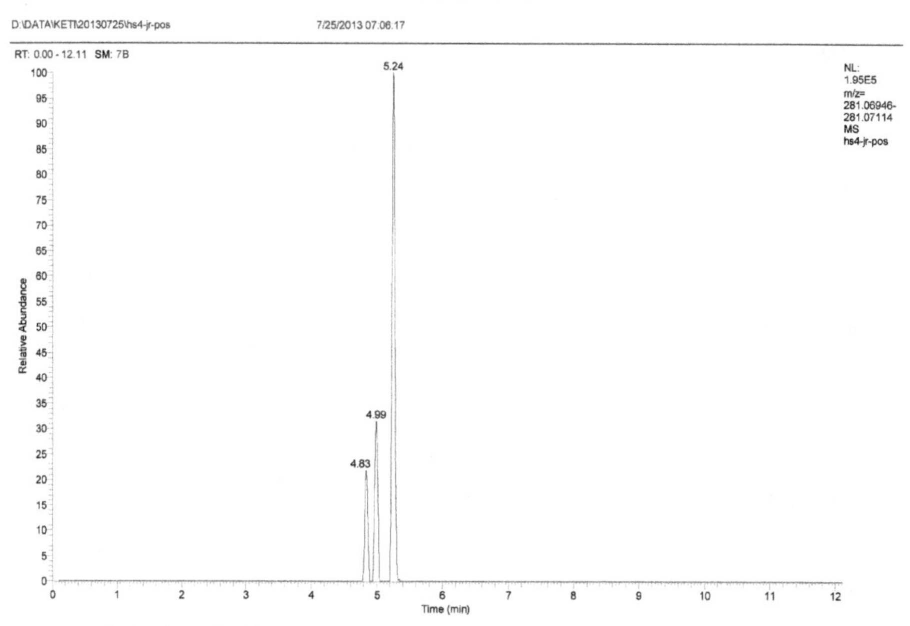

图 5–8　磺胺甲氧哒嗪、磺胺 –6– 甲氧嘧啶、磺胺 –5– 甲氧嘧啶的提取离子色谱图（从左到右）

高分辨质谱通过提取一级质谱的精确质量数进行定性和定量，因此选择合适的分辨率是准确定性的关键。图 5-9、图 5-10、图 5-11 分别显示了在分辨率为 10 000、25 000 和 50 000 时，扇贝中添加回收磺胺喹噁啉的提取离子色谱图及质谱图。当分辨率为 10 000 时，质谱图分子量相近的几个峰无法有效分开，进而影响到色谱峰的有效提取，无法进行准确定量；当分辨率为 25 000 和 50 000 时，质谱图目标物与干扰物质完全基线分离，有效地去除了基质干扰，提取离子色谱图清晰完整，可进行准确的定性和定量。因此在灵敏度满足各国限量要求的情况下，至少选择 25 000 的分辨率进行分析检测。

2.4 线性范围与定量限

用基质提取液配制一系列不同浓度的药物混合标准溶液，依次进样，以峰面积为纵轴，浓度为横轴制作校准曲线。结果显示，各分析物在一定浓度范围内线性关系良好，其相关系数为 0.997 7 ~ 0.999 9。以低、中、高 3 个浓度的空白扇贝添加色谱图，根据 10 倍信噪比计算定量限（LOQ），结果见表 5-9。日本对磺胺类的最大残留限量 50μg/kg，美国及欧盟规定动物性食品中磺胺类药物的总量

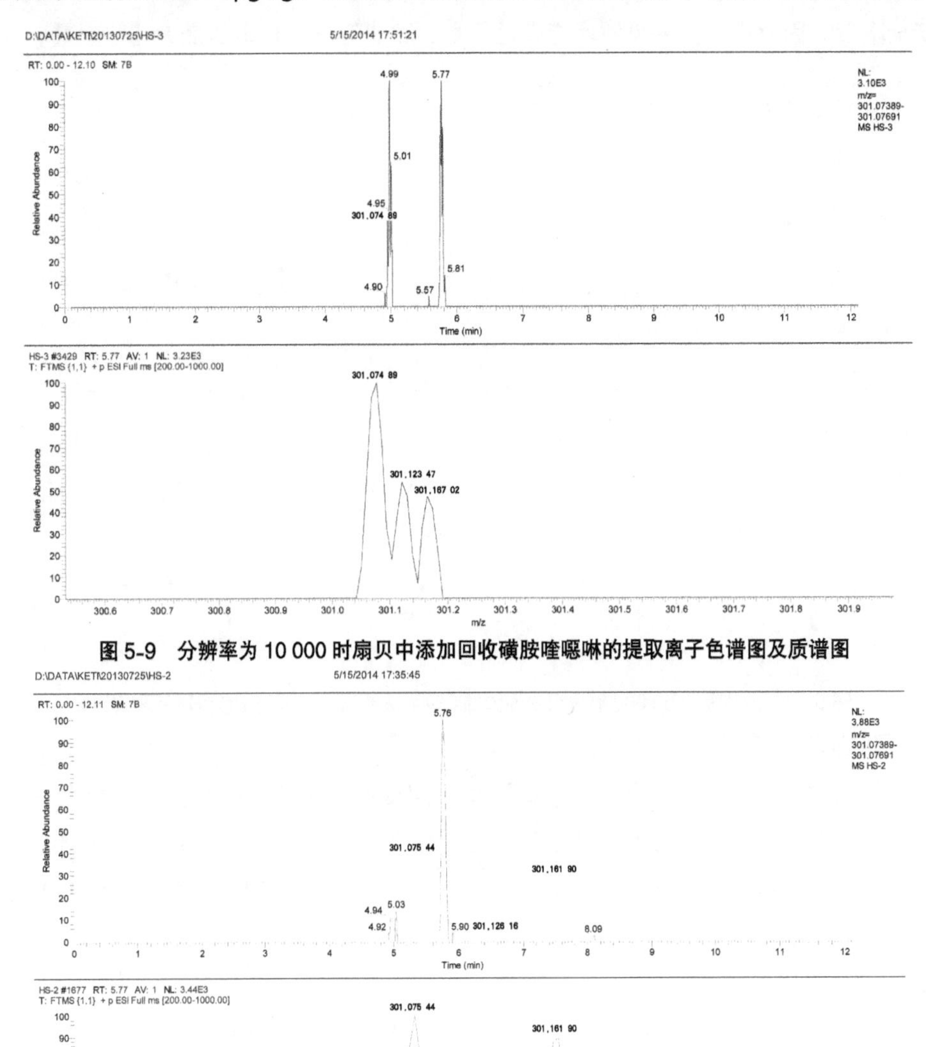

图 5-9　分辨率为 10 000 时扇贝中添加回收磺胺喹噁啉的提取离子色谱图及质谱图

图 5-10　分辨率为 25 000 时扇贝中添加回收磺胺喹噁啉的提取离子色谱图及质谱图

≤100μg/kg。欧盟、美国、日本等均规定氯霉素残留的限量标准为“零容许量”（Zerotolerance），日本规定氟甲砜霉素的最大残留限量为0.2μg/kg，欧盟对OA的安全限量均为160μg/kg，PTX的安全限量为150μg/kg，对GYM和SPX毒素尚未规定安全限量。因此本方法的灵敏度能满足日本、欧盟等国家规定的最大残留限量。

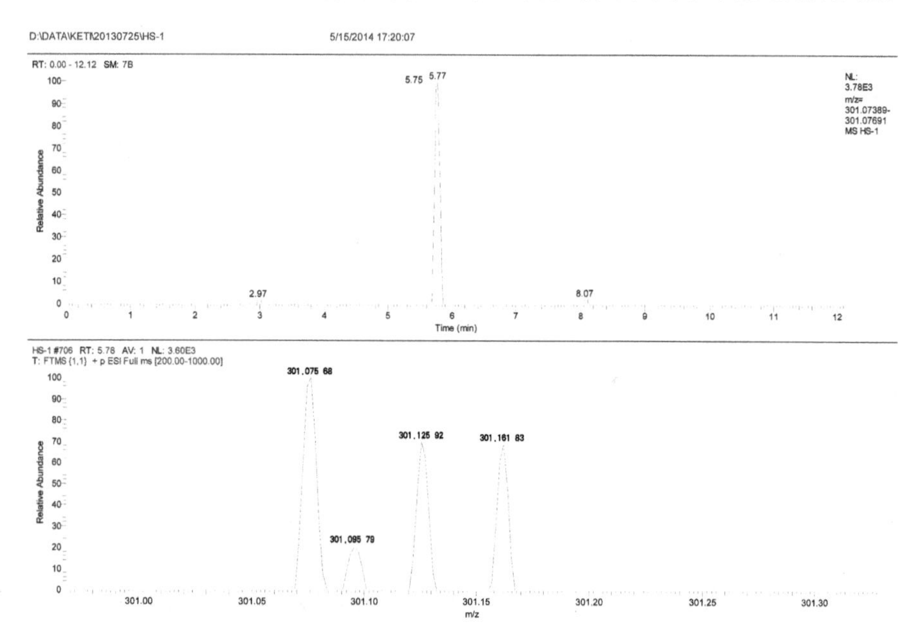

图 5-11 分辨率为 50 000 时扇贝中添加回收磺胺喹噁啉的提取离子色谱图及质谱图

2.5 回收率与精密度

分别对空白扇贝进行低、中、高 3 个不同浓度水平的加标实验，每个水平平行测定 7 次，计算各化合物的回收率与相对标准偏差，结果见表 5-9。从表 5-9 中可以看出，各化合物的加标回收率为 70.1% ~ 105.8%，相对标准偏差（RSD）为 10.1% ~ 14.8%。

表5-9 各化合物线性范围、相关系数、平均回收率、相对标准偏差及定量限

化合物	线性范围（μg/L）	r	添加水平（μg/L）	平均回收率（%）	相对标准偏差（%）	LOQ（μg/kg）
磺胺嘧啶	5.0 ~ 50.0	0.997 9	5.0，20.0，40.0	84.5，87.4，89.0	11.7，12.7，12.2	0.2
磺胺噻唑	5.0 ~ 50.0	0.998 2	5.0，20.0，40.0	70.1，70.9，72.4	10.1，11.5，12.2	0.2
磺胺吡啶	5.0 ~ 50.0	0.998 5	5.0，20.0，40.0	76.5，77.3，79.8	11.8，12.9，12.8	0.2

续表

化合物	线性范围（μg/L）	r	添加水平（μg/L）	平均回收率（%）	相对标准偏差（%）	LOQ（μg/kg）
磺胺甲基嘧啶	5.0 ~ 50.0	0.997 7	5.0，20.0，40.0	82.5，85.6，87.2	12.7，10.8，14.7	0.2
磺胺二甲基嘧啶	5.0 ~ 50.0	0.999 1	5.0，20.0，40.0	76.2，78.9，82.4	12.7，11.7，11.9	0.2
磺胺-5-甲氧嘧啶	5.0 ~ 50.0	0.997 8	5.0，20.0，40.0	96.8，97.6，100.9	12.3，11.1，11.9	0.2
磺胺甲噻二唑	5.0 ~ 50.0	0.998 3	5.0，20.0，40.0	94.4，96.8，97.9	12.5，11.9，13.5	0.2
磺胺甲氧哒嗪	5.0 ~ 50.0	0.998 8	5.0，20.0，40.0	80.2，83.4，85.5	14.4，12.5，13.8	0.2
磺胺氯哒嗪	5.0 ~ 50.0	0.999 2	5.0，20.0，40.0	82.2，85.6，86.8	12.5，10.7，10.7	0.2
磺胺-6-甲氧嘧啶	5.0 ~ 50.0	0.997 9	5.0，20.0，40.0	78.8，79.4，82.5	12.7，13.1，14.2	0.2
磺胺甲基异噁唑	5.0 ~ 50.0	0.998 6	5.0，20.0，40.0	70.6，71.1，74.2	14.1，12.6，13.4	0.2
磺胺二甲氧嘧啶	5.0 ~ 50.0	0.998 5	5.0，20.0，40.0	101.3，103，105.8	14.5，14.1，12.7	0.2
磺胺喹噁啉	5.0 ~ 50.0	0.999 4	5.0，20.0，40.0	70.8，71.7，72.5	12.4，14.5，12.9	0.2
磺胺醋酰	5.0 ~ 50.0	0.997 8	5.0，20.0，40.0	77.6，79.5，81.8	11.2，12.1，13.8	0.2
氯霉素	0.5 ~ 5.0	0.999 9	0.5，2.0，4.0	95.5，98.2，100.4	14.8，13.9，12.4	0.1
氟甲砜霉素	0.5 ~ 5.0	0.999 7	0.5，2.0，4.0	95.7，97.8，101.1	11.9，12.7，13.7	0.1
米氏裸甲藻贝毒素	1.0 ~ 10.0	0.998 7	1.0，3.0，5.0	73.5，77.4，79.5	13.7，14.4，12.8	0.5
螺环内酯毒素	2.0 ~ 30.0	0.997 7	2.0，10.0，20.0	77.6，81.5，85.1	12.8，12.7，12.5	0.1
蛤毒素	10.0 ~ 50	0.998 1	10.0，20.0，40.0	81.2，83.3，86.0	13.8，12.1，12.5	0.5
大田软骨酸贝毒素	7.1 ~ 71.0	0.999 3	7.1，28.4，56.8	76.2，78.2，83.5	12.7，13.8，14.6	2

3. 结论

本文借助静电场轨道阱高分辨质谱仪的高分辨率、出色的质量精度、高灵敏度和宽动态范围等特点，建立了贝类产品中 20 种贝类毒素及兽药残留同时筛查的方法。该方法以常用的廉价且毒性小的甲醇溶剂进行提取，采用传统的两次液 - 液萃取方法去除大部分蛋白质、脂肪等杂质；创新性地引入 QuEChERS 技术，并加以改良，建立了贝类产品中 4 种腹泻型贝类毒素以及 16 种兽药残留的同时测定方法。该方法不需要烦琐的前处理仪器，具有回收率高、重复性好、简单、经济等特点，适用于日常检测。

第4节 QuEChERS-液质联用法测定动物源性食品中阿维菌素类药物残留

1. 实验部分

1.1 仪器、试剂与材料

液相色谱-串联质谱仪（Agilent 1200-6430）；万分之一天平（Mettler AE163）；均质器（IKA T25）；振荡器（IKA MS1）；5mL的一次性注射器；0.45μm针头过滤器；离心机；氮吹仪（N-EVAP-111）。

阿维菌素、伊维菌素、多拉菌素、莫西菌素、埃普菌素、乙酰氨基阿维菌素标准品均购自Sigma-Aldrich LAB Chemikalien GMBH公司；乙腈、甲醇、甲酸（色谱纯），水为Milli-Q超纯水，使用前过0.45μm滤膜；氯化钠、中性Al_2O_3（分析纯）；PSA、C_{18}、GCB、NH_2吸附剂购自Agela Technologies INC.。

1.2 标准溶液的配制

准确称取10mg阿维菌素、伊维菌素、多拉菌素、莫西菌素、埃普菌素、乙酰氨基阿维菌素，用乙腈溶解，准确定容至100mL得100mg/L的标准储备液，避光于4℃下保存。使用时用基质空白提取液稀释成适当浓度的标准工作液。为避免分析物分解，采用棕色器皿保存，现用现配。

1.3 样品处理

准确称取5.0g样品，置于100mL塑料离心管中，加入5.0g无水硫酸镁、15mL乙腈，于均质机上高速均质约2min，10 000r/min高速离心10min，取上清液9mL氮吹浓缩，用乙腈定容至1.5mL，加入150mg C_{18}吸附剂于玻璃试管中，1 400r/min涡混2min，离心后取上清液过0.45μm滤膜，上机检测。

1.4 液相色谱-串联质谱条件

1.4.1 液相色谱条件

色谱柱：ZORBAX Eclipse Plus C_{18}（1.8μm，2.1mm×50mm）。柱温：40℃。流速：0.3mL/min。进样量：10μL。流动相：A为10mmol/L乙酸铵+0.1%甲酸，B为甲醇。梯度洗脱程序：0～4.0min，60%～90%B；4.0～9.0min，90%B；10min，60%B，平衡2min。

1.4.2 质谱条件

电离方式：ESI；扫描方式：动态多重反应监测（Dynamic MRM）；干燥气温度：350℃；干燥气流速：6L/min；喷雾针压力：105Pa；电子倍增器电压：4 000V；

碰撞气：高纯氮，99.999%。6 种阿维菌素类药物的质谱参数见表 5-10。

表 5-10　6 种阿维菌素类药物的质谱参数

分析物	母离子（*m/z*）	子离子（*m/z*）	破碎电压（V）	碰撞能量（V）	保留时间（min）
埃普菌素	936.5	490.1*，352.2	160	60，65	5.4
多拉菌素	916.4	331.0*，593.3	135	16，10	6.3
阿维菌素	890.5	305.2*，567.1	135	18，10	5.6
伊维菌素	892.4	569.1*，306.9	135	10，25	6.7
莫西菌素	640.4	528.3*，498.3	135	6，6	6.4
乙酰氨基阿维菌素	914.4	330.2*，185.9	135	7，9	5.4

注：* 表示定量离子。

2. 结果与讨论

2.1 提取条件的选择

阿维菌素类药物具有较高的相对分子质量和糖链，属于弱极性物质，易溶于甲苯、乙酸乙酯、丙酮、甲醇、乙腈等有机溶剂，微溶于正己烷和石油醚，在水中的溶解度极低。本文分别考察了甲醇、乙腈作为提取溶剂，均得到良好的提取效果，其中乙腈能更有效地沉淀蛋白，减少杂质干扰，同时也有利于下一步用 QuEChERS 技术进行净化，因此本文选择乙腈作为最佳提取溶剂。

2.2 净化条件的选择

2.2.1 正己烷液 - 液萃取净化对回收率的影响

正己烷是一种很好的脂溶性溶剂，在兽药残留分析中常用来通过液 - 液萃取去除样品中的脂肪等杂质。由于阿维菌素类药物微溶于正己烷，考察了液 - 液萃取净化法对阿维菌素类药物回收率的影响。取 2mL 乙腈溶解的 0.05mg/L 的 6 种阿维菌素类药物的混标溶液，加入 2mL 正己烷，涡旋混合，上机检测，计算回收率为 62.1% ~ 89.5%（见表 5-11）。可以看出正己烷对 6 种药物有一定的溶解，因而影响了回收率。

2.2.2 各种吸附剂粉对回收率的影响

由于正己烷在与乙腈液 - 液萃取过程中对目标物有一定的溶解，影响回收率，因此考虑采用 QuEChERS 净化方式，并考察了各种吸附剂粉对回收率的影响。取 2mL 乙腈溶解的 0.05mg/L 的 6 种阿维菌素类药物的混标溶液，分别加入 150mg 不同的吸附剂，经振荡、离心后，取上清液 1mL，过 0.45μm 滤膜后进行测定。回收率数据见表 5-11。由表 5-11 可以看出，C_{18} 对目标物的吸附比较少，同时又可以很

好地吸附脂肪酸、维生素、色素、甾醇等杂质，因此选择 C_{18} 作为吸附剂粉。

表 5-11 6 种阿维菌素类药物分别经
C_{18}、PSA、NH_2、GCB、中性 Al_2O_3、正己烷处理后的回收率

分析物	回收率（%）					
	C_{18}	PSA	NH_2	GCB	中性 Al_2O_3	正己烷
阿维菌素	77.6	33.9	33.1	0.2	7.5	63.1
伊维菌素	80.3	50.9	50.2	0.9	10.8	75.5
多拉菌素	88.5	45.8	43.3	0.9	10.9	89.5
莫西菌素	88.9	68.4	72.2	12.7	58.1	70.1
埃普菌素	85.7	64.5	57.8	0.7	22.3	65.4
乙酰氨基阿维菌素	79.2	56.9	52.4	0.5	18.5	62.1

2.3 色谱质谱条件的优化

阿维菌素类药物的极性较弱，在反相色谱柱上的保留较强，因此在初始流动相中甲醇的比例较高。实验表明，初始流动相中的甲醇比例为 60%，采用（1.4.1）的梯度洗脱程序，各药物的响应值和峰形最优。

阿维菌素类药物在电喷雾电离源下主要的离子峰是加合峰，即阿维菌素类药物分子与流动相中的 Na^+、NH_4^+等形成加合离子。从扣除背景噪音后的 6 种阿维菌素类药物的全扫描图（图 5-12）可以看出，埃普菌素只能形成 [M+Na^+] 加合离子，而其他 5 种化合物可以生

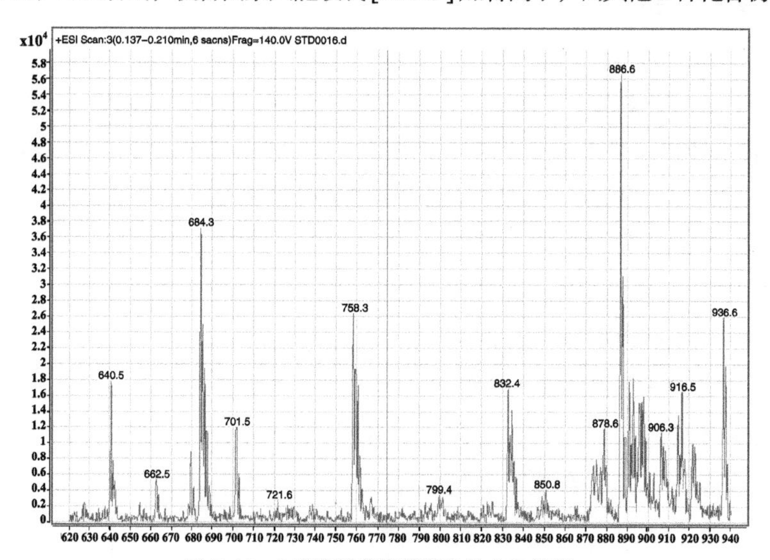

图 5-12 6 种阿维菌素类药物的全扫描图

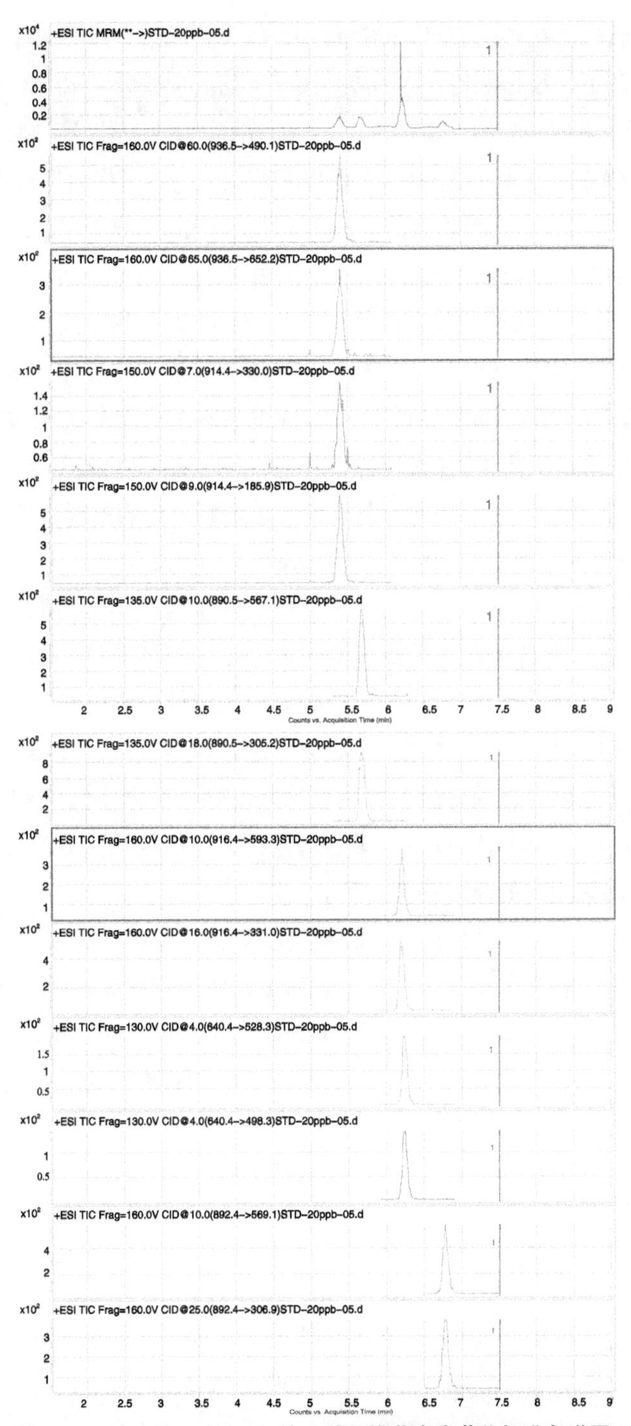

图 5-13　浓度为 0.02mg/L 的 6 种阿维菌素类药物标准色谱图

成加钠峰和加铵峰。在寻找子离子的过程中，发现莫西菌素的加钠峰（*m/z* 645.0）在不同的破碎电压下，很难得到合适的碎片离子，而其加铵峰（*m/z* 640.4）则可以得到528.3、498.3两个响应很强的子离子碎片，同时在寻找阿维菌素、伊维菌素、多拉菌素、乙酰氨基阿维菌素的子离子的过程中，选择[M+ NH_4^+]加合离子作为母离子，可以得到稳定且丰富的碎片离子。因此除埃普菌素外的5种药物选择[M+ NH_4^+]加合离子作为母离子，在流动相中加入乙酸铵可以显著提高加铵峰的响应并抑制加钠峰的形成；对于埃普菌素形成的[M+Na^+]加合离子，虽然[M+Na^+]峰受到一定的抑制，但仍能够得到较强的响应和合适的碎片离子。综合考虑6种阿维菌素类化合物的离子化效率，通过实验最终选择以10mmol/L乙酸铵+0.1%甲酸水和甲醇作为流动相体系。利用MassHunter Optimizer自动优化参数软件，对6种化合物的破碎电压和碰撞能量进行优化（参数见表5-10），0.02mg/L的6种阿维菌素类药物的标准色谱图见图5-13。

2.4 方法的线性范围、检出限、定量限、回收率与精密度

用基质提取液配制一系列不同质量浓度的阿维菌素类药物混合标准溶液，依次进样，以峰面积为纵坐标，质量浓度为横坐标作校准曲线，回归方程及相关系数见表5-12。6种分析物在0.002 ~ 0.1mg/L范围线性关系良好。以0.005mg/kg空白猪肉添加色谱图（图略），根据10倍信噪比计算定量限，莫西菌素的定量限为0.005mg/kg，其他化合物的定量限均为0.002mg/kg；根据3倍信噪比计算检出限，莫西菌素的检出限为0.002mg/kg，其他化合物的检出限均为0.001mg/kg，能满足日本、欧盟等国家规定的最大残留限量。

用空白样品加标方法进行回收率和精密度实验。分别对猪肉进行3个不同浓度水平的加标，每个水平平行测定7次，计算回收率和相对标准偏差，结果见表5-12。从表5-12可以看出，莫西菌素在0.005mg/kg、0.01mg/kg、0.02mg/kg，其他化合物在0.002mg/kg、0.005mg/kg、0.01mg/kg加标水平的回收率为75% ~ 88%，相对标准偏差（RSD）为11.7% ~ 15.0%。

表5-12 6种阿维菌素类药物的回归方程、相关系数（*r*）、回收率与相对标准偏差

分析物	线性方程	*r*	添加浓度（mg/kg）	回收率（%）	相对标准偏差（%）
埃普菌素	y=79.75x+221.10	0.992	0.002，0.005，0.01	83，83，86	13.8，13.3，12.3
阿维菌素	y=179.10x+198.49	0.993	0.002，0.005，0.01	76，78，77	13.5，11.7，11.9
多拉菌素	y=81.98x-23.37	0.994	0.002，0.005，0.01	87，87，88	14.0，13.4，12.1

续表

分析物	线性方程	r	添加浓度（mg/kg）	回收率（%）	相对标准偏差（%）
莫西菌素	y=380.87x+107.66	0.997	0.005，0.01，0.02	80，82，84	13.2，12.5，12.8
伊维菌素	y=101.50x+75.60	0.991	0.002，0.005，0.01	79，81，82	14.1，13.7，12.0
乙酰氨基阿维菌素	y=124.86x+124.06	0.993	0.002，0.005，0.01	75，75，75	15.0，13.3，13.0

3. 结论

QuEChERS 技术具有前处理技术简单、快速，适合多残留分析的特点，但净化不够彻底。液相色谱 - 串联质谱可以同时提供目标化合物的保留时间和分子结构信息，具有杂质影响小、对净化要求低、灵敏度高以及可以进行定性确证与定量分析等优点，弥补了技术净化不够彻底的缺点。本文将两项技术有机结合，采用 QuEChERS 技术进行样品提取和净化，并加入了浓缩步骤，提高了检测的灵敏度，再利用高效液相色谱法 - 串联四极杆质谱检测，建立了同时测定猪肉中 6 种阿维菌素类药物的方法，应用于实际样品检测，取得了满意的效果。

第 5 节
QuEChERS-UPLC-MS/MS 测定鱼肉中的孔雀石绿和结晶紫及其代谢物

建立了鱼肉中孔雀石绿（MG）和结晶紫（CV）残留及其代谢物隐色孔雀石绿（LMG）和隐色结晶紫（LCV）残留的 QuEChERS-UPLC-MS/MS 分析方法。样品采用乙腈提取，改进的 QuEChERS（EMR-Lipid）分散固相萃取净化，经 Agilent Eclipse Plus C_{18}（1.8μm，3.0mm × 100mm）色谱柱分离，电喷雾串联四极杆质谱多重反应监测正离子方式测定。4 种分析物在 0.2 ~ 10.0ng/mL 范围线性关系良好，相关系数均大于 0.997。鱼肉中 4 种分析物在 0.5、1.0、5.0μg/kg 浓度加标水平下，回收率在 71.3% ~ 108.8%，相对标准偏差（RSD）在 1.32% ~ 4.32%。该方法简单、稳定、可靠，能有效去除样品中的蛋白质、脂肪等大分子杂质，可满足鱼肉中孔雀石绿和结晶紫以及隐色代谢物残留检测与确证的需要。

孔雀石绿（Malachite green，MG）、结晶紫（Crystal violet，CV）同属于碱性三苯甲烷类染料，因其具有消毒杀菌作用，在水产养殖过程中，常作为杀菌剂和抗寄生虫药，用于防治各种鱼病。MG 和 CV 在生物体内分别代谢降解的产物为隐性孔雀石绿（Leucomalachite green，LMG）和隐性结晶紫（Leucocrystal violet，LCV）。三苯甲烷类及其代谢物具有较高毒性、致癌、致畸、致突变等特性，在生物体内具有较高残留，对人体危害较大，近年来成为水体污染和鱼肉安全的重点监控污染物。美国、加拿大和欧盟等国已将 MG、CV 列为水产养殖禁用药，许多国家也制定了相关的法律法规及检测措施，中国于 2002 年 5 月将 MG 列入《食品动物禁用的兽药及其化合物清单》中，禁止用于所有食品动物中；农业行业标准使用准则《无公害食品渔用药物使用准则》（NY 5071—2002）中也将 MG 列为禁用药物，同时严禁在水产养殖中使用 MG 和 CV，并规定 MG（含 LMG）和 CV（含 LCV）不得检出。但由于 MG 抗菌性效果好，价格低廉，替代品少等原因，仍有少部分养殖用户违法使用。

目前，三苯甲烷类物质的测定多采用液相色谱法（紫外检测、荧光检测）或液相色谱 - 质谱联用技术。由于 LMG 和 LCV 在紫外可见区无吸收峰，而 MG 和 CV 又无荧光响应，故采用高效液相法同时测定这几类物质时常需要借助一定的前处理手段，过程烦琐且方法检出限较高，无法满足。高效液相色谱 - 串联质谱分析方法国内外屡见报道，此方法灵敏度高，对净化要求也高，并且可以同时进行定量检测和定性确证。本研究采用新型的 QuEChERS-EMR 技术进行前处理，再借助高效液相色谱 - 串联质谱法进行检测，建立了鱼肉中孔雀石绿和结晶紫以及隐色代谢物残留进行同时检测的方法。本方法简单、快速、可靠，克服传统 QuEChERS 的吸附粉末去除蛋白质、脂肪等大分子差的缺点，采用一种新型吸附剂（EMR），不仅能够有效去除动物样品中的大分子杂质，降低基质效应，提高方法的准确度和精密度，还能够降低检测过程中对质谱源和液相色谱柱的污染。

1. 实验部分

1.1 仪器、试剂与材料

Agilent 1260-6430 液相色谱 - 串联质谱仪；万分之一天平（Mettler AE163）；均质器（IKA T25）；振荡器（IKA MS1）；离心机（Eppendorf 5810R）；氮吹仪（N-EVAP-111）。

乙腈、甲醇、甲酸（色谱纯），水为 Milli-Q 超纯水，使用前过 0.45μm 滤膜；QuEChERS dSPE EMR-lipid 和 Final Polish EMR-lipid（购自 Agilent 公司）；中性 Al_2O_3（分析纯）；N- 丙基乙二胺粉（PSA）、二甲基十八碳硅烷粉（ODS）、氨丙基粉（NH_2）（均购自 Agela Technologies Inc.）。孔雀石绿、隐色孔雀石绿、结晶紫、隐色结晶紫标准物质来源于 Sigma 公司，纯度 ≥99%，孔雀石绿 -D5、隐色孔雀石绿 -D6、结晶紫 -D6、隐色结晶紫 -D6 同位素内标均购自 Sigma-Aldrich Lab、Biotrend Chemikalien Gmbh，用乙腈溶解，准确定容至 100mL，得浓度为 100μg/mL

的标准储备液，避光于4℃下保存。

1.2 样品处理

1.2.1 提取

称取4.0g（精确至0.1g）样品，放入50mL离心管中，加入10mL乙腈溶液，均质3min，4℃条件下10 000r/min离心10min，上清液过滤备用。

1.2.2 净化

QuEChERS dSPE EMR-lipid（除脂分散净化包）预先用5mL水浸润活化（需涡混），加5mL上清液（1.2.1提取液）至EMR-lipid管中，涡混5min，确保样品中的脂类等杂质能够最大化地去除。4℃条件下10 000r/min离心10min。取上清液5mL移入Final Polish EMR-lipid（除脂萃取盐包）中，涡混5min，保证最后一步去除杂质的效果最佳。4℃条件下10 000r/min离心10min。上清液分为有机层（上层）和水层（下层），取有机层2mL至10mL玻璃管中，在45℃用氮气浓缩仪吹干。准确加入1.0mL初始流动相溶解残渣，过0.2μm滤膜，进行质谱检测。

1.3 液相色谱-串联质谱条件

1.3.1 液相色谱条件

色谱柱：Agilent Eclipse Plus C_{18}（1.8μm，3.0mm×100mm）。柱温：40℃。流速：0.3mL/min。进样量：10μL。流动相：A为5mM乙酸铵+0.02%甲酸水，B为乙腈。梯度洗脱程序：0～3min，20%B；3～5min，20%～90%B；5～5.01min，20%B；5.01～7.5min，20%B。

1.3.2 质谱条件

电离源：电喷雾离子源（ESI^+）；扫描方式：多重反应监测（MRM）模式；离子源温度：350℃；干燥气流速9L/min；喷雾针压力：40psi；电子倍增器电压：4 000V；碰撞气：高纯氮（纯度为99.999%）。4种待测物及其内标质谱参数见表5-13。

表5-13　4种待测物及其内标的质谱参数

分析物	母离子（m/z）	子离子（m/z）	碎裂电压（V）	碰撞能量（eV）
Malachite green（孔雀石绿）	329.1	313.1*，208.1	100	42，38
Crystal violet（结晶紫）	372.2	356.2*，340.1	100	45，62
Leucomalachite green（隐色孔雀石绿）	331.2	239.1*，315.1	100	35，35
Leucocrystal violet（隐色结晶紫）	374.2	239.0*，358.1	100	38，40
Malachite green-D5（孔雀石绿-D5）	334.0	318.0	100	40

续表

分析物	母离子（m/z）	子离子（m/z）	碎裂电压（V）	碰撞能量（eV）
Leucomalachite green-D6（隐色孔雀石绿-D6）	337.0	240.0	100	40
Crystal violet-D6（结晶紫-D6）	378.4	362.3	100	40
Leucocrystal violet-D6（隐色结晶紫-D6）	380.4	364.3	100	38

注：* 表示定量离子。

2. 结果与讨论

2.1 提取条件的选择

鱼肉基质化学成分复杂，其中的脂肪含量较高，孔雀石绿和结晶紫在鱼肉生物中主要以其隐色代谢物形式存在，这些隐色代谢物具有很好的亲脂性，本文分别考察了甲醇、乙腈作为提取溶剂，均可以得到良好的提取效果，但乙腈能更有效地沉淀蛋白，减少杂质干扰，同时乙腈也利于下一步用 QuEChERS 技术进行净化，因此选择乙腈作为提取溶剂。

2.2 净化条件的选择

2.2.1 各种吸附剂粉对目标物回收率的影响

将 2mL 一定浓度用初始流动相溶解的四种待测物的混标溶液分别加入 150mg ODS、PSA、NH_2、中性 Al_2O_3 中；将 5mL 相同浓度的混标溶液加入 EMR-Lipid 中处理，经涡混、离心后，取上清液 1mL，氮吹，流动相定容，过 0.2μm 滤膜，上机检测，重复 6 次实验，计算平均回收率及相对标准偏差，数据见表 5-14。从表中可以看出 PSA、ODS 对孔雀石绿和隐色孔雀石绿有基质增强作用，NH_2 对结晶紫的吸附作用较强，而中性 Al_2O_3 和 EMR-Lipid 对 4 种待测物无明显吸附作用。

表 5-14　4 种待测物分别经 PSA、ODS、NH_2、中性 Al_2O_3、EMR–Lipid 处理后的平均回收率和相对标准偏差

分析物	平均回收率（%）					相对标准偏差（%）				
	PSA	ODS	NH_2	中性Al_2O_3	EMR-Lipid	PSA	ODS	NH_2	中性Al_2O_3	EMR-Lipid
孔雀石绿	130.5	140.0	91.2	95.4	98.2	2.20	1.56	2.57	1.74	0.95
隐色孔雀石绿	94.6	99.4	95.6	104.1	100.2	2.35	1.84	2.98	1.86	1.34
结晶紫	119.0	119.0	31.8	96.5	99.5	2.89	2.15	3.14	2.64	1.78
隐色结晶紫	95.8	101.0	94.0	93.24	98.6	3.01	2.53	2.43	2.81	1.95

2.2.2 EMR 净化效果的研究

传统 QuEChERS 法的原理是通过吸附粉末的吸附作用达到净化的效果，此种净化方法主要用于农残检测，去除的是中小分子杂质。本方法引入了一种新型的吸附剂（EMR），原理是通过疏水选择性结合吸附作用，有效去除含有直链烃类结构官能团的脂类等大分子物质，显著降低基质效应，提高方法的准确性和灵敏度。

2.2.2.1 对净化效果的总体考察

将未净化的鱼肉基质提取液（1.2.1 提取液）和经 NH_2、ODS、PSA、中性 Al_2O_3、EMR-lipid 净化后的样品液（2.2.1 样品液）分别利用在不接色谱柱的方式下，利用质谱在全扫描方式下进行考察，如图 5-14 所示。从图中可以看出，杂质离子峰 132.1、

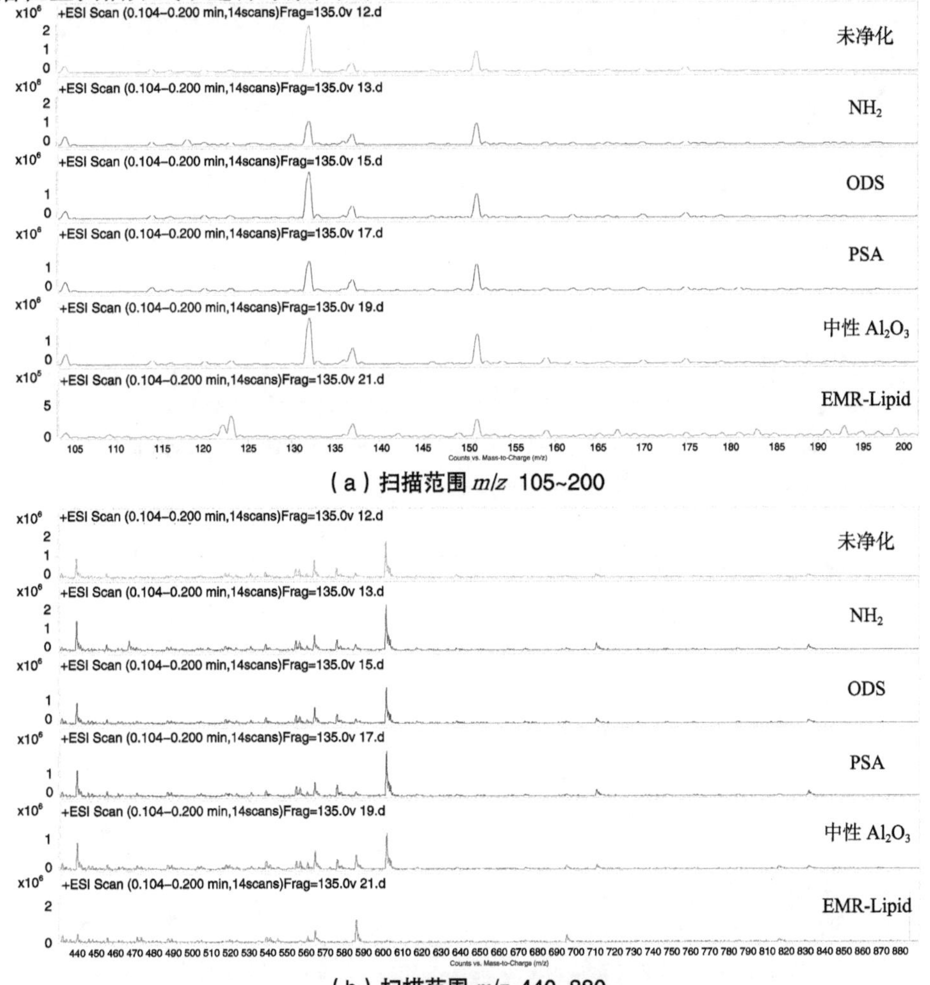

（a）扫描范围 m/z 105~200

（b）扫描范围 m/z 440~880

图 5-14　鱼肉基质提取液未净化和经 NH_2、ODS、PSA、中性 Al_2O_3、EMR-Lipid 净化后的质谱全扫描图

441.2、606.2经NH_2、ODS、PSA、中性Al_2O_3净化效果不明显，而经EMR-Lipid净化后明显降低，说明该方法对大分子和小分子杂质都有明显吸附作用。

2.2.2.2 对目标物出峰时间段杂质干扰净化效果的研究

混合标准品中四种目标物 MG、LMG、CV、LCV 经液相分离后，其定量离子色谱峰的出峰时间在 4.2 ～ 5.2min，如图 5-15 所示。分别将未净化鱼肉基质提取液（1.2.1 提取液）和经 NH_2、ODS、PSA、中性 Al_2O_3、EMR-Lipid 净化后的样品液（2.2.1 样品液）经色谱分离，在目标物 4.2 ～ 5.2min 出峰时间段内通过质谱在全扫描方式下进行分析，如图 5-16 中所示。从图 5-16 中可以看出主要杂质峰 494.3、520.3，

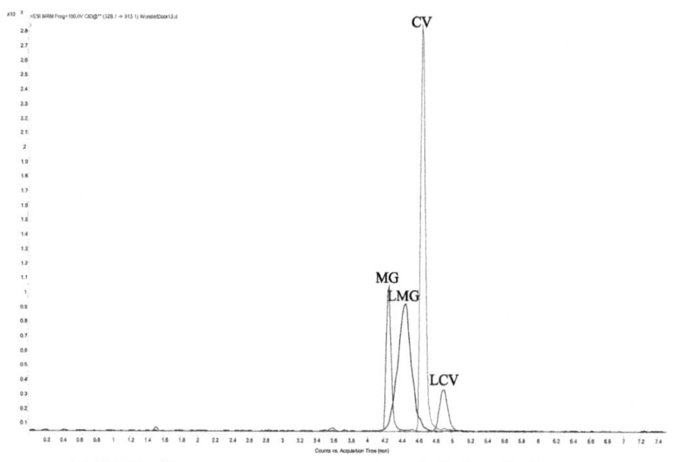

图 5-15　四种目标物 MG、LMG、CV、LCV 定量离子色谱图（0.4ng/mL）

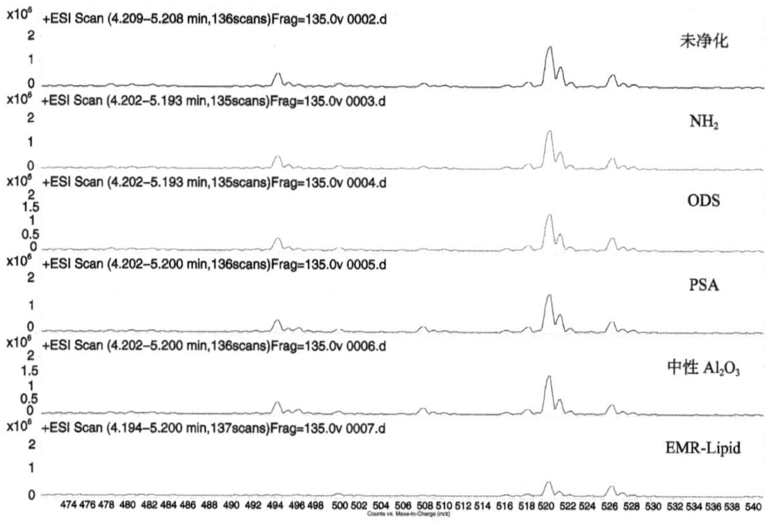

图 5-16　经 HPLC 分离后鱼肉基质提取液未净化和经 NH_2、ODS、PSA、中性 Al_2O_3、EMR-Lipid 净化后的质谱全扫描图

经EMR-Lipid净化后含量大大降低，有效地降低了共流出基质干扰带来的基质效应，提高了方法的准确度和灵敏度。

2.2.2.3 EMR-Lipid 净化的基质效应研究

通过比较空白鱼肉样品提取液（添加四种目标物 0.5ng/mL）在经 EMR-Lipid 净化前后的 MRM 色谱图发现，未经 EMR-Lipid 净化的样品两种目标物 MG、LMG 受基质干扰效应明显，响应值低，峰形差，且有明显的杂质干扰峰；经 EMR-Lipid 净化后准确度和灵敏度显著提高，能够进行定量定性研究。如图 5-17、图 5-18 所示。

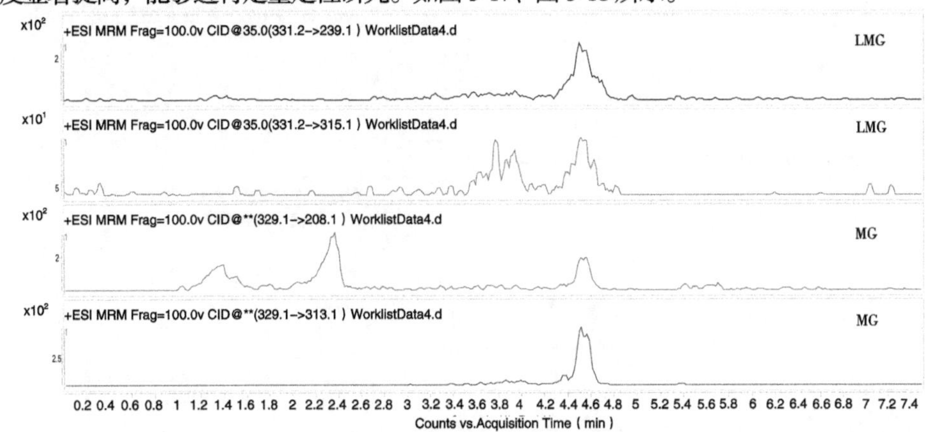

图 5-17　EMR-Lipid 净化前添加水平为 0.5μg/kg 的鱼肉样品中 MG、LMG 的 MRM 色谱图

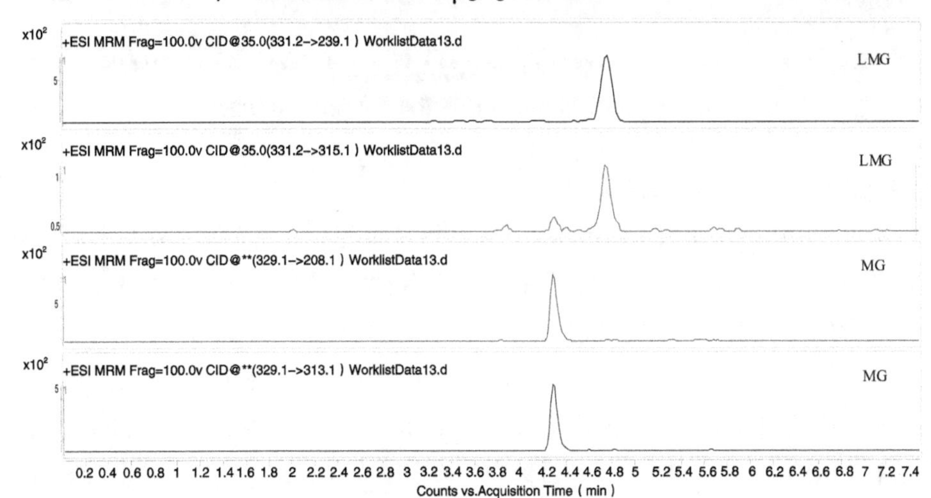

图 5-18　EMR-Lipid 净化后添加水平为 0.5μg/kg 的鱼肉样品中 MG、LMG 的 MRM 色谱图

2.3 色谱质谱条件的优化

孔雀石绿、结晶紫及其代谢物极性较强，在反相色谱柱上的保留较弱，因此在初始流动相中乙腈的比例较低。本研究通过比较 0.1% 甲酸水溶液 - 乙腈、5mM

乙酸铵 -0.1% 甲酸水溶液 - 乙腈和 5mM 乙酸铵 -0.02% 甲酸水溶液 - 乙腈等 3 种不同流动相对 4 种目标物色谱质谱条件进行优化。实验表明，在加入 0.1% 甲酸流动相下，LCV 的响应值低，而加入 5mM 乙酸铵后，LCV 的峰形变差，而在加入 0.02% 甲酸和 5mM 乙酸铵的流动相中，LCV 的峰形得到改善，响应值明显提高，如图 5-19 所示，因此作为流动相最为合适。

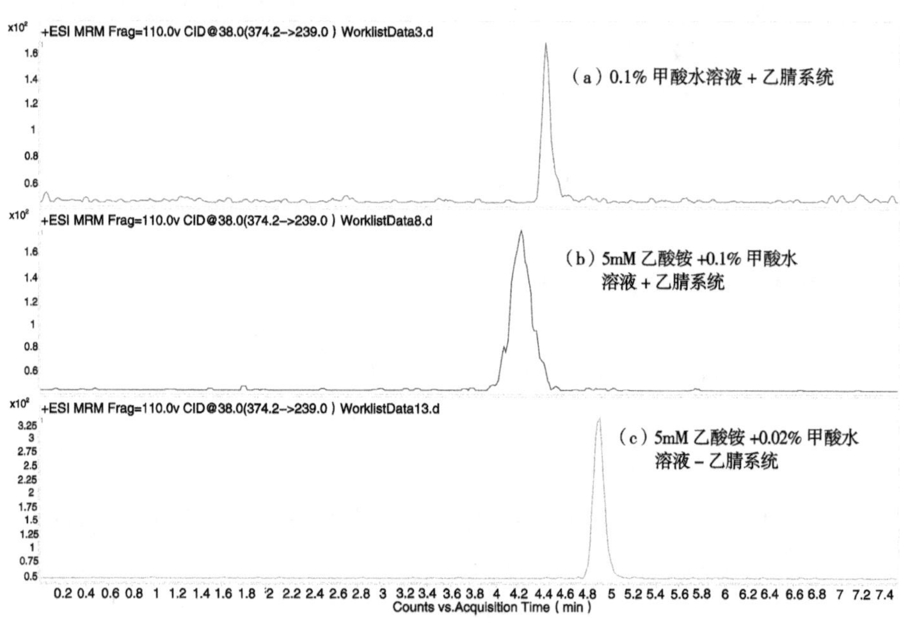

图 5-19　不同流动相下 LCV 的定量离子色谱图（0.4ng/mL）

2.4 线性范围、定量限、回收率和精密度

本研究用内标法定量（内标物为孔雀石绿 -D5、隐色孔雀石绿 -D6、结晶紫 -D6、隐色结晶紫 -D6），用初始流动相配制一系列不同浓度的孔雀石绿、结晶紫及其代谢物混合标准溶液作标准曲线进行分析，由工作站可直接计算回归方程及相关系数，见表 5-15。4 种分析物在 0.2 ~ 10.0ng/mL 范围线性关系良好。以 3 倍信噪比（S/N）对应的加标水平为检出限（LOD），10 倍信噪比（S/N）对应的加标水平为定量限（LOQ）。结果得出，4 种目标物的检出限为 0.2μg/kg，定量限为 0.5μg/kg。用空白样品加标方法进行回收率和精密度实验。分别对鱼肉进行三个不同水平的加标，每个水平平行测定 6 次，计算回收率和相对标准偏差，结果见表 5-15。从表 5-15 中可以看出，4 种化合物在 0.5μg/kg、1.0μg/kg、5.0μg/kg 加标水平的回收率为 77.1% ~ 106.6%，相对标准偏差（RSD）为 1.32% ~ 4.32%。

表 5-15　4 种待测物线性范围（0.2 ~ 10.0 ng/mL）的回归方程、相关系数、回收率和相对标准偏差

分析物	线性方程	r	添加水平（μg/kg）	回收率（%）	RSD（%）
孔雀石绿	y=0.137 5x+0.002 81	0.998 9	0.5，1.0，5.0	104.4，98.6，100.6	2.97，1.32，2.28
隐色孔雀石绿	y=0.252x+0.046 9	0.997 9	0.5，1.0，5.0	77.2，77.1，77.7	2.79，4.21，4.32
结晶紫	y=0.242x+0.035 6	0.999 1	0.5，1.0，5.0	104.7，105.4，106.6	2.20，1.72，2.09
隐色结晶紫	y=0.361x+0.004 52	0.999 9	0.5，1.0，5.0	102.0，98.5，106.4	3.96，2.65，1.78

2.5 实际样品检测

将本地市场上销售的多宝鱼进行相关项目的检测，检测结果测得孔雀石绿为 1.48μg/kg，隐色孔雀石绿为 1.34μg/kg，如图 5-20 所示。

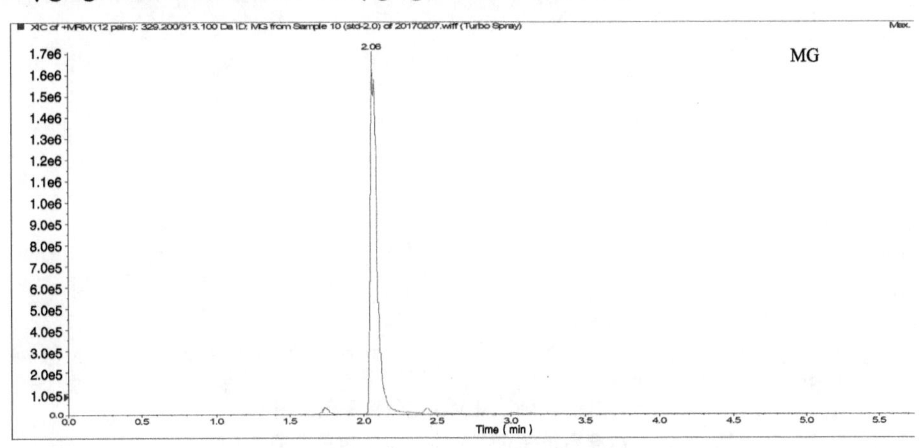

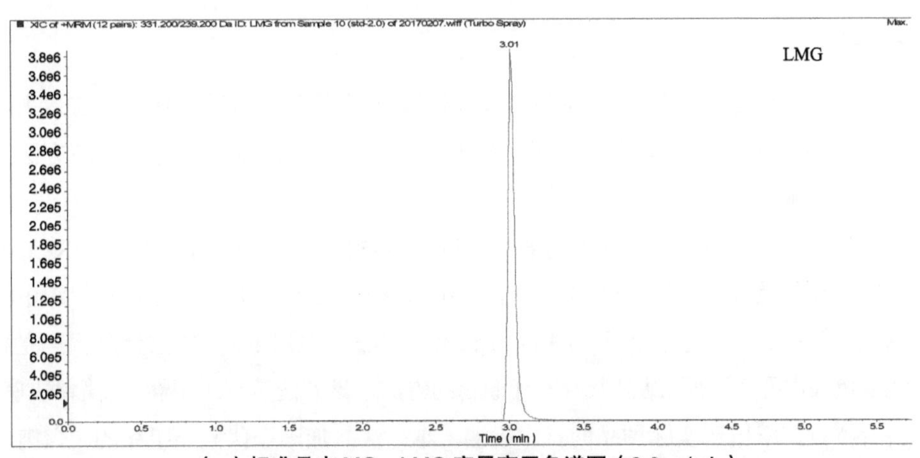

（a）标准品中 MG、LMG 定量离子色谱图（2.0ng/mL）

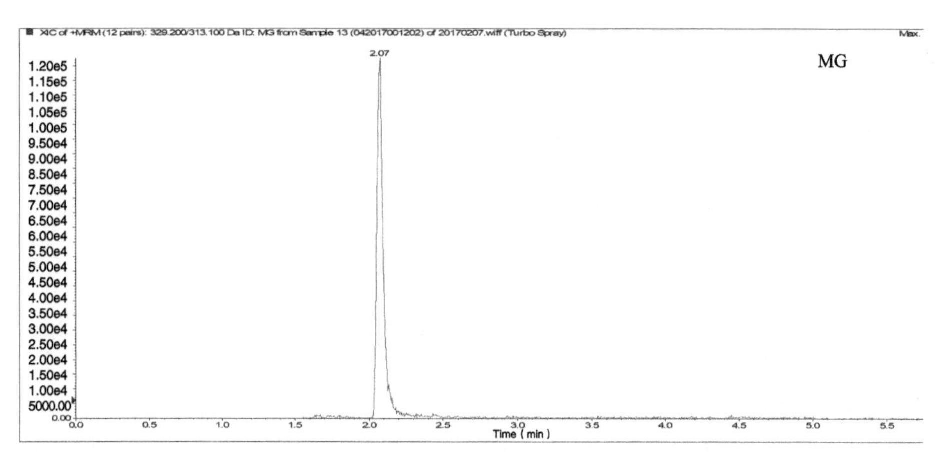

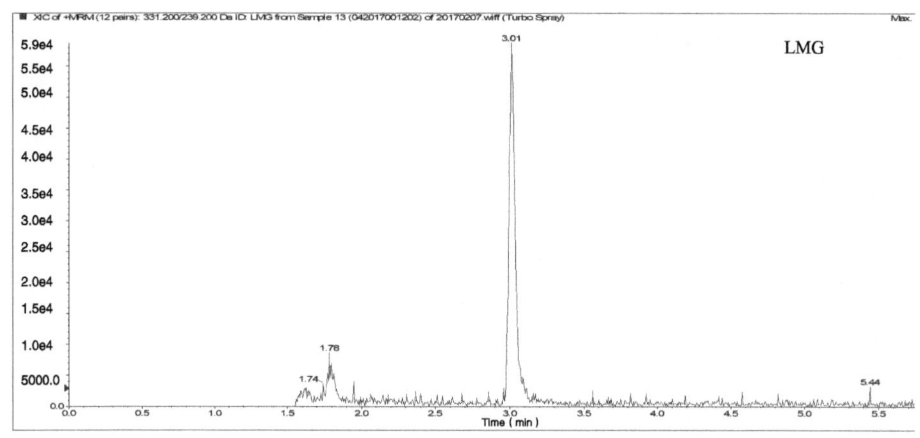

（b）样品中 MG、LMG 定量离子色谱图

图 5-20　标准品和样品中 MG、LMG 定量离子色谱图

3. 结论

本研究采用 EMR 净化方法的原理是通过疏水选择性结合吸附作用，有效去除含有直链烃类结构官能团的脂类等大分子物质，显著降低基质效应，提高方法的准确性和灵敏度。

本研究引入了一种新型的吸附剂（EMR），利用改良的 QuEChERS（EMR-lipid）法进行样品的前处理，不仅能够去除中小分子杂质，还能够有效去除动物组织中的蛋白、脂肪等大分子杂质，再利用高效液相色谱法 - 串联四极杆质谱检测，建立同时测定鱼肉中孔雀石绿、结晶紫及其代谢物的方法。该方法具有适用性强、简单快速、经济等特点，应用于实际样品的日常检测。本方法参加国家认监委组织的“鱼肉中孔雀石绿测定”能力验证项目（合格证书编号:CNCA-16-B11-26），取得了满意结果。

第6节
聚合物整体柱微萃取测定动物组织中的硝基呋喃代谢物

硝基呋喃类抗生素主要是指呋喃唑酮（痢特灵）、呋喃它酮、呋喃西林和呋喃妥因，广泛应用于牛、猪、虾仁及家禽中。研究证明，该类药物是一种诱导有机体基因突变的有害物质，欧盟从1997年开始将所有的硝基呋喃类抗生素全部列为违禁药物。硝基呋喃类药物在动物体内代谢快，半衰期短，检测原药不足以反映其真实的残留水平。呋喃唑酮在动物体内代谢物为3-氨基-2-噁唑烷基酮（AOZ），呋喃它酮的代谢物为5-甲基吗琳-3-氨基-2-噁唑烷基酮（AMOZ），呋喃妥因的代谢物为1-氨基-2-内酰脲（AHD），呋喃西林的代谢物为氨基尿（SEM），4种代谢物以蛋白结合物形态存在于机体组织中。在适当的酸性条件下，通过水解从蛋白质中释放出来。20世纪90年代开始，各国均将硝基呋喃代谢物作为指示硝基呋喃类药物残留的标示物。国内外已建立起动物组织中硝基呋喃代谢物的检测方法，但前处理相对复杂，回收率较低。

聚合物整体柱微萃取技术（polymer monolith micro-extraction，PMME）是在管内固相微萃取技术的基础上发展起来的一种微型化样品预处理技术，采用管内聚合了整体材料的毛细管作为萃取介质。该技术集萃取、净化、富集于一体，无须溶剂萃取，具有操作简单、快速、富集倍数高等特点。本文首次将聚合物整体柱微萃取技术应用于动物组织中硝基呋喃代谢物的检测，与超高效液相色谱-串联质谱联用，取得了满意结果。该方法简便、快速、成本低且灵敏度高，适合于常规检测。

1. 材料与方法

1.1 仪器与试剂

1.1.1 仪器

Waters UPLC-Premier液相色谱质谱联用仪（Waters）、分析天平（Mettler）、5810型离心机（Eppendorf）、T25型均质器（IKA）、SHA-CA水浴恒温振荡器（江苏荣华）、MMV-1 000W振荡器（IKA）、N-EVAPTM氮吹仪（Organomation Associates，Inc.）、IKA MS basic涡流混匀器（IKA）等。

1.1.2 试剂

乙酸乙酯、正己烷、甲醇、乙腈（均为色谱纯），二甲亚砜、乙酸铵为优级纯，磷酸氢二钾、氢氧化钠、浓盐酸（均为分析纯），2-硝基苯甲醛（2-NBA）、0.2mol/L盐酸溶液、1mol/L氢氧化钠溶液、0.1mol/L磷酸氢二钾溶液、8.0g/L 2-硝基苯甲醛溶液，临用前配制。AMOZ、SEM、AHD、AOZ 标准物质：纯度 ≥98%，使用 Sigma 公司等有证标准物质。

同位素内标物 AOZ-D_4、AMOZ-D_5、AHD-D_3 和 SCA-^{13}C-$^{15}N_2$ 标准物质：纯度 ≥98%，使用 Sigma 公司等有证标准物质。

1.2 实验方法

1.2.1 标准溶液配制

以甲醇为溶剂，分别配制 0.10mg/mL 硝基呋喃类代谢物标准物质标准储备溶液、0.10mg/mL 相应的同位素内标物标准储备液、1.0μg/mL 标准中间液、100ng/mL 标准工作液。

1.2.2 LC-MS/MS 分析条件

1.2.2.1 色谱条件

色谱柱：2.1mm × 50mm，1.7μm ACQUITY UPLC BEH C_{18}。柱温：40℃。进样量：10μL。流动相：A 相为 10mM 乙酸铵 +0.1% 甲酸水；B 相为甲醇。流速：300μL/min。梯度洗脱：0 ～ 3min，A 由 90% 变为 10%；3 ～ 5min，A 保持在 10%；5 ～ 6.5min，A 由 10% 变为 90%，平衡 2min。

1.2.2.2 质谱条件

离子源：电喷雾离子源（ESI）；扫描方式：正离子扫描；检测方式：多重反应监测（MRM）；雾化气、去溶剂气为高纯氮气；碰撞气为氩气；毛细管电压：3.0kV；孔电压：40V；离子源温度：120℃；去溶剂气温度：350℃；去溶剂气流量：800L/hr；锥孔气流量：50L/hr。见表 5-16。

表 5-16　四种硝基呋喃代谢物的监测离子对

化合物名称	定量离子对（*m/z*）	定性离子对（*m/z*）	锥孔电压（V）	碰撞能量（V）
AMOZ	335，291	335，262	25	25，10
SEM	209，166	209，192	25	10，12
AHD	249，134	249，178	30	11，11
AOZ	236，134	236，104	26，28	25，12
AOZ-D_4	240，134		28	11
AMOZ-D_5	340，296		20	10
AHD-D_3	252，134		30	12
SCA-^{13}C-$^{15}N_2$	212，195		25	10

1.2.3 样品处理与净化

1.2.3.1 样品提取

称取 5g（精确到 0.01g）试样于 50mL 聚丙烯离心管中，加入 0.1μg/mL 的内标工作溶液 50μL，加入 10mL 0.2mol/L 盐酸溶液、1mL 0.05mol/L 的 2-NBA 衍生剂，置于 37℃恒温水浴水解、衍生 16h。10 000r/min 离心 10min。取衍生后的上清液 0.5mL，加入 0.2mL 磷酸盐缓冲溶液，调节 pH，过甲基丙烯酸整体柱净化。

1.2.3.2 样品净化

活化及平衡：用 0.5mL 甲醇，以 1mL/min 的抽取流速（灌注流速：0.15mL/min）；磷酸盐缓冲液 0.5mL，以 1mL/min 的抽取流速（灌注流速:0.15mL/min）。上样:0.8mL，1mL/min 的抽取流速（灌注流速：0.15mL/min）。淋洗：0.4mL 磷酸盐缓冲溶液、0.4mL 去离子水，1mL/min 的抽取流速（灌注流速:0.15mL/min）。解吸:甲醇＋水（4+6，体积比），0.2mL，1mL/min 的抽取流速（灌注流速：0.1mL/min）。

2. 结果与讨论

2.1 样品基底 pH 萃取优化

样品基底 pH 同时影响样品的存在状态和萃取材料表面功能基团的电离形式，从而影响二者间的相互作用。以 PBS 缓冲溶液作为样品基底，系统考察了 pH 为 1 ~ 11 的四种目标物的萃取情况，得到萃取效率与 pH 的关系如图 5-21 所示，当 7<pH<9 时，萃取效率较高，基本为一平台；当 1<pH<7 和 9<pH<11，萃取效率随 pH 变化而逐渐降低。这可能因为，在 pH 为 7 ~ 9 时，整体柱上的羧基离解程度较小，四种目标物以中性形式存在，两者之间以疏水作用为主，基本不受溶液 pH 影响；当 pH 变化时，整体柱上羧基解离，而四种目标物因为较高的 pK_a，仍呈中性状态，两者之间的疏水作用减弱，萃取效率降低。根据此实验结果，选择 pH 在 7 ~ 9 范围的 PBS 缓冲溶液作为样品基底进行后续实验。

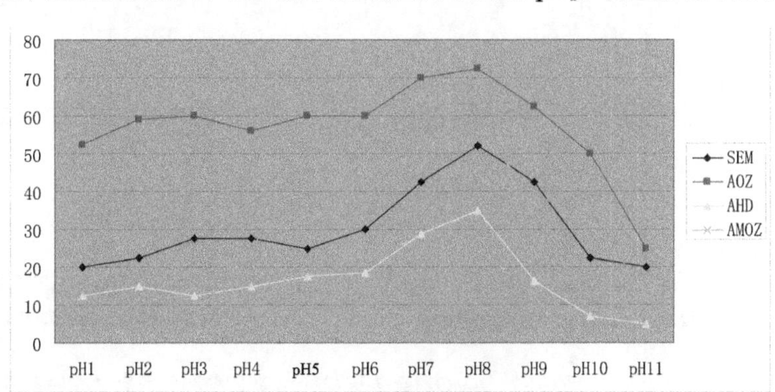

图 5-21　不同 pH 萃取回收率

考虑到样品基质可能对萃取有较大的影响，我们以鸡肉为基底，考察整体柱的实际样品分析能力。在 pH 为 7 ～ 9 时，分析样品的萃取能力，发现在 pH 为 8 时能够满足四种化合物分析要求，实验最后选择 pH 为 7 的磷酸盐缓冲溶液为样品基底。

2.2 解析液的优化

为了提高分析灵敏度，分别用 0.1mL、0.2mL、0.3mL、0.4mL、0.5mL 解析液对目标物进行洗脱，发现 0.2mL 的解析液能够将目标物全部洗脱。同时考察了解析液中甲醇的体积分数从 20% 增至 80% 时的解析效果，结果表明，当甲醇的体积分数增至 40% 时，目标物可以从萃取柱上完全解析，而且伴随甲醇体积分数的增大，色谱峰逐渐变差。因此我们采用 0.2mL 甲醇 + 水（4+6，体积比）作为解析液。

2.3 萃取体积的优化

样品萃取体积越大，仪器响应值越高，但上样量过高则会造成目标物的饱和和萃取柱的阻塞。通过考察 0.5 ～ 2mL 的样品萃取体积，发现在 0.6 ～ 1.2mL 时四种目标物达到萃取最大值。为适合样品的通量分析，本文选取 0.8mL 作为样品萃取体积。

2.4 萃取效果的考察

为考察萃取柱的萃取效率，分别分析硝基呋喃代谢物萃取前和萃取后的色谱图，由图 5-22—图 5-25 可知，经聚合物整体柱萃取后的分析物强度有一定的提高。

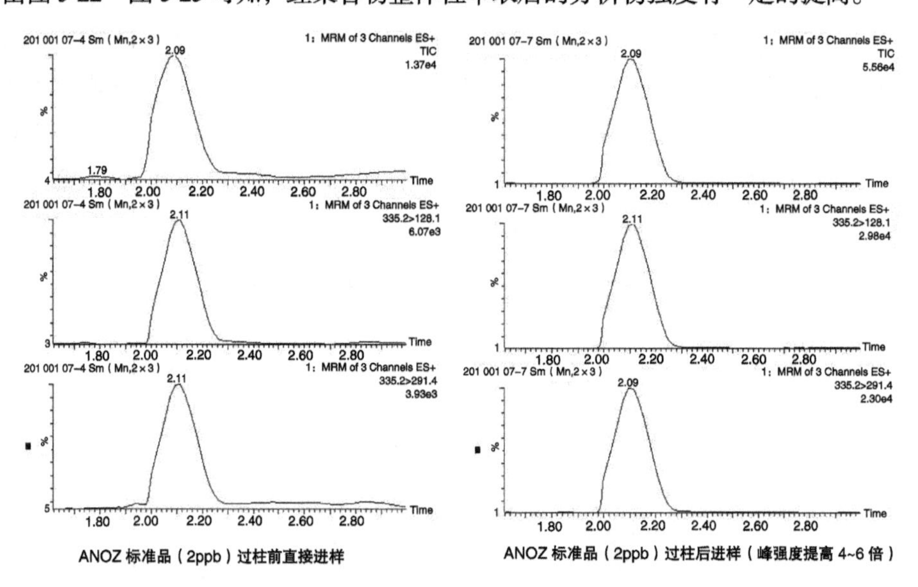

ANOZ 标准品（2ppb）过柱前直接进样　　ANOZ 标准品（2ppb）过柱后进样（峰强度提高 4~6 倍）

图 5-22　AMOZ 标准品 (2ppb) 萃取前和萃取后进样的色谱图

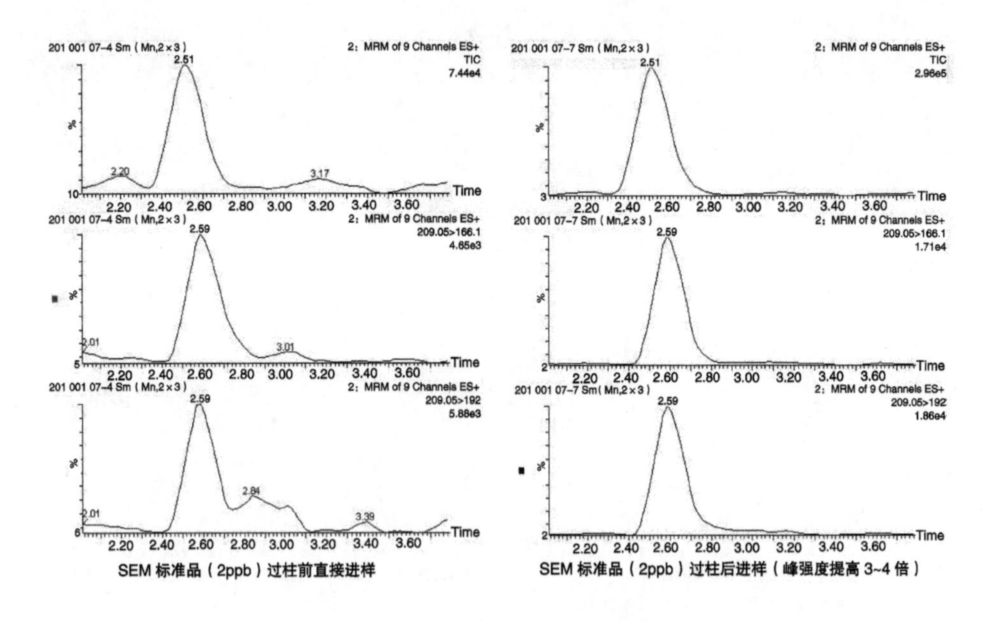

图 5-23　SEM 标准品 (2 ppb) 萃取前和萃取后进样的色谱图

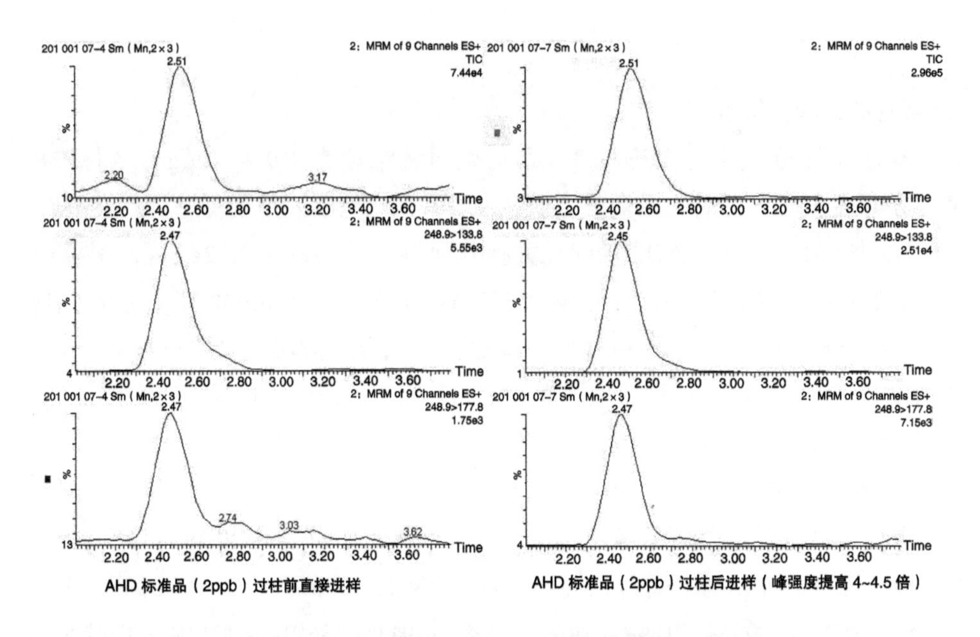

图 5-24　AHD 标准品 (2ppb) 萃取前和萃取后进样色谱图

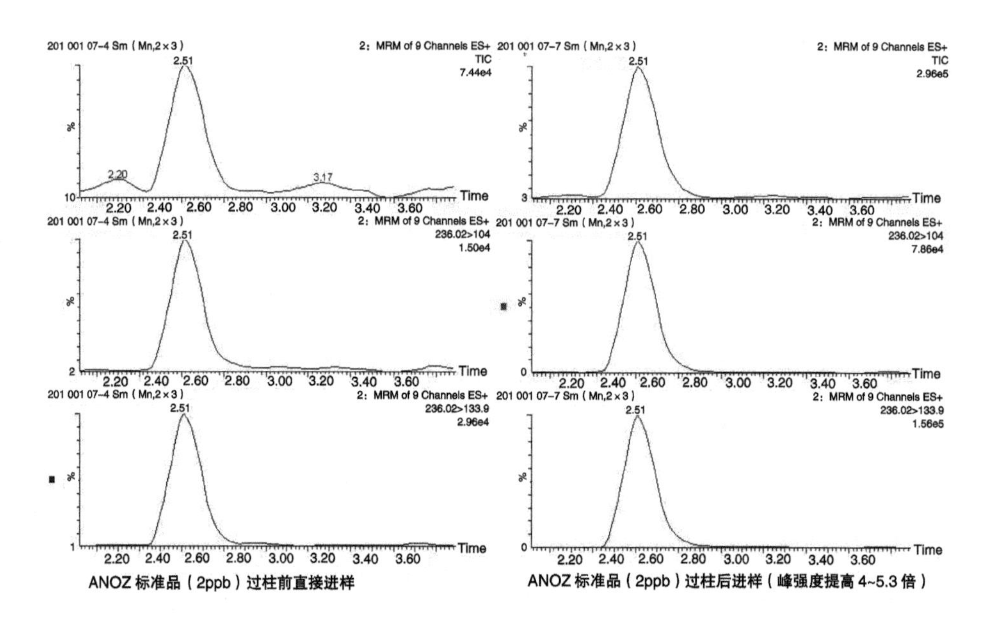

图 5-25　AOZ 标准品 (2ppb) 萃取前和萃取后进样的色谱图

2.5 线性关系和灵敏度

本方法所确定的实验条件，分别衍生质量浓度为 1.0 ~ 20μg/L 的标准溶液，其峰面积 y 与对应的质量浓度 x（μg/L）在此范围内呈现良好的线性关系，AMOZ、SEM、AHD、AOZ 的线性方程分别为 y=0.992 3x-0.124 3（r=0.999），y=1.612 7x-0.217 6（r=0.999），y=1.111 5x+0.267 0（r=0.998），y=0.969 4x-0.101 7（r=0.999）。采用空白基质中添加目标化合物方法，以特征离子色谱峰的信噪比（S/N）>10 为方法的定量限，四种目标化合物的定量限为 0.5μg/kg，检测限空白样品添加如图 5-26 所示。

2.6 回收率与精密度

以鸡肉、鸭肉为空白样品基质，分别添加 0.5μg/kg、2.5μg/kg 和 10.0μg/kg 3 个浓度水平的标准品，每个浓度水平进行 6 次重复实验，AMOZ、SEM、AHD、AOZ 的平均回收率分别为 81.2% ~ 99.3%、71.3% ~ 89.6%、74.8% ~ 94.1%、86.9% ~ 102.7%，相对标准偏差（RSD）分别为 4.1% ~ 9.6%、7.4% ~ 12.7%、6.8% ~ 13.6%、5.2% ~ 9.6%，符合残留检测要求。

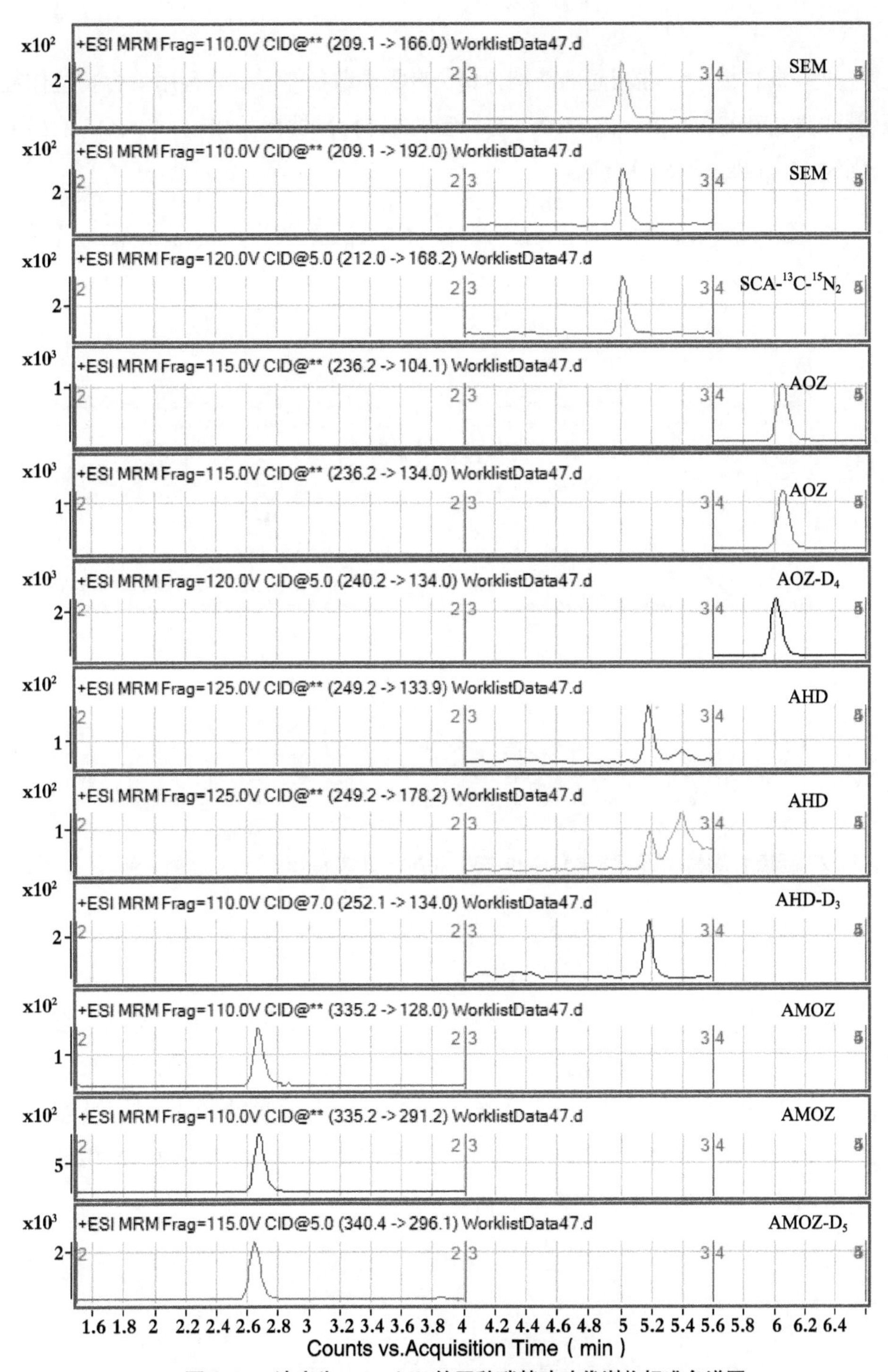

图 5-26　浓度为 2.0ng/mL 的四种硝基呋喃代谢物标准色谱图

如图 5-27 所示，在相同的液相色谱 - 串联质谱条件下，分别用聚合物整体柱微萃取方法和 GB/T 20752—2006 前处理方法进行阳性样品比较，AMOZ 检出值分别为 64.8μg/kg 和 69.9μg/kg。

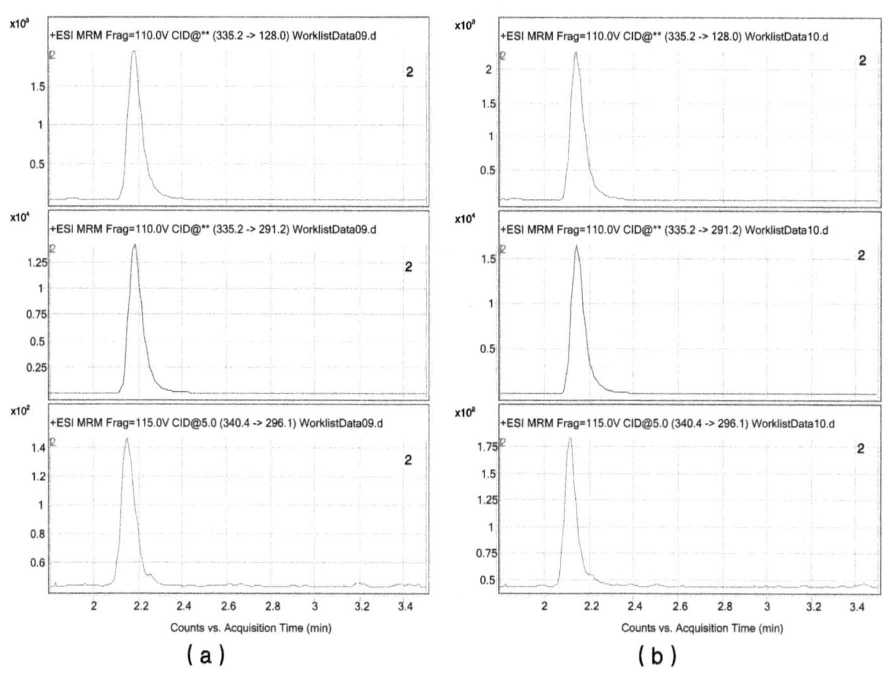

图 5-27　聚合物整体柱微萃取方法（a）和 GB/T 20752—2006 前处理方法（b）阳性样品的色谱图

3. 结论

生物样品具有内源性杂质多、待测物浓度低、样品量受限制等特点，因此要将少量的目标物从大量复杂的生物基质中提取出来，离不开高效的样品预处理技术。采用聚合物整体柱微萃取净化，超高效液相色谱 - 串联质谱法测定动物组织中的四种硝基呋喃代谢物，使样品预富集过程更加灵活、方便和快速，适用于动物组织中四种硝基呋喃代谢物的常规分析。

第7节
高效液相色谱-串联四级杆/线性离子阱质谱同时检测鸡肉中的氯霉素和地塞米松

建立了鸡肉中氯霉素（CAP）和地塞米松（DXM）残留量的高效液相色谱-串联四级杆/线性离子阱质谱的测定方法。样品经乙酸乙酯提取后，正己烷脱脂，再经乙酸乙酯反提取后，采用电喷雾电离源正、负离子多重反应监测（MRM）模式检测，内标法定量。氯霉素和地塞米松的线性范围分别为0.05 ~ 2.50μg/L和0.10 ~ 5.00μg/L，相关系数（r）不低于0.99；其检出限分别为0.03μg/kg和0.05μg/kg，定量限分别为0.1μg/kg和0.2μg/kg。两种药物的平均回收率为90% ~ 105%，相对标准偏差（RSD）不大于5%。

1. 实验部分

1.1 仪器与试剂

移液器：Eppendorf；液相色谱质谱联用仪：AB Qtrap5500；电子天平：感量0.01mg和0.01g各一台；离心机：5810型，Eppendorf公司；均质器：T25型，18G刀头，IKA公司；振荡器：MMV-1 000W，ETELA公司；氮吹仪：N-EVAP，Organomation Associates，Inc.；涡流混匀器：IKA MS basic。

氯霉素和氯霉素-D_5购自Laboratories of Dr. Ehrenstorfer（Augsburg，Germany），纯度≥98%，地塞米松购自Sigma-Aldrich，甲基强的松龙（地塞米松内标）购自DON，纯度≥98%。甲醇为色谱纯；乙酸乙酯和正己烷为分析纯。

1.2 标准溶液的配制

称取氯霉素、氯霉素-D_5、地塞米松标准品各10mg，加甲醇溶解并分别定容至100mL，分别配成浓度为100mg/L的标准储备液；甲基强的松龙用丙酮溶解配成浓度为100mg/L的标准储备液。于4℃冰箱中放置，备用。

用移液器分别移取1mL氯霉素、氯霉素-D_5、地塞米松和甲基强的松龙储备液用甲醇定容至100mL，分别配成浓度为1mg/L的中间储备液。

分别移取氯霉素中间储备液1mL到100mL容量瓶中，地塞米松中间储备液2mL到100mL容量瓶，用甲醇定容至100mL，混标工作液中氯霉素浓度为10μg/L，地塞米松浓度为20μg/L；内标混标配制同前，用甲醇定容至100mL，氯霉素-D_5浓度为100μg/L，甲基强的松龙浓度为100μg/L。实验中用甲醇稀释成所需要的浓度。

1.3 提取

精密称取（10 ± 0.01）g 鸡肉样品于具塞离心管中，各样品管加入内标混合标准工作液 20μL，加标回收管再加入 10μL 外标工作液。各管加入 15mL 乙酸乙酯均质，10 000r/min 离心 10min，上清液移入 30mL 做好标记的玻璃管；具塞离心管重新加入 15mL 乙酸乙酯重复以上操作，合并上清液氮气吹干。在玻璃管中各添加 5mL 正己烷和 5mL 水，涡混 1min，去除上层溶液；若下层溶液不干净，重复操作一次。各管添加 5mL 乙酸乙酯，涡混 1min，取上层溶液到 10mL 玻璃管氮气吹干。用甲醇 - 水（3 ： 7）定容到 1mL，过 0.22μm 的滤膜后待用。

1.4 仪器参数与测定条件

1.4.1 液相色谱条件

色谱柱：ZORBAX Eclipse Plus C_{18}（1.7μm，3.0mm × 100mm）；柱温：40 ℃；流速：0.4mL/min；进样量：10μL；流动相：A 纯水，B 甲醇；梯度洗脱程序：0 ~ 2.0min，15% ~ 85%B；2.0 ~ 3.5min，85%B；3.6min，15%B，平衡 2.4min。

1.4.2 质谱条件

电离方式：ESI；扫描方式：多重反应监测（MRM）；干燥气温度：450℃；GAS1 ：55L；GAS2 ：60L；电子倍增器电压：4 500V；碰撞气：高纯氮，99.99%，四种化合物质谱参数见表 5-17。

表 5-17　氯霉素和地塞米松的质谱采集参数

化合物	母离子（*m/z*）	子离子（*m/z*）	碎裂电压（V）	碰撞能量（eV）
氯霉素	321.0	257.1	105	35
		152.0*	105	25
氯霉素-D_5	326.1	157.1	105	35
地塞米松	393.2	355.2	120	45
		373.2*	120	35
甲基强的松龙	375.2	357.1	120	35

注：*表示为定量离子。

2. 结果与讨论

2.1 质谱条件的建立和优化

为摸索最佳质谱条件，减少仪器干扰和污染，配制混合标准品氯霉素和地塞米松含量在 20ppb，控制信号强度在 10^6 范围内，采用针泵直接进质谱方法筛选条件，流速 20μL/min，根据文献资料 [17] 和 [18]，先在负离子模式进行扫描查找氯霉素和氯霉素 -D_5 母离子，找出后对其子离子进行全扫描，通过优化碎裂电压和碰撞能量，找出丰度较强的碎片离子，组成监测离子对。将扫描模式改为正离子模式，重复以上操作找到地塞米松和甲基强的松龙的监测离子对。以纯水和甲醇作为流动相，设定优化液相条件数据见图 5-28。在上述色谱和质谱条件下，氯霉素（0.1μg/L）和地塞米松（0.2μg/L）能够分离良好，且峰形很好，在空白组织中未见干扰。

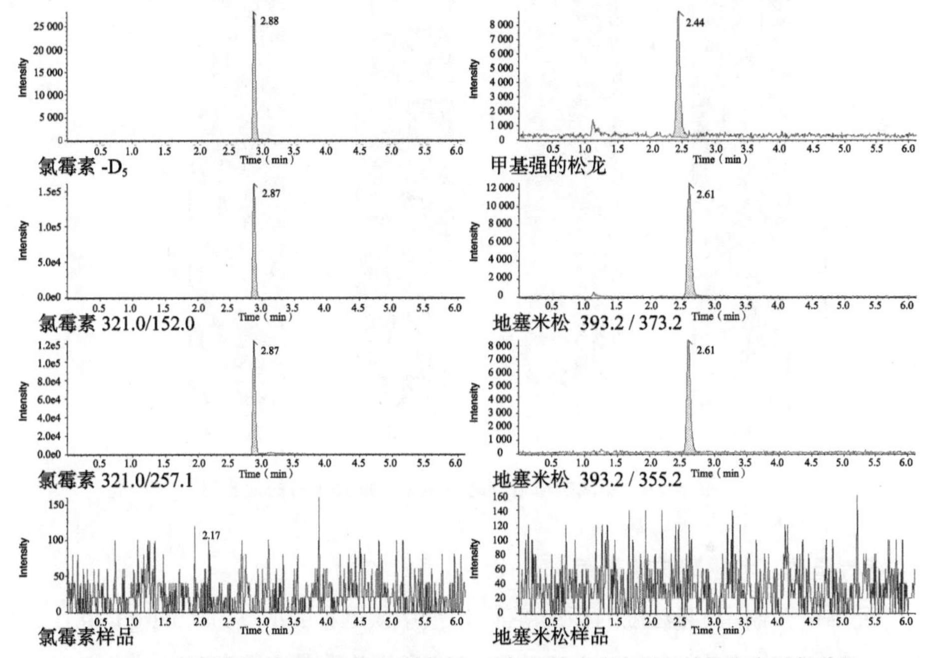

图 5-28　氯霉素和地塞米松标准溶液内、外标及鸡肉空白样品的提取离子色谱图

2.2 提取溶剂的选择

氯霉素和地塞米松等属于极性物质，可以通过有机溶剂进行提取。由于鸡肉中含有大量的蛋白质、氨基酸、脂肪等复杂组分，本研究比较了甲醇、乙腈、丙酮、乙酸乙酯的提取效率（见图 5-29）。结果证明，乙酸乙酯的提取效率最高，适合鸡肉组织中氯霉素和地塞米松的提取。

2.3 样品的净化

虽然乙酸乙酯的提取效率很高，但提取的非极性脂类物质较多，基质干扰较大，影响结果的判定，需要对提取液进一步净化。本实验用乙酸乙酯萃取两次，氮气吹干后加水溶解再用正己烷脱脂，最后用乙酸乙酯反提取，氮气吹干过滤膜后上机检测。以本实验开发的方法可以有效去除基质干扰，省去了固相萃取柱的使用，同时对氯霉素和地塞米松进行检测，空白样品的加标回收率为 90% ~ 107%，可满足实验要求。减少了样品前处理的时间和成本，可以满足实验检测的要求。

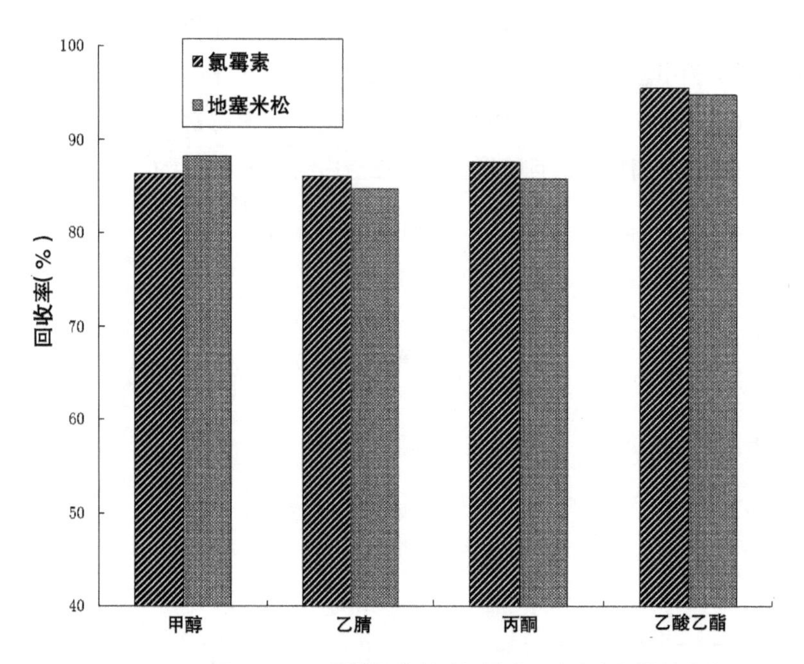

图 5-29 不同提取溶剂时氯霉素和地塞米松的回收率

2.4 线性范围、检出限与定量限

配制 6 个不同质量浓度的标准溶液，溶液中氯霉素的浓度为 0.05μg/L、0.10μg/L、0.20μg/L、0.50μg/L、1.00μg/L、2.50μg/L，地塞米松的质量浓度为 0.10μg/L、0.20μg/L、0.40μg/L、1.00μg/L、2.00μg/L、5.00μg/L，内标配制浓度氯霉素为 0.2μg/L，甲基强的松龙为 0.5μg/L。在建立的实验条件下进样检测分析，以质量浓度比值为横坐标，以相对峰面积比值为纵坐标，绘制标准曲线，两种化合物的方程、相关系数如表 5-18 所示。在空白鸡肉基质中添加混合标准品，以 3 倍的信噪比计算方法的检出限（LOD）；10 倍的信噪比计算方法的定量限（LOQ），两种化合物的检出限和定量限见表 5-18。从表 5-18 中可知，所有指标都符合我国和欧盟的残留检测标准。

表 5-18 氯霉素和地塞米松的回归方程、相关系数、检出限和定量限

化合物	线性范围（μg/L）	回归方程	r	检出限（μg/L）	定量限（μg/L）
氯霉素	0.05 ~ 2.50	y=16.685 58x+0.041 44	0.998 9	0.03	0.10
地塞米松	0.10 ~ 5.00	y=21.819 27x+0.017 92	0.999 3	0.05	0.20

2.5 回收率和精密度

选取阴性鸡肉样品，添加氯霉素和地塞米松标准品，氯霉素的加标水平为 0.1 μg/kg、0.2μg/kg、1.0μg/kg，地塞米松的加标水平为 0.2μg/kg、0.4μg/kg、2.0μg/kg，内标添加为外标定量限的两倍，每个加标水平做 6 次平行，连续 3d 重复操作，其日内和日间的平均回收率和相对标准偏差（RSD）见表 5-19。

表 5-19　阴性鸡肉样品中添加氯霉素和地塞米松的回收率和相对标准偏差

化合物	添加量（μg/kg）	日内		日间	
		回收率（%）	RSD（%）	回收率（%）	RSD（%）
氯霉素	0.1	93.6	4.5	102.2	4.7
	0.2	96.3	3.6	97.4	3.3
	1.0	96.1	2.7	97.7	3.1
地塞米松	0.2	92.7	4.3	90.3	4.6
	0.4	94.3	3.5	92.8	4.1
	2.0	95.8	3.1	94.9	3.7

2.6 实际样品的检测

应用本方法对出口的鸡肉或鸡肉唐扬 200 个样品进行氯霉素和地塞米松检测，其中 1 个样品中的氯霉素残留量为 0.1μg/kg，达到了欧盟进口的限量标准，阳性率为 0.5%；地塞米松未检出。但上述样品的药物残留量均小于国家残留监控的限量要求，结果见图 5-30。

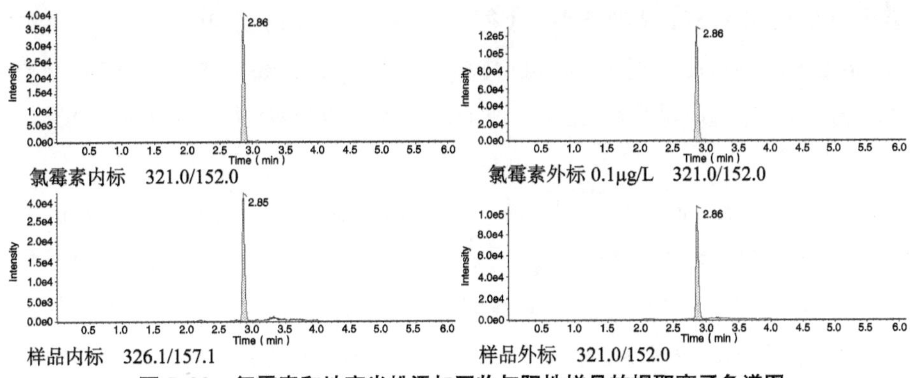

图 5-30　氯霉素和地塞米松添加回收与阳性样品的提取离子色谱图

3. 结论

本文建立了鸡肉中氯霉素和地塞米松残留同时测定的串联四级杆 / 线性离子阱质谱的分析检测方法。该方法提高了定性定量检测的准确性，操作简便，省去了固相萃取步骤，灵敏度和回收率好，可满足实际检测工作的需要。

第8节
基于QuEChERS提取的HPLC-MS/MS法测定禽肉中的利巴韦林和金刚烷胺

目前，检测利巴韦林和金刚烷胺的方法主要是液相色谱法和高效液相色谱-串联质谱法（HPLC-MS/MS），液相色谱法灵敏度偏低，受基质干扰影响大，不能满足食品安全中关于禽肉的抗病毒药物残留的检测需求；高效液相色谱-串联质谱法可以提供检测化合物的结构信息，具有高通量和高选择性，可以同时检测两种目标分析物。由于禽肉样品中残留的抗病毒药物含量少，基质干扰多，急需建立可行的前处理技术以及灵敏度高的检测方法。本研究选择鸡鸭养殖中常见抗病毒兽药利巴韦林和金刚烷胺为研究对象，结合QuEChERS和SPE柱净化前处理提取方法，建立了禽肉中利巴韦林和金刚烷胺的快速HPLC-MS/MS测定方法。该方法可操作性强，检测周期短，为企业和食品安全监管部门提供了有效的技术支撑。

1. 实验部分

1.1 仪器与试剂

高效液相色谱-串联质谱联用仪：Agilent 1290-6430（美国Agilent公司），配电喷雾离子源（ESI）；5810R型离心机（德国Eppendorf公司）；N-EVAP氮吹仪（美国Organomation Associates公司）；Milli-Q纯水机（美国Millipore公司）；KQ-500型超声波清洗器（昆山市超声仪器有限公司）；Cleanert PCX-SPE净化柱（天津博纳艾杰尔公司）。

利巴韦林（Ribavirin）和金刚烷胺（Amantadine）购于德国Sigma公司；利巴韦林内标（Ribavirin-$^{13}C_5$）购于上海安谱公司；金刚烷胺内标（Amantadine-D_{15}）购于德国Dr. Ehrenstorfer公司。中性氧化铝（Alumina-N，100 ~ 200目）购于天津市科密欧公司，石墨炭黑粉（GCB，120 ~ 400目）、C_{18}粉（50μm）、PSA粉（40 ~ 60μm）和氨丙基粉（NH_2，40 ~ 60μm）均购于Agela Technologies INC.公司；乙腈和甲酸均为色谱纯，购于美国Biopure公司；实验所用水为超纯水。利巴韦林专用柱（Poroshell120，2.1mm × 150mm，2.7μm）和C_{18}柱（Eclipse Plus C_{18}，3.0mm × 100mm，1.8μm）购于美国Agilent公司。ACQUITY UPLC BEH HILIC柱（HILIC，2.1mm × 100mm，1.7μm）购于美国Waters公司。

1.2 溶液的配制

标准储备液：准确称取每种标准品0.01g于100mL容量瓶，先用少量甲醇溶解，再用甲醇定容至刻度，混匀，配制成终浓度 100μg/mL 的标准储备溶液。

标准中间液：准确移取每种标准品 1mL 于 100mL 容量瓶，用甲醇定容至刻度，混匀，配制成终浓度 1μg/mL 的标准工作溶液。

混合标准工作液：移取 10mL 利巴韦林和 5mL 金刚烷胺标准中间液到 100mL 容量瓶，用甲醇定容至刻度，混匀。

混合内标工作液：移取 10mL 利巴韦林内标和 5mL 金刚烷胺内标中间液到 100mL 容量瓶，用甲醇定容至刻度，混匀。

提取液：称取三氯乙酸 1.0g 到 500mL 烧杯中，依次加入 100mL 水，100mL 甲醇，搅拌均匀。

洗脱溶液：5mL 氨水、25mL 异丙醇和 70mL 甲醇混合均匀。

定容液：30mL 水和 70mL 甲醇混合均匀。

1.3 色谱条件

色谱柱：BEH HILIC（2.1mm × 100mm，1.7μm）。流动相 A：5mmol/L 乙酸铵水溶液。流动相 B：甲醇。梯度洗脱程序：0min 75% 流动相 B；3.0min 30% 流动相 B；3.01min 75% 流动相 B；5.0min 75% 流动相 B。流速：0.3mL/min。柱温：40℃。进样体积：10μL。

1.4 质谱条件

离子源：电喷雾离子源（ESI）；扫描方式：正离子扫描；检测方式：动态多重反应监测；气帘气：35psi；离子电压：5 500V；碰撞气：氮气；干燥气温度：550℃；喷雾气（GS1）：55psi，辅助雾化器（GS2）：55psi。4 种化合物的质谱检测参数见表 5-20。

表 5-20　利巴韦林和金刚烷胺的部分质谱参数

分析物	母离子（*m/z*）	子离子（*m/z*）	保留时间（min）	碎裂电压（V）	碰撞能量（V）
利巴韦林（Ribavirin）	245.2	113.1*，96.0	1.28	110	12，25
利巴韦林内标（Ribavirin-$^{13}C_5$）	250.1	113.1	1.27	120	12
金刚烷胺（Amantadine）	152.1	135.0*，107.0	1.97	80	22，35
金刚烷胺内标（Amantadine-D_{15}）	167.1	150.3	1.98	80	25

注：* 表示定量离子。

1.5 样品处理

准确称取 4 ± 0.01g 绞碎均匀的样品（鸡肉或鸭肉），置于 100mL 具塞离心管内，依次加入内标工作液 80μL，提取液 20mL 后均质 1min，以 10 000r/min 离心 10min，脱脂棉过滤，将上清溶液全部转移至 PCX 净化柱（预先用 3mL 甲醇、3mL 水活化），再用 3mL0.1% 甲酸水（*V/V*），3mL 甲醇淋洗小柱，真空抽干后，加入 6mL 洗脱液，收集洗脱液到 10mL 干净玻璃试管中氮气吹干，在玻璃管中加入 50mg Alumina-N、100mg NH_2 和 1mL 定容液，于涡旋振荡器振荡 1min，经 0.22μm 双系滤膜过滤，供 HPLC-MS/MS 分析测定。

2. 结果与讨论

2.1 色谱条件的优化

色谱条件优化的目的主要是将目标分析物其他类似化合物的干扰消除，获得良好的分离，并尽可能地缩短检测时间。色谱流动相常用的有机溶剂有甲醇和乙腈，本文考察了两种有机溶剂对目标分析的影响，实验发现当流动相中的有机溶剂由乙腈变成甲醇时，两种目标分析物的响应值均提高了 2 倍以上，和文献结论相同。实验同时考察了 C_{18} 柱、HILIC 柱和利巴韦林专用柱对两种目标分析物的影响，结果发现使用 C_{18} 柱分离两种目标分析物响应值不到 HILIC 柱的五分之一，使用利巴韦林专用柱利巴韦林峰响应值和 HILIC 柱差异不明显，但金刚烷胺响应值偏低且有双峰现象，而 HILIC 柱对两种目标分析物均可良好地分离，响应值最好。实验发现，水相中添加甲酸或乙酸铵均能提高目标分析物的响应值，但添加甲酸利巴韦林峰形偏宽，添加乙酸铵两种目标分析物均可良好地分离，峰形很好，而在水相中同时添加甲酸和乙酸铵，两种目标分析物的响应值反而略有降低。本文通过不同比例乙酸铵溶液的检测，确定 5mmol/L 乙酸铵水溶液响应值和峰形已达到最好，同时提高柱温为 40℃，调整流动相比例，从而进一步提高色谱的灵敏度和稳定性。

2.2 质谱条件的优化

通过文献资料确定，利巴韦林和金刚烷胺在正离子模式下响应值较高。首先将 500μg/L 的混合标准溶液分别通过自动进样泵以 5μL 进样量直接注入 ESI 离子源，通过正离子扫描，在找到目标分析物各自的准分子离子峰 $[M+H]^+$ 后，分别优化其质谱参数，得到碎片离子信息，优化的 MRM 质谱参数见表 5-20。图 5-31 为利巴韦林和金刚烷胺混合标准溶液（1μg/L）在 MRM 模式下的质谱图。

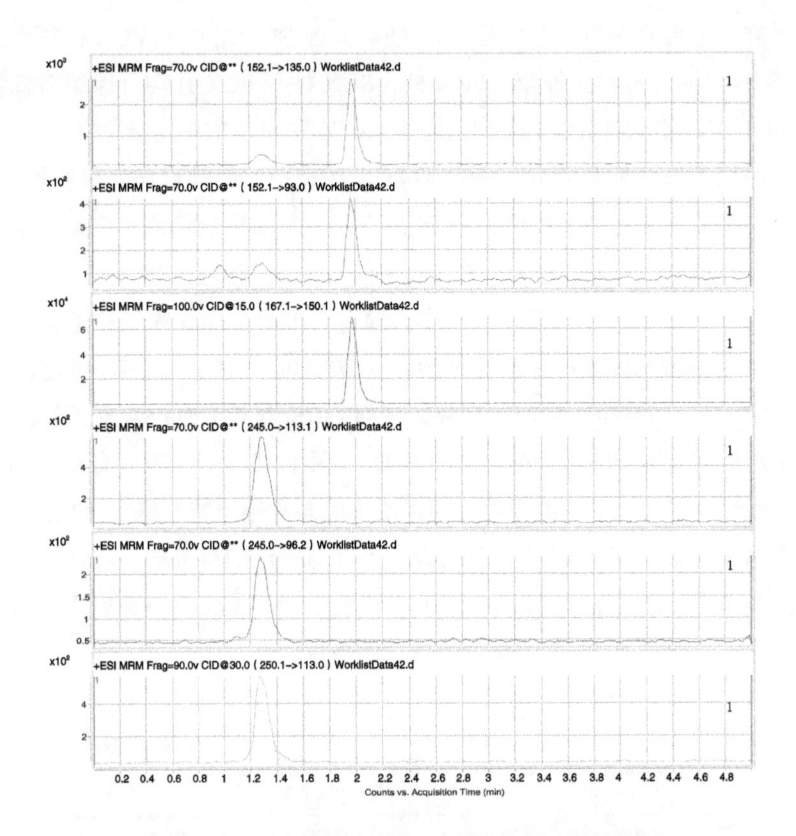

图 5-31　混合标准溶液（1μg/L）中利巴韦林和金刚烷胺的多重反应监测色谱图

2.3 提取条件的优化

利巴韦林和金刚烷胺均属于极性化合物，在有机溶剂中溶解度很小，一般选用有机溶剂 - 水的混合溶液提取，实验考察了乙腈 - 水（1 ∶ 1，*V/V*）溶液和甲醇 - 水（1 ∶ 1，*V/V*）溶液对目标分析物的回收率影响，经质谱检测甲醇水作为提取液响应值比乙腈水响应值高 30%。进一步考察了加酸对回收率的影响，在甲醇水中添加不同比例的甲酸、乙酸和三氯乙酸，实验发现甲酸的添加对回收率的影响不大，乙酸和三氯乙酸的添加使回收率由 51.3% 分别提高到 61.2% 和 65.1%，考虑到三氯乙酸的加入有沉淀蛋白的作用，有一定的净化效果，可以提高方法的灵敏度，最终选用甲醇 -1% 三氯乙酸溶液（1 ∶ 1，*V/V*）作为提取溶液。

2.4 净化方式的选择

直接采用提取液提取禽肉中的利巴韦林和金刚烷胺，基质干扰较多，样品中的脂肪、蛋白质等干扰目标分析物的检测，尤其是利巴韦林在低浓度时受基质影响比较严重，常用的固相萃取柱有 PBA 柱、SCX 柱、C_{18} 柱和 PCX 柱等。结果显示，C_{18} 柱对目标分析物无保留，PBA 柱、SCX 柱和 PCX 柱均可保留目标物，但 SCX 柱和 PCX 柱要高于 PBA 柱 5% 左右。SCX 柱和 PCX 柱生产材料相似，对两种目标物的回收率无明显差异，考虑到 PCX 柱有更好的性价比，最终选择后者。实验发现一些带皮的样品，虽然用 PCX 柱净化，基质影响仍比较严重，本文结合 QuEChERS 方法，进一步考察了 Alumina-N、GCB、ODS、PSA、NH_2 五种净化粉对利巴韦林和金刚烷胺的吸附回收率，通过标准品加净化粉经质谱检测并计算回收率，结果发现 Alumina-N 净化回收率为 75.3% ~ 84.5%，NH_2 净化回收率为 70.0% ~ 87.6%，两种净化粉回收率较好；而 ODS、GCB 和 PSA 对四种目标分析物吸附非常严重而不能使用，结果见表 5-21 。中性氧化铝粉末具有粒径小、表面积大、吸附性能强的优点，能吸附肉类基质中的多种杂质特别是含硫化合物。NH_2 具有比 PSA 相对较弱的阴离子交换能力，可以与一定的有机酸、色素以及糖类发生离子交换作用。通过 PCX 柱结合两种净化粉不同添加比例组合后净化两种目标分析物的对比，确定了 1.5 节用量为最佳比例条件。

表5-21　经ODS、Alumina-N、GCB、PSA、NH_2吸附的利巴韦林和金刚烷胺回收率

分析物	回收率（%）				
	ODS	Alumina-N	GCB	PSA	NH_2
利巴韦林	62.6	84.5	63.5	36.4	70.0
利巴韦林内标	63.0	81.6	64.5	36.0	73.0
金刚烷胺	22.6	75.3	32.6	63.0	86.8
金刚烷胺内标	27.0	75.6	35.6	64.2	87.6

2.5 标准曲线及检出限

对两种目标分析物质量浓度为 0.50 ~ 200μg/L 的系列混合标准溶液进行测定，以各化合物定量离子与内标校正离子峰面积之比的平均值（y）对其质量浓度（x，μg/L）绘制标准曲线，其相关系数（r）均大于 0.997。在禽肉中添加系列浓度的混合标准物质，以信噪比（S/N）为 3 作为方法的检出限（LOD），以信噪比（S/N）为 10 作为方法的定量限（LOQ），利巴韦林和金刚烷胺的 LOD 分别为 0.30μg/kg 和 0.15μg/kg，LOQ 分别为 1.00μg/kg 和 0.50μg/kg。两种目标分析物的回归方程、相关系数、线性范围、检出限和定量限见表 5-22。

表 5-22 利巴韦林和金刚烷胺的回归方程、相关系数、线性范围、检出限及定量限（n=6）

分析物	线性方程	r	线性范围（μg/L）	检出限（μg/kg）	定量限（μg/kg）
利巴韦林	y=0.763 8x-1.725 7	0.998 2	0.50 ~ 200	0.30	1.00
金刚烷胺	y=0.064 2x-0.191 7	0.997 8	0.50 ~ 200	0.15	0.50

2.6 样品基质的影响

电喷雾离子化效率受样品基质的影响较大。本研究用抑制率，即基质空白中添加标准品监控离子响应强度与有机溶剂中添加标准品相应监控离子响应强度的比值减少的百分比，来评价样品基质对目标分析物的抑制作用。以鸡肉和鸭肉为基质空白，分别添加定量限浓度水平的利巴韦林和金刚烷胺标准溶液，与相应标准溶液进行比较。结果表明，样品基质对两种目标分析物有一定的抑制作用，但不同基质对两种目标分析物的抑制率相差不大，利巴韦林的平均抑制率为 18.2%，金刚烷胺为 14.3%。为了消除基质对检测的影响，同时有效评估提取和净化方法的损失，保证方法的通用性和适用性，本方法以内标法定量，可同时消除不同因素对测定结果的影响，结果发现回收率较理想，重现性良好。

2.7 回收率和精密度

在空白样品中添加利巴韦林和金刚烷胺定量限 1、2、10 倍 3 个水平的混合标准物质进行加标回收实验，以回收率结果表示方法的准确度，以回收率的相对标准偏差（RSD）表示方法的精密度。按 1.5 节中样品预处理方法操作，日内每个浓度水平平行测定 6 个样品，连续测定 3 天。结果表明，两种目标分析物日内回收率为 92.5% ~ 104.7%，RSD 为 3.4% ~ 7.8%；日间回收率为 93.3% ~ 106.0%，RSD 为 6.0% ~ 10.7%。

2.8 实际样品测定

日本对我国禽肉中利巴韦林残留的出口限量是 10.0μg/kg，金刚烷胺残留的出口限量是 2.0μg/kg，我们对从出口企业抽检的 60 份鸡肉或鸭肉样品中的利巴韦林和金刚烷胺进行测定，结果 1 份烟熏胸肉（鸭肉）超出了日本的限量标准，金刚烷胺的残留量是 5.9μg/kg，对其按规定进行了处理。

3. 结论

建立了高效液相色谱 - 串联质谱（HPLC-MS/MS）同时测定禽肉中利巴韦林和金刚烷胺的检测方法。禽肉样品用含 1%（体积比）三氯乙酸 - 甲醇（1 ∶ 1，V/V）溶液提取，经 PCX 固相萃取柱和 QuEChERS 方法净化后，以含 5mmol/L 乙酸铵水溶液与甲醇为流动相梯度洗脱，BEH HILIC（2.1mm × 100mm，1.7μm）色谱柱分离，电喷雾正离子模式电离，多级反应监测（MRM）模式进行检测，内标法定量。结果表明，利巴韦林和金刚烷胺在 0.50 ~ 200μg/L 范围呈良好线性，相关系数均大于 0.997。两种目标分析物方法的检出限（S/N≥3）分别为 0.30μg/kg 和 0.15μg/kg，定量限（S/N≥10）分别为 1.00μg/kg 和 0.50μg/kg，样品在其定量限 1、2、10 倍 3 个加标水平下日内回收率为 92.5% ~ 104.7%，相对标准偏差（RSD）为 3.4% ~ 7.8%；日间回收率为 93.3% ~ 106.0%，RSD 为 6.0% ~ 10.7%。该方法灵敏、简便、准确，可用于禽肉中利巴韦林和金刚烷胺残留的同时检测分析。

第 9 节
液相色谱 - 串联质谱法测定牛肉中甲硝唑和二甲硝咪唑残留

建立了高效液相色谱 - 串联质谱法（HPLC-MS/MS）快速测定牛肉中的甲硝唑和二甲硝咪唑的检测方法。牛肉样品用乙酸乙酯提取后，经 PCX 固相萃取柱净化处理，过 0.22μm 滤膜，以乙腈和含 0.1% 的甲酸水溶液为流动相，经 Eclipse Plus C_{18} 色谱柱（3.0mm × 100mm，1.8μm）分离，多级反应监测（MRM）正离子模式下扫描分析。结果表明，甲硝唑和二甲硝咪唑在 0.2 ~ 50μg/L 范围呈良好线性，线性相关系数均大于 0.997，检出限为 0.2μg/kg，定量限为 0.5μg/kg。样品在定量限 1、2、10 倍 3 个加标水平下的平均回收率为 95.3% ~ 103.2%，相对标准偏差（RSD）为 4.67% ~ 8.46%。该方法灵敏、简便、准确，可用于牛肉中甲硝唑和二甲硝咪唑的检测分析。

1. 实验部分

1.1 仪器和试剂

高效液相色谱 - 高分辨质谱联用仪：Agilent 1260-6460（美国 Agilent 公司），配电喷雾离子源（ESI）；离心机：5810R 型（Eppendorf 公司）；氮吹仪：N-EVAP（Organomation Associates 公司）；纯水机：Milli-Q（美国 Millipore 公司）；万分之一天平（Mettler AE163）；振荡器（IKA MS1）；5mL 一次性注射器；0.22μm 针头过滤器；混合型阳离子交换柱：60mg/3mL（Agela 公司）。

甲硝唑、二甲硝咪唑和氘代二甲硝咪唑标准品均购于德国 Dr. Ehrenstorfer 公司。甲醇、乙酸乙酯、乙腈和甲酸均为色谱纯，美国 Biopure 公司；盐酸和氨水为分析纯，天津科密欧公司。

标准溶液：分别配制甲硝唑、二甲硝咪唑和氘代二甲硝咪唑终浓度均为

100ng/mL 的标准溶液，于 0 ~ 4℃冰箱中保存。

定容液：取 80mL 0.1% 的甲酸水（*V/V*），与 20mL 乙腈混匀。

1.2 样品处理

称取 5.0g 样品，置于 50mL 聚丙烯离心管中，加入内标工作溶液 100μL，加入 15mL 乙酸乙酯均质提取 1min，10 000r/min 离心 10min，将上清液转入 50mL 聚丙烯离心管，残渣再次用 15mL 乙酸乙酯涡混重复提取，合并提取液，氮气吹干，用 0.1mol/L 盐酸 25mL 溶解，滤纸过滤。依次用 3mL 甲醇、3mL 0.1mol/L 盐酸活化阳离子交换柱，将上述溶解液全部过柱，依次用 5mL 0.1mol/L 盐酸、5mL 甲醇淋洗，6mL 洗脱溶液洗脱并收集，在 40℃水浴上氮气吹干，用 1mL 初始流动相溶液涡旋溶解，过 0.22μm 滤膜，供质谱测定。

1.3 液相色谱 - 串联质谱条件：

1.3.1 液相色谱条件

色谱柱：Eclipse Plus C_{18}（3.0mm × 100mm，1.8μm）。流动相 A：甲酸水（1 ： 999，*V/V*）溶液。流动相 B：乙腈。梯度洗脱程序：0min 20% 流动相 B；3.0min 40% 流动相 B；4.0min 90% 流动相 B；4.1min 20% 流动相 B；6.0min 20% 流动相 B。进样体积：20μL。柱温：40℃。流速：0.4mL/min。

1.3.2 质谱条件

大气压电喷雾电离源（ESI），正离子电离模式；干燥气：10L/min；干燥温度：350℃；喷雾气：45psi；电子倍增器电压：400V；毛细管电压：4 000V；雾化气压力：275.8kPa（40psi）；多重反应监测模式（MRM）。甲硝唑和二甲硝咪唑的部分质谱参数见表 5-23。

表 5-23　甲硝唑和二甲硝咪唑的部分质谱参数

化合物	母离子（*m/z*）	子离子（*m/z*）	保留时间（min）	毛细管电压（V）	碰撞能量（V）
二甲硝咪唑	142	96* 81	2.2	120	25 30
甲硝唑	172	82* 128	1.7	70	20 10
氘代二甲硝咪唑	145	99	2.1	80	25

注：* 表示定量离子。

2. 结果与讨论

2.1 样品提取条件的优化

牛肉基质复杂，不同的提取溶剂对回收率的影响很大。本文考察了甲醇、乙腈、乙酸乙酯作为提取剂对甲硝唑和二甲硝咪唑回收率的影响，实验发现采用甲醇、乙醇、乙腈作为提取剂用于牛肉样品的提取，会产生非常多的干扰杂质，即使采用阳离子固相萃取柱净化也非常困难，抑制了目标分析物的灵敏度和回收率，而使用乙酸乙酯作为提取溶剂，可以显著降低牛肉中的基质干扰。实验同时考察了酸性乙酸乙酯溶液对目标物回收率的影响，在牛肉基质中添加 15mL 乙酸乙酯后，再加入 0.1mol/L 盐酸 1mL，结果发现回收率非常低，分析后认为在振荡提取的过程中盐酸和目标分析物结合，造成大部分目标物保留在水相中。最终确定只用乙酸乙酯作为提取溶剂。

2.2 样品净化条件的优化

乙酸乙酯提取液中依然含有一定量极性的杂质，如蛋白质、脂肪等脂溶性物质，为提高方法的灵敏度和通用性，采用固相萃取进一步净化样品。有文献考察了提取液过 MCX、PCX、WCX 三种净化柱对目标物回收率和稳定性的影响，发现 MCX 和 PCX 净化柱回收率分别为 43.2% 和 42.1%，要好于 WCX 净化柱，因 MCX 和 PCX 净化柱回收率差异不明显，从性价比考虑最终选用 PCX 净化柱。乙酸乙酯属于中等极性化合物，若直接将乙酸乙酯提取液过 PCX 净化柱，降低了 PCX 净化柱吸附目标物的能力，影响回收率；净化效果

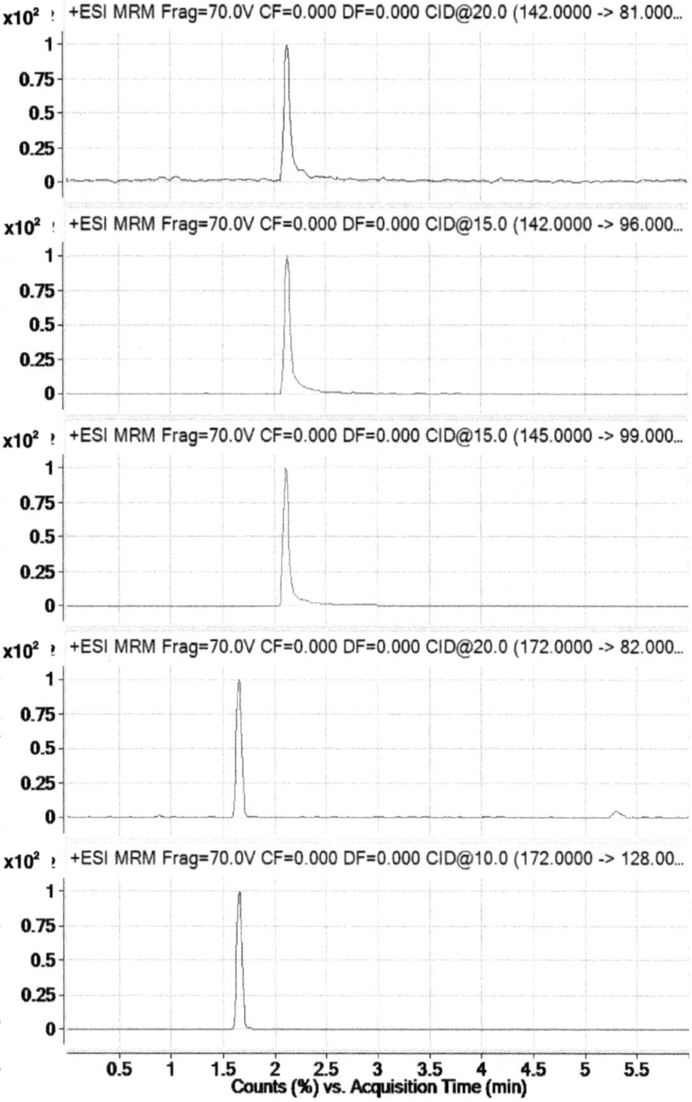

图 5-32　混合标准溶液（0.5μg/L）中甲硝唑和二甲硝咪唑的多重反应监测色谱图

差，干扰目标物分析。为提高方法的回收率和灵敏度，实验进一步考察了甲酸、乙酸和盐酸溶解目标物经 PCX 柱净化对回收率的影响。提取液经氮气吹干，分别用 0.1mol/L 的甲酸、乙酸和盐酸溶解，经 PCX 柱净化后经质谱检测，实验发现三种酸性溶液均能将目标物回收率提高到 80% 以上，但盐酸质谱噪音低，灵敏度比甲酸和乙酸高 20% 以上，最终选用盐酸溶液溶解。

2.3 色谱、质谱条件的优化

分别配制 0.5μg/L 的甲硝唑和二甲硝咪唑标准品，选用正离子模式扫描，优化各化合物的毛细管电压和碰撞能量，以响应值最高的两个碎片离子和母离子组成定量离子对和定性离子对，并进行 MRM 参数的优化，两种目标物的部分质谱参数见表 5-23。比较了甲醇和乙腈作为流动相对甲硝唑和二甲硝咪唑的影响，发现使用乙腈为流动相两种目标物的 MRM 的提取离子流图峰形较好，保留时间稳定，总离子流图见图 5-32。

2.4 线性关系、检出限与定量限

对两种目标分析物质量浓度在 0.20 ~ 50μg/L 的系列混合标准溶液进行测定，以各化合物定量离子与内标校正离子峰面积之比的平均值（y）对其质量浓度（x，μg/L）绘制标准曲线，其相关系数（r）均大于 0.997。在牛肉中添加系列浓度的混合标准物质，以信噪比（S/N）为 3 作为方法的检出限（LOD），以信噪比（S/N）为 10 作为方法的定量限（LOQ），甲硝唑和二甲硝咪唑的 LOD 为 0.20μg/kg，LOQ 分别为 0.50μg/kg。两种目标分析物的回归方程、相关系数、线性范围、检出限和定量限见表 5-24。

表 5-24　线性方程、相关系数、线性范围、检出限与定量限（n=6）

化合物	回归方程	r	线性范围（μg/L）	检出限（μg/kg）	定量限（μg/kg）
甲硝唑	y=0.335 365x+0.137 172	0.997 9	0.20-50.0	0.20	0.50
二甲硝咪唑	y=0.486 102x-0.484 5	0.998 3	0.20-50.0	0.20	0.50

2.5 准确度与精密度

在空白样品中添加甲硝唑和二甲硝咪唑定量限 1、2、10 倍 3 个水平的混合标准物质进行加标回收实验。以回收率结果表示方法准确度，以回收率的相对标准偏差（RSD）表示方法的精密度，每个水平平行测定 6 个样品，测定结果见表 5-25。结果显示，甲硝唑和二甲硝咪唑在 3 个加标水平下的平均回收率分别为

95.3% ~ 103.2%，相对标准偏差（RSD）分别为 4.67% ~ 8.46%。

表 5-25　检测方法的添加精密度和平均回收率（n=6）

化合物	0.5（μg/kg）		1.0（μg/kg）		5.0（μg/kg）	
	回收率（%）	RSD（%）	回收率（%）	RSD（%）	回收率（%）	RSD（%）
甲硝唑	99.0	6.80	95.3	4.67	97.8	8.46
二甲硝咪唑	101.3	8.25	103.2	5.52	102.8	6.07

3. 结论

建立了牛肉中甲硝唑和二甲硝咪唑的高效液相色谱 - 串联质谱联用的检测方法。该方法具有简便、快速、灵敏、准确、实用性强等优点，适用于复杂牛肉中甲硝唑和二甲硝咪唑多残留的检测。

附　录

附录 1：美国食品中兽药残留限量

美国*Code of Federal Regulations*，第 21 卷“Food and Drugs”第 556 部分“TOLERANCES FOR RESIDUES OF NEW ANIMAL DRUGS IN FOOD”

网址：

https：//ecfr.federalregister.gov/on/2020-12-24/title-21/chapter-I/subchapter-E/part-556

更新至2020年12月22日。

556.34 阿苯达唑

阿苯达唑 2- 氨基砜：*牛* 肝脏 0.2 ppm；肌肉 0.05 ppm。*绵羊* 肝脏 0.25 ppm；肌肉 0.05 ppm。*山羊* 肝脏 0.25 ppm。

556.36 四烯雌酮：*猪* 肝4 ppb；肌肉 1 ppb。

556.38 阿莫西林：*牛* 食用组织 0.01 ppm。

556.40 氨苄青霉素：*牛* 食用组织 0.01 ppm。*猪* 食用组织 0.01 ppm。

556.50 安非他命：*牛* 肝，肾和肌肉 0.5 ppm；脂肪 2.0 ppm。*鸡肉和火鸡* 肝肾 1 ppm；肌肉 0.5 ppm。鸡蛋 蛋黄8 ppm；全蛋 4 ppm。*野鸡* 肝脏 1 ppm；肌肉 0.5 ppm。

556.52 安普霉素：*猪* 肾脏 0.1 ppm。

556.60 阿维拉霉素：*鸡* 食用组织（鸡蛋除外）不作要求。*猪* 食用组织 不作要求。

556.68 阿扎哌隆：*猪* 食用组织 不作要求。

556.70 杆菌肽：*牛* 食用组织 0.5 ppm。*鸡*，*火鸡*，*山鸡*，*鹌鹑* 食用组织 0.5 ppm。*猪* 食用组织 0.5 ppm。

556.75 棒霉素：*牛* 食用组织（不包括牛奶）不作要求。*鸡肉和火鸡* 食用组织（鸡蛋除外）不作要求。*猪* 食用组织 不作要求。

556.100 卡巴氧：*猪* 肝 30 ppb。

556.110 卡波霉素：*鸡* 食用组织（不包括鸡蛋）零。

556.113 头孢噻呋：*牛* 肾脏 0.4 ppm；肝脏 2 ppm；肌肉 1 ppm；牛奶 0.1 ppm。*鸡肉和火鸡* 食用组织（鸡蛋除外）不作要求。*山羊* 肾脏（目标组织）8 ppm；肝脏2 ppm；肌肉 1 ppm；牛奶 0.1 ppm。*绵羊* 食用组织（不包括牛奶）不作要求。*猪* 肾脏（目标组织）0.25 ppm；肝脏 3 ppm；肌肉 2 ppm。

556.115 头孢氨苄：*牛* 食用组织（不包括牛奶）0.1 ppm；牛奶 0.02 ppm。

556.118 氯胺-T：*鱼* 肌肉/皮肤（目标组织）0.9 ppm。

556.120 氯已定：*牛* 食用组织（不包括牛奶）零。

556.150 金霉素：*牛* 肝脏 6 ppm；肾脏和脂肪 12 ppm；肌肉 2 ppm。*鸡，火鸡和鸭* 肝脏 6 ppm；肾脏和脂肪 12 ppm；肌肉 2 ppm；鸡蛋 0.4 ppm。*绵羊* 肝脏 6 ppm；肾脏和脂肪 12 ppm；肌肉 2 ppm。*猪* 肝脏 6 ppm；肾脏和脂肪 12 ppm；肌肉 2 ppm。

556.160 氯吡多：*鸡肉和火鸡* 肝肾 15 ppm；肌肉 5 ppm。

556.163 氯舒隆：*牛* 肾脏（目标组织）1.0 ppm；肌肉 0.1 ppm。

556.165 邻氯青霉素：*牛* 食用组织 0.01 ppm。

556.167 甲磺酸粘菌素：*鸡* 食用组织（鸡蛋除外）不作要求。

556.169 达氟沙星：*牛* 肝脏（目标组织）0.2 ppm；肌肉 0.2 ppm。

556.170 癸氧喹酯：*牛* 肌肉 1 ppm；其他可食用组织（不包括牛奶）2 ppm。*鸡* 肌肉 1 ppm；其他食用组织（鸡蛋除外）2 ppm。*山羊* 肌肉1 ppm；其他可食用组织（不包括牛奶）2 ppm。

556.180 敌敌畏：*猪* 食用组织 0.1 ppm。

556.185 地克珠利：*鸡肉和火鸡* 肝脏 3 ppm；肌肉 0.5 ppm；皮肤/脂肪 1 ppm。

556.200 二氢链霉素：*牛* 肾脏 2.0 ppm；其他可食用的组织（不包括牛奶）0.5 ppm；牛奶 0.125 ppm。*猪* 肾脏 2.0 ppm；其他可食用的组织 0.5 ppm。

556.222 多拉菌素：*牛* 肝脏（目标组织）100 ppb；肌肉 30 ppb。*猪* 肝（目标组织）160 ppb。

556.224 依维霉素：*猪* 食用组织 不作要求。

556.226 恩诺沙星：*牛* 肝（目标组织）0.1 ppm 脱乙环丙沙星（标记残留物）。*猪* 肝（目标组织）0.5 ppm 恩诺沙星（标记残留物）。

556.227 乙酰氨基阿维菌素：*牛* 肝脏（目标组织）1.5 ppm；肌肉 100 ppb；牛奶 12 ppb。

556.230 红霉素：*牛* 食用组织（不包括牛奶）0.1 ppm；牛奶 零。*鸡肉和火鸡* 食用组织（鸡蛋除外）0.125 ppm；鸡蛋 0.025 ppm。

556.240 雌二醇及相关酯类：*牛* 肌肉 120 ppt；脂肪 480 ppt；肾脏 360 ppt；肝脏 240 ppt。

556.260 乙氧酰胺苯甲酯

以 3- 氨基苯乙醚计：*鸡* 肝脏 1.5 ppm；肾脏 1.5 ppm；肌肉 0.5 ppm。

556.273 伐灭磷：*牛* 食用组织（不包括牛奶）0.1 ppm。

556.275 芬苯达唑：*牛* 肝脏（目标组织）0.8 ppm 芬苯达唑（标记残留物）；肌肉0.4 ppm 芬苯达唑（标记残留物）；牛奶 0.6 ppm 芬苯达唑亚砜（标记残留物）。*鸡* 肝脏（目标组织）5.2 ppm 芬苯达唑砜（标记残留物）；鸡蛋 1.8 ppm 芬苯达唑砜（标记残留物）。*山羊* 肝脏（目标组织）0.8 ppm 芬苯达唑（标记残留物）；肌肉 0.4 ppm芬苯达唑（标记残留物）。*猪* 肝脏（目标组织）3.2 ppm 芬苯达唑（标记残留物）；肌肉 2 ppm 芬苯达唑（标记残留物）。*火鸡* 肝脏（目标组织）6 ppm的芬苯达唑砜（标记残留物）；肌肉 2 ppm 芬苯达唑砜（标记残留物）。

556.277 苯丙胺：*牛* 食用组织（不包括牛奶）不作要求。*猪* 食用组织 不作要求。

556.280 倍硫磷：*牛* 食用组织（不包括牛奶）0.1 ppm。

556.283 氟苯尼考：*牛* 肝脏（目标组织）3.7 ppm；肌肉 0.3 ppm。*猪* 肝脏（目标组织）2.5 ppm；肌肉 0.2 ppm。*鲶鱼* 肌肉（目标组织）1 ppm。淡水饲养的温水有*鳍鱼*（*鲶鱼*除外）和*鲑鱼* 肌肉/皮肤（目标组织）1 ppm。

556.286 氟尼辛葡甲胺：*牛* 肝脏（目标组织）125 ppb 氟尼辛葡甲胺游离酸（标记残留物）；肌肉 25 ppb 氟尼辛葡甲胺游离酸（标记残留物）；牛奶 2 ppb 5-羟基氟尼辛葡甲胺（标记残留物）。*猪* 肝脏（目标组织）30 ppb 氟尼辛葡甲胺游离酸（标记残留物）；肌肉 25 ppb 氟尼辛葡甲胺游离酸（标记残留物）。

556.292 加米霉素：*牛* 肝脏（目标组织）500 ppb；肌肉 150 ppb。

556.300 庆大霉素：*鸡肉和火鸡* 食用组织（鸡蛋除外）0.1 ppm。*猪* 肝脏 0.3 ppm；肾脏（目标组织）0.4 ppm；脂肪 0.4 ppm；肌肉 0.1 ppm。

556.304 促性腺激素：*牛* 食用组织（不包括牛奶）不作要求。*鱼* 食用组织 不作要求。*猪* 食用组织 不作要求。

556.308 常山酮：*鸡* 肝脏（目标组织）0.16 ppm。*火鸡* 肝脏（目标组织）0.13 ppm。

556.310 皮虫磷：*牛* 食用组织（不包括牛奶）0.1 ppm。

556.316 海他西林

氨苄青霉素（标记残留）：*牛* 食用组织 0.01 ppm。

556.330 潮霉素B：*鸡* 食用组织 零。*猪* 食用组织 零。

556.344 伊维菌素：*美洲野牛* 肝（目标组织）15 ppb。*牛* 肝脏（目标组织）1.6 ppm；肌肉 650 ppb。*驯鹿* 肝（目标组织）15 ppb。*绵羊* 肝（目标组织）30 ppb。*猪* 肝脏（目标组织）20 ppb；肌肉 20 ppb。

556.346 来洛霉素：*牛* 肝脏（目标组织）0.2 ppm。

556.347 拉沙里菌素：*牛* 肝（目标组织）0.7 ppm。*鸡* 脂肪附着的皮肤（目标组织）1.2 ppm；肝 0.4 ppm。*兔子* 肝（目标组织）0.7 ppm。*绵羊* 肝脏（目标组织）1.0 ppm。*火鸡* 肝脏（目标组织）0.4 ppm；脂肪附着的皮肤0.4 ppm。

556.350 左旋咪唑：*牛* 食用组织（不包括牛奶）0.1 ppm。*绵羊* 食用组织（不包括牛奶）0.1 ppm。*猪* 食用组织 0.1 ppm。

556.360 林可霉素：*鸡* 食用组织（鸡蛋除外）未规定。*猪* 肝脏 0.6 ppm；肌肉 0.1 ppm。*蜂蜜* 750 ppb。

556.370 鲁巴贝隆：*牛* 肝（目标组织）10 ppb。

556.375 马杜拉霉素：*鸡* 脂肪（目标组织）0.38 ppm。

556.380 烯丙雌酚：*牛* 脂肪 25 ppb。

556.410 美托舍酯：*鸡* 食用组织（鸡蛋除外）0.02 ppm。

556.420 莫能菌素：*牛* 肝脏 0.10 ppm；肌肉，肾脏和脂肪 0.05 ppm；牛奶 不作要求。*鸡肉和火鸡* 食用组织（鸡蛋除外）不作要求。*山羊* 食用组织（不包括牛奶）0.05 ppm。

556.425 甲噻嘧啶：*牛* 肝脏（目标组织）0.7 ppm；牛奶 不作要求。*山羊* 肝脏（目标组织）0.7 ppm；牛奶 不作要求。

556.426 莫西菌素：*牛* 脂肪（目标组织）900 ppb；肝 200 ppb；肌肉 50 ppb；牛奶 40 ppb。*绵羊* 脂肪（目标组织）900 ppb；肝 200 ppb；肌肉 50 ppb。

556.428 甲基盐霉素：*鸡* 腹部脂肪（目标组织）480 ppb。

556.430 新霉素：*牛* 肾脏（目标组织）7.2 ppm；肝脏 3.6 ppm；肌肉 1.2 ppm；脂肪 7.2 ppm；牛奶 0.15 ppm。*绵羊和山羊* 肾脏（目标组织）7.2 ppm；肝脏 3.6 ppm；肌肉 1.2 ppm；脂肪 7.2 ppm；牛奶 0.15 ppm。*猪* 肾脏（目标组织）7.2 ppm；肝脏 3.6 ppm；肌肉 1.2 ppm；脂肪 7.2 ppm。*火鸡* 粘附脂肪的皮肤

7.2 ppm；肝脏 3.6 ppm；肌肉 1.2 ppm。

556.445 尼卡巴嗪：*鸡* 肝脏（目标组织）52 ppm。

556.460 新生霉素：*牛* 食用组织（不包括牛奶）1 ppm；牛奶 0.1 ppm。*鸡，火鸡和鸭* 食用组织（不包括鸡蛋）1 ppm。

556.470 制霉菌素：*牛* 食用组织（不包括牛奶）零。*鸡肉和火鸡* 食用组织 零。

556.490 奥美普林：*鸡，火鸡，鸭* 食用组织（鸡蛋除外）0.1 ppm。*鲑鱼和鲶鱼* 食用组织 0.1 ppm。

556.495 奥芬达唑：*牛* 肝脏（目标组织）0.8 ppm。

556.500 土霉素：*牛* 肌肉 2 ppm；肝脏 6 ppm；脂肪和肾脏 12 ppm；牛奶0.3 ppm。*鸡肉和火鸡* 肌肉2 ppm；肝脏 6 ppm；脂肪和肾脏 12 ppm。*鱼肉* 2 ppm。*龙虾* 2 ppm。*猪和羊* 肌肉 2 ppm；肝脏 6 ppm；脂肪和肾脏 12 ppm。

556.510 青霉素：*牛* 食用组织（不包括牛奶）0.05 ppm；牛奶 零。*鸡* 食用组织 零。*野鸡和鹌鹑* 食用组织 零。*绵羊和猪* 食用组织 零。*火鸡* 食用组织（不包括鸡蛋）0.01 ppm。

556.515 吡利霉素：*牛* 肝脏（目标组织）0.5 ppm；肌肉 0.3 ppm；牛奶 0.4 ppm。

556.517 泊洛沙林：*牛* 食用组织（不包括牛奶）不作要求。

556.540 孕酮：*牛和羊* 肌肉 5 ppb；肝 15 ppb；肾脏 30 ppb；脂肪 30 ppb。

556.560 噻嘧啶：*猪* 肝肾 10 ppm；肌肉 1 ppm。

556.570 莱克多巴胺：*牛* 肝脏（目标组织）0.09 ppm；肌肉 0.03 ppm。*猪* 肝脏（目标组织）0.15 ppm；肌肉 0.05 ppm。*火鸡* 肝脏（目标组织）0.45 ppm；肌肉 0.1 ppm。

556.580 氯苯胍：*鸡* 皮肤和脂肪 0.2 ppm；其他可食用组织（鸡蛋除外）0.1 ppm。

556.592 盐霉素：*鸡* 食用组织（鸡蛋除外）不作要求。*鹌鹑* 食用组织（鸡蛋除外）不作要求。

556.597 赛杜霉素：*鸡* 肝 400 ppb；肌肉 130 ppb。

556.600 壮观霉素：*牛* 肾脏（目标组织）4 ppm；肌肉 0.25 ppm。*鸡肉和火鸡* 食用组织（鸡蛋除外）0.1 ppm。*猪* 食用组织 不作要求。

556.610 链霉素：*牛和猪* 肾脏 2.0 ppm；其他可食用组织（不包括牛奶）0.5 ppm。*鸡* 肾脏 2.0 ppm；其他可食用组织（鸡蛋除外）0.5 ppm。

556.620 磺胺溴二甲嘧啶：*牛* 食用组织（不包括牛奶）0.1 ppm；牛奶 0.01 ppm。

556.625 磺胺氯吡嗪：*鸡* 食用组织（不包括鸡蛋）零。

556.630 磺胺氯哒嗪：*牛和猪* 食用组织（不包括牛奶）0.1 ppm。

556.640 磺胺二甲嘧啶：*鲶鱼和鲑鱼* 食用组织 0.1 ppm。*牛* 食用组织（不包括牛奶）0.1 ppm；牛奶 0.01 ppm。*鸡，火鸡，鸭和石鸡* 食用组织（鸡蛋除外）0.1 ppm。

556.650 磺胺乙氧哒嗪：*牛* 食用组织（不包括牛奶）0.1 ppm；牛奶零。*猪* 食用组织零。

556.660 磺胺嘧啶：*鳟鱼* 食用组织 零。

556.670 磺胺二甲嘧啶：*牛* 食用组织（不包括牛奶）0.1 ppm。*鸡肉和火鸡* 食用组织（鸡蛋除外）0.1 ppm。*猪* 食用组织 0.1 ppm。

556.685 磺胺喹喔啉：*牛* 食用组织（不包括牛奶）0.1 ppm。*鸡肉和火鸡* 食用组织（鸡蛋除外）0.1 ppm。

556.700 多粘菌素B1：*鸡肉和火鸡* 食用组织（不包括鸡蛋）零。

556.710 睾酮：*牛* 脂肪 2.6 ppb；肾脏 1.9 ppb；肝 1.3 ppb；肌肉 0.64 ppb。

556.720 四环素：*牛和羊* 肾脏和脂肪 12 ppm；肝脏 6 ppm；肌肉 2 ppm。*鸡肉和火鸡* 肾脏和脂肪 12 ppm；肝脏 6 ppm；肌肉 2 ppm。*猪* 肾脏和脂肪 12 ppm；肝脏 6 ppm；肌肉 2 ppm。

556.730 噻苯咪唑：*牛* 食用组织（不包括牛奶）0.1 ppm；牛奶 0.05 ppm。*猪* 食用组织 0.1 ppm。*绵羊和山羊* 食用组织（不包括牛奶）0.1 ppm；牛奶 0.05 ppm。*野鸡* 食用组织（鸡蛋除外）0.1 ppm。

556.732 硫粘菌素：*猪* 肝（目标组织）0.6 ppm。

556.733 泰地罗新：*牛* 肝脏（目标组织）10 ppm。

556.735 替米考星：*牛* 肝脏（目标组织）1.2 ppm；肌肉 0.1 ppm。*绵羊* 肝脏（目标组织）1.2 ppm；肌肉 0.1 ppm。*猪* 肝脏（目标组织）7.5 ppm；肌肉 0.1 ppm。

556.739 群勃龙：*牛* 食用组织（不包括牛奶）不设定限量。

556.741 曲吡那敏：*牛* 食用组织（不包括牛奶）200 ppb；牛奶 20 ppb。

556.745 托拉霉素：*牛* 肝脏（目标组织）5.5 ppm。*猪* 肾脏（目标组织）15 ppm。

556.746 泰乐菌素：*牛* 肝，肾，脂肪和肌肉 0.2 ppm；牛奶 0.05 ppm。*鸡肉和火鸡* 肝，肾，脂肪和肌肉 0.2 ppm；鸡蛋 0.2 ppm。*猪* 肝，肾，脂肪和肌肉 0.2 ppm。*蜂蜜* 500 ppb。

556.748 泰伐洛星：*猪* 可食组织，未规定。

556.750 维吉霉素：*牛* 食用组织（不包括牛奶）未规定。*鸡* 食用组织（鸡蛋除外）未规定。*猪* 肾脏，皮肤和脂肪 0.4 ppm；肝脏 0.3 ppm；肌肉 0.1 ppm。

556.760 玉米赤霉醇：*牛* 食用组织（不包括牛奶）未规定。*绵羊* 食用组织（不包括牛奶）20 ppb。

556.765 齐帕特罗：*牛* 肝脏（目标组织） 12 ppb；肌肉 10 ppb。

556.770 球痢灵：*鸡* 肝肾 6 ppm；肌肉 3 ppm；脂肪 2 ppm。*火鸡* 肝和肌肉 3 ppm。

附录 2：欧盟食品中兽药最大残留限量

欧盟委员会法规（EU）第37/2010号，2009年12月22日

动物源性食品中药理活性物质及其最大残留限量的分类

表 1　允许使用物质

药理活性物质	标记残留	动物种类	目标组织及最大残留限量（μg/kg）
阿维菌素	阿维菌素B1a	牛	脂肪10，肝20
		羊	肌肉20，脂肪50，肝25，肾20
阿苯达唑	阿苯达唑亚砜，阿苯达唑砜和阿苯达唑2-氨基砜之和，以阿苯达唑表示	所有反刍动物	肌肉100，脂肪100，肝1 000，肾500，牛奶100
氧阿苯达唑	氧阿苯达唑，阿苯达唑砜和阿苯达唑2-氨基砜的总和，表示为阿苯达唑	牛，羊	肌肉100，脂肪100，肝1 000，肾500，牛奶100
α-氯氰菊酯	氯氰菊酯（异构体的总和）	牛，羊	肌肉20，脂肪200，肝20，肾20，牛奶20
四烯雌酮	四烯雌酮	猪	皮肤和脂肪1，肝0.4
		马	脂肪1，肝0.9
双甲脒	双甲脒和所有包含2，4-DMA部分的代谢物的总和，表示为双甲脒	牛	脂肪200，肝200，肾200，牛奶10
		羊	脂肪400，肝100，肾200，牛奶10
		山羊	脂肪200，肝100，肾200，牛奶10
		猪	皮肤和脂肪400，肝200，肾200
		蜜蜂	蜜糖200
阿莫西林	阿莫西林	所有食品生产物种	肌肉50，脂肪50，肝50，肾50，牛奶4
氨苄青霉素	氨苄青霉素	所有食品生产物种	肌肉50，脂肪50，肝50，肾50，牛奶4

续表

药理活性物质	标记残留	动物种类	目标组织及最大残留限量（μg/kg）
安普霉素	安普霉素	牛	肌肉1 000，脂肪1 000，肝10 000，肾20 000
	不适用	羊，猪，鸡，兔	不适用，不需要MRL
阿维拉霉素	二氯异戊烯酸	猪，家禽，兔	肌肉50，脂肪100，肝300，肾200
阿扎哌隆	阿扎哌隆及其代谢物阿扎哌醇的总和	猪	肌肉100，皮肤和脂肪100，肝100，肾100
杆菌肽	杆菌肽A，杆菌肽B和杆菌肽C的总和	牛	牛奶100
		兔	肌肉150，脂肪150，肝150，肾150
	不适用	牛	不适用，除牛奶外，所有其他组织均不需要MRL
巴喹普林	巴喹普林	牛	脂肪10，肝300，肾150，牛奶30
		猪	皮肤和脂肪40，肝50，肾50
苄甲青霉素	苄甲青霉素	所有食品生产物种	肌肉50，脂肪50，肝50，肾50，牛奶4
倍他米松	倍他米松	牛，猪	肌肉0.75，肝2.0，肾0.75
		牛	牛奶0.3
卡拉洛尔	卡拉洛尔	牛	肌肉5，脂肪5，肝15，肾15，牛奶1
		猪	肌肉5，皮肤和脂肪5，肝25，肾25
卡洛芬	卡洛芬和卡洛芬葡糖苷酸结合物的总和	牛，马	肌肉500，脂肪1 000，肝1 000，肾1 000
	不适用	牛	不适用，牛奶不需要MRL
头孢乙腈	头孢乙腈	牛	牛奶125
	不适用	牛	不适用，除牛奶外，所有其他组织均不需要MRL
头孢氨苄	头孢氨苄	牛	肌肉200，脂肪200，肝200，肾1 000，牛奶100
头孢洛宁	头孢烯铵	牛	牛奶20
	不适用	牛	不适用，除牛奶外，所有其他组织均不需要MRL
头孢匹林	头孢氨苄和去乙酰头孢菌素的总和	牛	肌肉50，脂肪50，肾100，牛奶60
头孢唑林	头孢唑林	牛，绵羊，山羊	牛奶50
	不适用	牛，绵羊，山羊	不适用，除牛奶外，所有其他组织均不需要MRL
头孢哌酮	头孢哌酮	牛	牛奶50
	不适用	牛	不适用，除牛奶外，所有其他组织均不需要MRL
头孢喹诺	头孢喹诺	牛，猪，马科	肌肉50，脂肪50，肝100，肾200
		牛	牛奶20

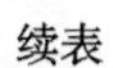

续表

药理活性物质	标记残留	动物种类	目标组织及最大残留限量（μg/kg）
头孢噻呋	保留β内酰胺结构的所有残留物的总和，表示为去呋喃基头孢噻呋	所有哺乳动物食品生产物种	肌肉1 000，脂肪2 000，肝2 000，肾6 000，牛奶100
氯地孕酮	氯地孕酮	牛	脂肪4，肝2，牛奶2.5
金霉素	母体药物及其4-差向异构体的总和	所有食品生产物种	肌肉100，肝300，肾600，牛奶100，蛋200
克拉维酸	克拉维酸	牛，猪	肌肉100，脂肪100，肝200，肾400
		牛	牛奶200
盐酸克伦特罗	克伦特罗	牛，马科	肌肉0.1，肝0.5，肾0.5
		牛	牛奶0.05
克洛舒隆	克洛舒隆	牛	肌肉35，肝100，肾200
氯氰碘柳胺	氯氰碘柳胺	牛	肌肉1 000，脂肪3 000，肝1 000，肾3 000
		羊	肌肉1 500，脂肪2 000，肝1 500，肾5 000
邻氯青霉素	邻氯青霉素	所有食品生产物种	肌肉300，脂肪300，肝300，肾300，牛奶30
多粘菌素	多粘菌素	所有食品生产物种	肌肉150，脂肪150，肝150，肾200，牛奶50，蛋300
库马磷	库马磷	蜜蜂	蜜糖100
氟氯氰菊酯	氟氯氰菊酯（异构体的总和）	牛，山羊	肌肉10，脂肪50，肝10，肾10，牛奶20
三氟氯氰菊酯	三氟氯氰菊酯（异构体的总和）	牛	脂肪500，肾50，牛奶50
氯氰菊酯	氯氰菊酯（异构体的总和）	所有反刍动物	肌肉20，脂肪200，肝20，肾20，牛奶20
		鲑科	天然比例的肌肉和皮肤50
环丙胺嗪	环丙胺嗪	羊	肌肉300，脂肪300，肝300，肾300
达氟沙星	达氟沙星	牛，绵羊，山羊，家禽	肌肉200，脂肪100，肝400，肾400
		所有食品生产物种	肌肉100，脂肪50，肝200，肾200
		牛，绵羊，山羊	牛奶30
溴氰菊酯	溴氰菊酯	所有反刍动物	肌肉10，脂肪50，肝10，肾10，牛奶20
		鳍鱼	天然比例的肌肉和皮肤10
地塞米松	地塞米松	牛，山羊，猪，马科	肌肉0.75，肝2，肾0.75
		牛，山羊	牛奶0.3
二嗪农	二嗪农	牛，绵羊，山羊，猪	肌肉20，脂肪700，肝20，肾20
		牛，绵羊，山羊	牛奶20

续表

药理活性物质	标记残留	动物种类	目标组织及最大残留限量（μg/kg）
双氯芬酸	双氯芬酸	牛	肌肉5，脂肪1，肝5，肾10，牛奶0.1
		猪	肌肉5，皮肤和脂肪1，肝5，肾10
双氯青霉素	双氯青霉素	所有食品生产物种	肌肉300，脂肪300，肝300，肾300，牛奶30
地昔尼尔	地昔尼尔和2，4，6-三氨基-嘧啶-5-腈的总和	羊	肌肉200，脂肪150，肝400，肾400
双氟沙星	双氟沙星	牛，绵羊，山羊	肌肉400，脂肪100，肝1 400，肾800
		猪	肌肉400，皮肤和脂肪100，肝800，肾800
		家禽	肌肉300，皮肤和脂肪400，肝1 900，肾600
		所有其他食品生产物种	肌肉300，脂肪100，肝800，肾600
伏虫脲	伏虫脲	鲑科	天然比例的肌肉和皮肤1 000
二氢链霉素	二氢链霉素	所有反刍动物，猪，兔	肌肉500，脂肪500，肝500，肾1 000
		所有反刍动物	牛奶200
多拉菌素	多拉菌素	所有哺乳动物食品生产物种	肌肉40，脂肪150，肝100，肾60
强力霉素	强力霉素	牛	肌肉100，肝300，肾600
		猪，家禽	肌肉100，皮肤和脂肪300，肝300，肾600
埃玛菌素	埃玛菌素 B1a	鳍鱼	天然比例的肌肉和皮肤100
恩诺沙星	恩诺沙星和环丙沙星的总和	牛，绵羊，山羊	肌肉100，脂肪100，肝300，肾200，牛奶100
		猪，兔	肌肉100，脂肪100，肝200，肾300
		家禽	肌肉100，皮肤和脂肪100，肝200，肾300
		所有其他食品生产物种	肌肉100，脂肪100，肝200，肾200
乙酰氨基阿维菌素	乙酰氨基阿维菌素B1a	牛	肌肉50，脂肪250，肝1 500，肾300，牛奶20
红霉素	红霉素A	所有食品生产物种	肌肉200，脂肪200，肝200，肾200，牛奶40，蛋150
苯硫胍	可能被氧化为奥芬达唑砜的可萃取残留物总和	所有反刍动物，猪，马科	肌肉50，脂肪50，肝500，肾50
		所有反刍动物	牛奶10
芬苯达唑	可能被氧化为奥芬达唑砜的可萃取残留物总和	所有反刍动物，猪，马科	肌肉50，脂肪50，肝500，肾50
		所有反刍动物	牛奶10
氰戊菊酯	氰戊菊酯（RR，SS，RS和SR异构体的总和）	牛	肌肉25，脂肪250，肝25，肾25，牛奶40

续表

药理活性物质	标记残留	动物种类	目标组织及最大残留限量（μg/kg）
非罗考昔	非罗考昔	马科	肌肉10，脂肪15，肝60，肾10
氟苯尼考	氟苯尼考及其代谢产物的总和以氟苯尼考胺计	牛，绵羊，山羊	肌肉200，肝3 000，肾300
		猪	肌肉300，皮肤和脂肪500，肝2 000，肾500
		家禽	肌肉100，皮肤和脂肪200，肝2 500，肾750
		鳍鱼	天然比例的肌肉和皮肤1 000
		所有其他食品生产物种	肌肉100，脂肪200，肝2 000，肾300
氟唑隆	氟唑隆	牛	肌肉200，脂肪7 000，肝500，肾500
氟苯达唑	氟苯达唑和（2-氨基-1H-苯并咪唑-5-基）（4-氟苯基）甲酮的总和	家禽，猪	肌肉50，皮肤和脂肪50，肝400，肾300
	氟苯达唑	家禽	蛋400
醋酸氟羟孕酮	醋酸氟羟孕酮	绵羊，山羊	肌肉0.5，脂肪0.5，肝0.5，肾0.5，牛奶1
氟甲喹	氟甲喹	牛，绵羊，山羊，猪	肌肉200，脂肪300，肝500，肾1 500
		牛，绵羊，山羊	牛奶50
		家禽	肌肉400，皮肤和脂肪250，肝800，肾1 000
		鳍鱼	天然比例的肌肉和皮肤600
		所有其他食品生产物种	肌肉200，脂肪250，肝500，肾1 000
氟氯苯菊酯	氟氯苯菊酯（反式-Z-异构体的总和）	牛	肌肉10，脂肪150，肝20，肾10，牛奶30
		羊	肌肉10，脂肪150，肝20，肾10
氟尼辛	氟尼辛	牛	肌肉20，脂肪30，肝300，肾100
		猪	肌肉50，皮肤和脂肪10，肝200，肾30
		马科	肌肉10，脂肪20，肝100，肾200
	5-羟基氟尼辛	牛	牛奶40
加米霉素	加米霉素	牛	脂肪20，肝200，肾100
庆大霉素	庆大霉素C1，庆大霉素C1a，庆大霉素C2和庆大霉素C2a的总和	牛，猪	肌肉50，脂肪50，肝200，肾750
		牛	牛奶100
卤夫酮	卤夫酮	牛	肌肉10，脂肪25，肝30，肾30
双咪苯脲	双咪苯脲	牛	肌肉300，脂肪50，肝2 000，肾1500，牛奶50
		羊	肌肉300，脂肪50，肝2 000，肾1500

续表

药理活性物质	标记残留	动物种类	目标组织及最大残留限量（μg/kg）
伊维菌素	22，23-二氢阿维菌素B1a	所有哺乳动物食品生产物种	脂肪100，肝100，肾30
卡那霉素	卡那霉素A	除鲭鱼外的所有食品生产物种	肌肉100，脂肪100，肝600，肾2 500，牛奶150
拉沙里菌素	拉沙里菌素 A	家禽	肌肉20，皮肤和脂肪100，肝100，肾50，蛋150
左旋咪唑	左旋咪唑	牛，羊，猪，家禽	肌肉10，脂肪10，肝100，肾10
林可霉素	林可霉素	所有食品生产物种	肌肉100，脂肪50，肝500，肾1 500，牛奶150，蛋50
麻保沙星	麻保沙星	牛，猪	肌肉150，脂肪50，肝150，肾150
		牛	牛奶75
甲苯咪唑	甲苯咪唑甲基（5-（1-羟基，1-苯基）甲基-1H-苯并咪唑-2-基）氨基甲酸酯和（2-氨基-1H-苯并咪唑-5-基）苯甲酮的总和，以甲苯咪唑当量表示	绵羊，山羊，马科	肌肉60，脂肪60，肝400，肾60
美洛昔康	美洛昔康	牛，山羊，猪，兔，马科	肌肉20，肝65，肾65
		牛，山羊	牛奶15
安乃近	4-甲基氨基安替比林	牛，猪，马科	肌肉100，脂肪100，肝100，肾100
		牛	牛奶50
甲基泼尼松龙	甲基泼尼松龙	牛	肌肉10，脂肪10，肝10，肾10
莫能菌素	莫能菌素A	牛	肌肉2，脂肪10，肝30，肾2，牛奶2
莫奈太尔	莫奈太尔	羊	肌肉700，脂肪7 000，肝5 000，肾2 000
		山羊	肌肉700，脂肪7 000，肝5 000，肾2 000
甲噻嘧啶	可以水解为N-甲基-1，3-丙二胺的残基总和，以甲噻嘧啶当量表示	所有反刍动物	肌肉100，脂肪100，肝800，肾200，牛奶50
莫西克丁	莫西克丁	牛，羊，马科	肌肉50，脂肪500，肝100，肾50
		牛，羊	牛奶40
乙氧萘青霉素	乙氧萘青霉素	所有反刍动物	肌肉300，脂肪300，肝300，肾300，牛奶30
新霉素（包括新霉素B）	新霉素B	所有食品生产物种	肌肉500，脂肪500，肝500，肾5 000，牛奶1 500，蛋500
奈托比胺	阿苯达唑氧化物，阿苯达唑砜和阿苯达唑2-氨基砜的总和，表示为阿苯达唑	牛，羊	肌肉100，脂肪100，肝1 000，肾500，牛奶100
硝碘酚腈	硝碘酚腈	牛，羊	肌肉400，脂肪200，肝20，肾400

续表

药理活性物质	标记残留	动物种类	目标组织及最大残留限量（μg/kg）
诺甲醋孕酮	诺甲醋孕酮	牛	肌肉0.2，脂肪0.2，肝0.2，肾0.2，牛奶0.12
新生霉素	新生霉素	牛	牛奶50
奥沙西林	奥沙西林	所有食品生产物种	肌肉300，脂肪300，肝300，肾300，牛奶30
奥芬达唑	可能被氧化为奥芬达唑砜的可萃取残留物总和	所有反刍动物，猪，马科	肌肉50，脂肪50，肝500，肾50
		所有反刍动物	牛奶10
奥昔苯达唑	奥昔苯达唑	猪	肌肉100，皮肤和脂肪500，肝200，肾100
噁喹酸	噁喹酸	所有食品生产物种	肌肉100，脂肪50，肝150，肾150
羟氯柳苯胺	羟氯柳苯胺	所有反刍动物	肌肉20，脂肪20，肝500，肾100，牛奶10
土霉素	母药及其4表位的总和	所有食品生产物种	肌肉100，肝300，肾600，牛奶100，蛋200
巴龙霉素	巴龙霉素	所有食品生产物种	肌肉500，肝1 500，肾1 500
青霉素G二乙氨乙酯	苄青霉素	所有哺乳动物食品生产物种	肌肉50，脂肪50，肝50，肾50，牛奶4
氯菊酯	氯菊酯（异构体的总和）	牛	肌肉50，脂肪500，肝50，肾50，牛奶50
苯氧甲基青霉素	苯氧甲基青霉素	猪	肌肉25，肝25，肾25
		家禽	肌肉25，皮肤和脂肪25，肝25，肾25
辛硫磷	辛硫磷	羊	肌肉50，脂肪400，肾50
		猪	肌肉20，皮肤和脂肪700，肝20，肾20
		鸡	肌肉25，皮肤和脂肪550，肝50，肾30，蛋60
哌嗪	哌嗪	猪	肌肉400，皮肤和脂肪800，肝2 000，肾1 000
		鸡	蛋2 000
吡利霉素	吡利霉素	牛	肌肉100，脂肪100，肝1 000，肾400，牛奶100
泼尼松龙	泼尼松龙	牛	肌肉4，脂肪4，肝10，肾10，牛奶6
氯苯碘柳胺	氯苯碘柳胺	牛	肌肉30，脂肪30，肝10，肾40
		羊	肌肉100，脂肪250，肝150，肾150
利福昔明	利福昔明	牛	牛奶60
	不适用	牛	不适用，除牛奶外，所有其他组织均不需要MRL
		所有哺乳动物食品生产物种	不适用，不需要MRL

续表

药理活性物质	标记残留	动物种类	目标组织及最大残留限量（μg/kg）
沙拉沙星	沙拉沙星	鸡	皮肤和脂肪10，肝100
		鲑科	天然比例的肌肉和皮肤30
壮观霉素	壮观霉素	羊	肌肉300，脂肪500，肝2 000，肾5 000，牛奶200
		所有其他食品生产物种	肌肉300，脂肪500，肝1 000，肾5 000，牛奶200
螺旋霉素	螺旋霉素和新螺旋霉素的总和	牛	肌肉200，脂肪300，肝300，肾300，牛奶200
		鸡	肌肉200，皮肤和脂肪300，肝400
	螺旋霉素1	猪	肌肉250，肝2 000，肾1 000
链霉素	链霉素	所有反刍动物，猪，兔	肌肉500，脂肪500，肝500，肾1 000
		所有反刍动物	牛奶200
磺胺类（所有磺胺类药物）	母药	所有食品生产物种	肌肉100，脂肪100，肝100，肾100
		牛，绵羊，山羊	牛奶100
氟苯脲	氟苯脲	鲑科	天然比例的肌肉和皮肤500
四环素	母体药物及其4-差向异构体的总和	所有食品生产物种	肌肉100，肝300，肾600，牛奶100，蛋200
噻苯达唑	噻苯达唑和5-羟基噻苯达唑的总和	牛，山羊	肌肉100，脂肪100，肝100，肾100，牛奶100
甲砜霉素	甲砜霉素	所有食品生产物种	肌肉50，脂肪50，肝50，肾50，牛奶50
泰妙菌素	可能被水解为8-α-羟基妙林的代谢物总和	猪，兔	肌肉100，肝500
		鸡	肌肉100，皮肤和脂肪100，肝1 000
		火鸡	肌肉100，皮肤和脂肪100，肝300
	钛蛋白	鸡	蛋1 000
替米考星	替米考星	家禽	肌肉75，皮肤和脂肪75，肝1 000，肾250
		所有其他食品生产物种	肌肉50，脂肪50，肝1 000，肾1 000，牛奶50
托芬那酸	托芬那酸	牛 猪	肌肉50，肝400，肾100，牛奶50
妥曲珠利	妥曲珠利砜	所有哺乳动物食品生产物种	肌肉100，脂肪150，肝500，肾250
		家禽	肌肉100，皮肤和脂肪200，肝600，肾400
三氯苯达唑	可能被氧化为酮三苯达唑的可萃取残留物总和	所有反刍动物	肌肉225，脂肪100，肝250，肾150
甲氧苄啶	甲氧苄啶	马科	脂肪100，肌肉100，肝100，肾100
		所有其他食品生产物种	肌肉50，脂肪50，肝50，肾50，牛奶50

续表

药理活性物质	标记残留	动物种类	目标组织及最大残留限量（μg/kg）
塔拉霉素	（2R，3S，4R，5R，8R，10R，11R，12S，13S，14R）-2-乙基-3，4，10，13-四羟基-3，5，8，10，12，14-六甲基-11-[[3，4，6-三苯氧基-3-（二甲基-氨基）-β-D-木基-己吡喃糖基]氧基]-1-氧杂-6-氮杂环戊基-癸烷-15-以塔拉霉素等效形式表示	牛	脂肪100，肝3 000，肾3 000
		猪	皮肤和脂肪100，肝3 000，肾3 000
泰乐菌素	泰乐菌素A	所有食品生产物种	肌肉100，脂肪100，肝100，肾100，牛奶50，蛋200
替瓦洛辛	替瓦洛辛和3-O-乙酰泰乐菌素的总和	猪	肌肉50，皮肤和脂肪50，肝50，肾50
		家禽	皮肤和脂肪50，肝50
缬草胺	缬草胺	猪	肌肉50，肝500，肾100
韦达洛芬	韦达洛芬	马科	肌肉50，脂肪20，肝100，肾1 000

注：表1只翻译了有残留限量要求的兽药，其余允许使用但没有限量要求的物质本书未列出。

表2　禁止使用的物质

药理活性物质	最大残留限量
马兜铃属及其制剂	禁止使用
氯霉素	禁止使用
三氯甲烷	禁止使用
氯丙嗪	禁止使用
秋水仙碱	禁止使用
氨苯砜	禁止使用
二甲硝咪唑	禁止使用
甲硝唑	禁止使用
硝基呋喃（包括呋喃唑酮）	禁止使用
罗硝唑	禁止使用

参考文献

[1]周迎春. 我国肉制品中兽药残留的危害及现状[J]. 肉类工业, 2020(7): 55-57.

[2]姜秀燕. 动物性产品常见兽药残留的危害及应对措施[J]. 饲料博览,2020, 342(10): 85.

[3]崔磊. 某地区肉及肉制品食品安全现状研究[D]. 吉林: 吉林大学, 2015.

[4]沈建忠. 国外兽药残留和动物源细菌耐药性现状及应对[J]. 兽医导刊, 2017(13), 5-6.

[5]曹艺耀. 动物性食品中兽药残留检测方法研究及济南市售动物性食品中兽药残留市场调查[D]. 山东: 山东大学, 2013.

[6]郭亚文, 卜晓娜, 刘楚君, 等. 动物源性食品中氟喹诺酮类药物残留色谱质谱检测技术研究进展[J]. 中国兽药杂志, 2019, 53(1): 64-76.

[7]郭莉. 畜禽产品兽药残留危害的现状与分析[J]. 畜牧兽医科技信息, 2019, 507(03): 140.

[8]高彦. QuEChERS结合LC-MS/MS法在动物源性食品中兽药残留分析中的应用研究[D]. 河南: 郑州大学, 2017.

[9]白云岗, 高志斌, 赵培贺, 等. 常见动物源性食品中兽药残留监测结果分析[J]. 食品研究与开发, 2019, 40(17): 183-186.

[10]金叶舟, 柯建赛, 金大春, 等. 2016—2017年浙江省温州市猪肉及禽类产品药物残留状况调查[J]. 中国动物检疫, 2018, 35(8): 32-35.

[11]王杰, 裴斐, 李彭, 等. 不同前处理方法对猪组织中喹诺酮类兽药残留检测效果对比[J]. 食品科学, 2018, 39(18): 309-314.

[12]覃璐璐. 高分辨质谱定性筛查动物源食品中兽药残留及仪器比对[D]. 吉林: 吉林大学, 2020.

[13]康健. 动物源性食品中兽药多残留快速检测技术及精确质量数据库的建立[D]. 河北: 燕山大学, 2014.

[14]卢阳, 陈晋元, 贺兆源, 等. 中国与国外牛、羊肉及其产品兽药残留限量标准的对比研究[J]. 中国兽药杂志, 2020, 54(11): 57-64.

[15]中食安信(北京)信息咨询有限公司. 微访谈之各国动物源食品中兽药残留限量标准概述[J].食品安全导刊, 2014(21): 36-37.

[16]田寒友, 李家鹏, 周彤, 等. 我国与欧盟、美国、日本、CAC畜禽兽药残留限量标准对比研究[J]. 肉类研究, 2012(2): 43-46.

[17]王聪, 赵晓宇, 张会亮, 等. 中国与国际食品法典委员会动物食品兽药残留标准的比对分析[J]. 食品安全质量检测学报, 2020, 11(19): 7164-7169.

[18]高磊, 汤志旭, 江环世, 等. 中国与日本兽药残留限量标准比较分析研究[J]. 食品安全质量检测学报, 2019, 10(4): 1087-1092.

[19]食品安全国家标准 食品中兽药最大残留限量: GB 31650-2019[S]. 2019.

[20]中华人民共和国农业农村部公告第250号[J]. 中华人民共和国农业农村部公报, 2020(2): 122-123.

[21]U.S. Food and Drug Administration. CFR-Code of Federal Regulations Title21［EB/OL］. https: //ecfr.federalregister.gov/on/2020-12-24/title-21/chapter-I/subchapter-E/part-556.

[22]CX/MRL 2-2018 Maximum residue limits (MRLs) and risk management recommendations (RMRs) for residues of veterinary drugs in foods [S]. http: //www.codexalimentarius.org/standards/ veterinary-drugs-mrls/en.

[23]COMMISSION REGULATION (EU) No 37/2010, Pharmacologically active substances and their classification regarding maximum residue limits (MRL) [EB/OL].https: //eur-lex.europa.eu/legal-content/EN/TXT/PDF/?uri=CELEX: 32010R0037&from=EN.

[24]孙雷, 张骊, 徐倩, 等. 超高效液相色谱-串联质谱法检测猪肉和猪肾中残留的10种镇静剂类药物[J]. 色谱, 2010, 28(1): 38-42.

[25]高洁, 苗虹. 兽药残留检测技术研究进展[J]. 食品安全质量检测学报, 2013, 4(1): 11-18.

[26]李俊锁, 邱月明, 王超. 兽药残留分析[M]. 上海: 上海科学技术出版社, 2003: 589.

[27]冯民, 魏云计, 朱臻怡, 等. 高效液相色谱-串联质谱法同时测定饲料中氯霉素、甲砜霉素与氟甲砜霉素残留量[J]. 分析测试学报, 2013, 32(1): 117-121.

[28]厉曙光, 陈莉莉, 陈波. 我国2004—2012年媒体曝光食品安全事件分析[J]. 中国食品学报, 2014, 14(3): 1-8.

[29]董耀勇. 我国动物源性食品安全现状存在问题及发展对策[J]. 当代畜牧, 2012(8): 1-3.

[30]Rezende D R, Filho N F, Rocha G L. Simultaneous determination of chloramphenicol and florfenicol in liquid milk, milk powder and bovine muscle by LC-MS/MS[J]. Food Additives and Contaminants Part A-Chemistry Analysis Control Exposure Risk Assessment, 2012, 29(4): 559-570.

[31]Vaclavik L, Krynitsky A J, Rader J I. Targeted analysis of multiple pharmaceuticals, plant toxins and other secondary metabolites in herbal dietary supplements by ultra-high performance liquid Chromatography-quadrupole- orbital ion trap mass spectrometry[J]. Analytica Chimica Acta, 2014, 810: 45-60.